华章图书

一本打开的书，一扇开启的门，

通向科学殿堂的阶梯，托起一流人才的基石。

大数据技术丛书

云边协同大数据技术与应用

韩锐 刘驰 ◎ 著

机械工业出版社
China Machine Press

图书在版编目（CIP）数据

云边协同大数据技术与应用 / 韩锐，刘驰著 . -- 北京：机械工业出版社，2022.1
（大数据技术丛书）
ISBN 978-7-111-70100-2

Ⅰ. ①云…　Ⅱ. ①韩… ②刘…　Ⅲ. ①云计算 – 研究 ②数据处理 – 研究　Ⅳ. ① TP393.027
② TP274

中国版本图书馆 CIP 数据核字（2022）第 014406 号

云边协同大数据技术与应用

出版发行：机械工业出版社（北京市西城区百万庄大街 22 号　邮政编码：100037）

责任编辑：姚　蕾　　张梦玲　　责任校对：马荣敏
印　　刷：北京诚信伟业印刷有限公司　　版　　次：2022 年 2 月第 1 版第 1 次印刷
开　　本：186mm×240mm　1/16　　印　　张：16
书　　号：ISBN 978-7-111-70100-2　　定　　价：89.00 元

客服电话：（010）88361066　88379833　68326294　　投稿热线：（010）88379604
华章网站：www.hzbook.com　　读者信箱：hzjsj@hzbook.com

Preface 前　言

随着物联网的不断发展，越来越多的终端设备，如可穿戴设备、环境监控设备、传感器、虚拟现实设备等，具有了接入互联网的能力，并产生了海量的异构数据交互。传统的云平台已经不能满足不断涌现出来的新型应用对数据处理任务的响应速度、延迟、高吞吐和容错性等方面的要求，因而引发了学术界和工业界对云边协同平台的数据处理技术的广泛研究。本书以云边协同技术为主线，首先介绍云计算与边缘计算的发展历程，然后详细介绍云边协同环境下雾计算、边缘计算等与传统云平台相结合而催生的典型云边协同技术及其实际应用场景和案例。

本书作为为数不多的全面总结云边协同技术及其应用场景的书籍，从云计算和边缘计算的发展历程开始讲起，由浅入深，对云边协同的发展历程、云边协同所要解决的技术挑战等做了总结，然后详细介绍了典型的云边协同技术和框架，并在实际应用场景下讲述如何应用这些技术，同时对未来的云边协同技术做了展望。本书试图通过既简单又系统的方式让读者了解云边协同的前世今生，熟悉典型的云边协同技术及其应用场景，进而对整个云边协同技术体系有一个全面的认识。

为帮助读者轻松阅读并理解书中内容，本书不仅有详细的文字描述，还插入了大量的图表。此外，对于典型的云边协同技术，书中多从具体的应用场景出发，分析所要解决的技术挑战，然后介绍该应用场景中具体用到的云边协同技术，由点及面，向读者展现整个云边协同技术体系。在组织形式上，本书具有三大特色：

- 系统性：从云边协同技术的发展背景开始，深入典型技术和实际应用，全方位剖析云边协同大数据技术及其应用；
- 技术性：对云边协同环境下的典型技术进行了详尽介绍，如第 2 章中的云边协同数据预处理技术，第 3 章中的边缘训练和边缘推断前沿技术，第 4 章中的差分隐私技术、安全多方计算技术等；

- 实用性：理论和实践相结合，介绍了大量云边协同技术在典型场景下的挑战和应用，如第 5 章中的智慧仓储、智能配电、自动驾驶、智能家居等。

本书以云边协同技术的发展历程为线索，介绍云边协同技术体系，具体内容组织如下：

第 1 章：主要从云计算和边缘计算的发展历程开始介绍，然后对云边协同阶段的问题与挑战、云边协同数据处理、云边协同系统管理和云边协同的典型场景进行详细介绍，让读者从宏观层面了解云边协同技术体系。

第 2 章：重点介绍云边协同的数据处理系统。先总体介绍云边协同环境下数据处理所面临的问题和挑战，然后重点介绍云边协同环境下的数据预处理技术，包括数据清理、数据集成和数据归约；接着介绍批流融合处理架构与系统，包括 Lambda 和 Kappa 架构，并对云边协同环境下的批流融合处理前沿技术进行讨论；最后就典型技术案例 SlimML 进行详细介绍。

第 3 章：对边缘计算和人工智能的结合——边缘智能进行详细介绍。先总结了云边协同环境下边缘智能所面临的技术挑战；然后详细介绍边缘训练前沿技术，包括中心化 / 去中心化训练、隐私保护、通信开销优化、梯度计算优化等；接着对边缘推断前沿技术进行详细介绍，包括输入过滤、模型压缩、模型分割、边缘缓存、多模型并行、多模型流水线、模型最优选择和模型生成等。

第 4 章：主要介绍云边协同下隐私计算技术的相关应用场景以及技术方案。首先介绍隐私保护技术的起源与发展，接着对云边协同场景下的数据安全场景以及恶意威胁模型进行详细介绍，之后讨论差分隐私技术、安全多方计算技术、同态加密技术、区块链技术的相关方案以及应用场景，最后对隐私计算领域的未来趋势做了展望。

第 5 章：从视频大数据、工业互联网大数据、智慧城市大数据 3 个方面介绍云边协同大数据的典型应用，着重介绍数据具有的典型特征、云边协同在相关领域下的“云 – 边 – 端”三层应用架构以及关键问题和相关前沿技术，并且针对每个领域的一些案例，给出云边协同场景下的解决方案。

由于笔者的水平有限，编写时间仓促，书中难免会有一些错误或者不准确的地方，请读者原谅，并提出宝贵意见。

About the Authors 作者简介

韩锐　北京理工大学特别研究员，博士生导师，院长助理。2010年毕业于清华大学并获优秀硕士毕业生，2014年博士毕业于英国帝国理工学院，2014年3月至2018年6月在中国科学院计算所工作。专注于研究面向典型负载（机器学习、深度学习和互联网服务）的云计算系统优化，在*TPDS*、*TC*、*TKDE*、*TSC*等领域顶级（重要）期刊和INFOCOM、ICDCS、ICPP、RTSS等会议上发表超过40篇论文，Google学术引用1000余次。

刘驰　北京理工大学计算机学院副院长，教授，博士生导师。国家优秀青年科学基金获得者，英国工程技术学会会士、英国计算机学会会士、英国皇家艺术学会会士，IEEE高级会员。分别于清华大学和英国帝国理工学院获得学士和博士学位，曾任美国IBM T. J. Watson研究中心和IBM中国研究院研究主管，并在德国电信研究总院（柏林）任博士后研究员。研究方向为大数据和物联网技术。曾主持国家自然科学基金、国家重点研发计划课题等20余项省部级研究项目。发表论文百余篇，ESI（基本科学指标数据库）高被引论文2篇，授权国内外发明专利17项，编写书籍9本，Google Scholar索引3900余次，H指数为30。现任国家自然科学基金会评专家、科技部重点研发计划会评专家、中国电子学会理事等。入选国家人社部“高层次留学人才回国资助计划”、中国科协“青年人才托举工程”、陕西省第八批“百人计划（短期项目）”，荣获中国电子学会优秀科技工作者、国家“十二五”轻工业科技创新先进个人、2017年中国物联网年度人物等。

目　录 *Contents*

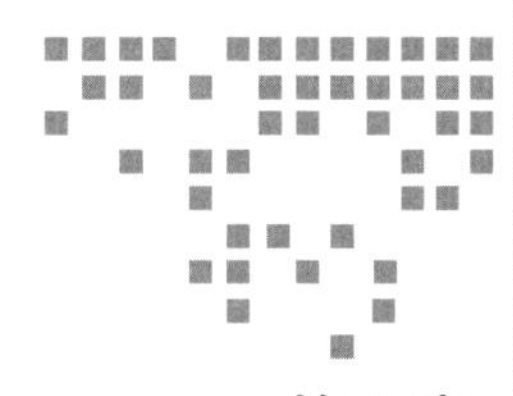

第 1 章 Chapter 1

云边协同大数据系统概述

1.1 云边协同发展历程

云计算在数十年的时间里不断演进、不断发展，如今正朝着新的方向迈进。在此，从虚拟化技术的诞生追溯云计算的历史，从云边协同的层次化架构展望云计算的未来，通过将图 1-1 所示的整体发展历程划分为 3 个阶段，分别进行介绍。

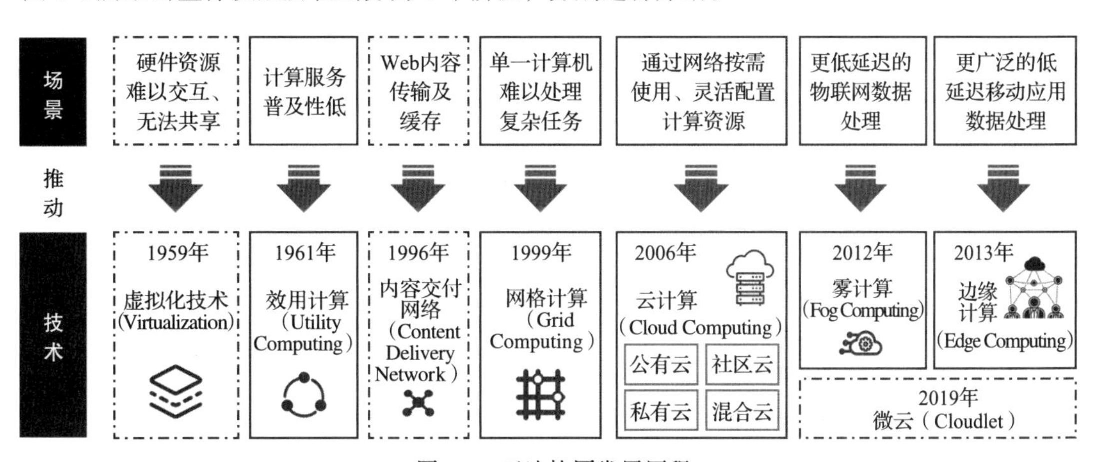

图 1-1 云边协同发展历程

1.1.1 探索阶段

1. 虚拟化

1959 年，一项对未来计算机软硬件发展有深远影响的技术被正式提出[1]。为了向上层应用提供良好的、共享的硬件资源环境，虚拟化方法能够将计算机底层的硬件资源（例如处理器、内存、磁盘、网络适配器等）进行抽象、封装并重新定义、划分，将资源实体虚拟为一个或多个逻辑资源，打破实体资源的边界障碍，降低资源异构带来的复杂性。如今，虚拟化技术已经不再局限于硬件层面，发展出了内存虚拟化、存储虚拟化、网络虚拟化、桌面虚拟化、软件虚拟化、服务虚拟化、数据虚拟化等多方面的软硬件结合的技术[2]。

虚拟化技术能够使得不同的应用在各自的逻辑空间中利用不同的虚拟资源独立运行，应用之间相互隔离，互不影响，提高了执行环境的灵活性与运行效率，催生出了包括容器、软件定义网络[3]、软件定义存储[4]等未来的一系列重要技术。例如，超融合技术将虚拟化计算和虚拟化存储整合到同一个系统平台，为企业构建速度快、扩展性强、灵活性高的数据中心提供了技术支撑。这为未来云平台服务中的即租即用、环境隔离、资源共享、弹性伸缩等功能奠定了重要基础。

2. 效用计算

在虚拟化技术以及支持多人共享的分时计算机技术出现后，图灵奖得主约翰·麦卡锡（John McCarthy）于 1961 年在麻省理工学院（MIT）的演讲中首次提出效用计算（Utility Computing，或译为公共计算、公用计算）的概念。效用计算模型设想将计算机的能力作为（类似于电力）公共服务向外提供，使得不同用户能够按需使用同一台或同一集群内的计算能力。

该模型的出现为后续的云计算技术提供了主旨思想，具有很高的先进性和预见性，但由于技术的落后与需求的不足，该想法在当时并未被进一步发展。

3. 内容交付网络

随着客户机－服务器等基于网络的数据处理模式不断发展，复杂 Web 内容（例如图像、音频、视频等）的传输逐渐成为应用处理性能的瓶颈。为了将这些内容更快地发送至用户，20 世纪 90 年代，Akamai 公司推出内容交付网络（Content Delivery Network，CDN）技术。该技术将数据存储节点地理分布地部署在更加靠近用户的网络边缘端，而非集中的数据中心，并利用这些节点预抓取用户从数据中心请求传输的内容，或在某一用户请求后将该内容缓存到本地存储节点[5]。这使得后续相同的用户请求能够直接从靠近自身位置的 CDN 节点上获取数据，从而达成更快地交付网络内容，缩短用户拉取数据的输送距离，降低网络带宽的占用。该技术对于图像、音频、视频等体积较大的数据尤为高效，通过边缘分发数据能够节省大量原有开销（例如从数据中心传输数据至网络边缘节点）。

这一技术让大多数用户对 Web 内容从网络中心侧传输到网络边缘侧这一过程的开销并无明显感知，提高了图像、视频等相关网络服务质量，提升了用户体验。不过，该技术是以缓存分发业务为中心的 I/O 密集型系统，主要作用即热点内容的就近分发或加速分发，未提供复杂的数据处理支持，例如开放 API 能力以及本地化的计算存储能力。

1997 年，有研究者通过实验提出将更加靠近用户的数据节点用于执行计算任务的可能，基于语音识别场景，展现出了这种新型计算模式的巨大优势[6]。如今，一些 CDN 已不仅仅停留在内容缓存的技术层面，而进一步提升了容器即服务、虚拟机即服务、裸机即服务以及无服务器功能等能力。随着时间的推移，边缘计算模型将受此启发，泛化并扩展 CDN 技术，赋予原有的数据存储节点计算的能力，使得这类节点不仅能够存储数据，更能够运行任意的代码，来实现不同应用的特定需求。

4. 网格计算

20 世纪末，数量不断增长的计算机网络相互串联在一起，逐渐形成了规模庞大的互联网（Internet）。同时，越来越多的用户（尤其是科学或工程机构）面临的大规模数据处理问题（例如复杂科学与工程计算）已经无法由单台高性能计算机所解决。1983 年，SUN 公司提出“网络即计算机”，首次打破网络固有身份的局限性，以更高的视角将网络从数据传输者泛化成具有更大潜能的数据计算者、数据处理者，通过网络等电信基础设施为用户提供高性能计算资源的想法被逐渐认可。

类似于效用计算，网格计算技术[7]基于互联网，能够协同调用地理位置分散的不同计算资源，例如高速互连的异构计算机、数据库、科学仪器、文件和超级计算系统等，并将每台计算资源作为一个节点，共同组成一张“网格”，作为一个虚拟的“超级计算机”提供计算服务，以此支持多用户共享虚拟计算机集群的计算、存储等能力，实现更高的运行效率。

一方面，用户通过网格计算能够跨管理域地将分散的计算资源组成协同计算集群，解决规模庞大的复杂问题，获得新的解决方案；另一方面，这种计算模式能够充分利用广域网（WAN）中的闲置计算能力，大大提高了资源利用效率。该技术的研究与发展切实地使得基于网络的计算服务模式变为现实，为云计算模型的正式提出奠定了重要基础。

1.1.2　云阶段

一方面，不论是传统制造业、医疗业、交通运输业的智能化转型，还是新兴的移动应用开发商、智能技术提供商的基础设施建设，都离不开计算、存储、网络等多方面的资源支撑。越来越多的机构与组织意识到搭建私有计算资源有高昂成本，以及集中化资源管理有诸多优势，通过网络提供计算能力的服务范式受到了愈发广泛的推崇。另一方面，分布式处理、并行处理、网络通信等技术进一步发展，为云计算模型的落地提供了底层支撑。

2006 年，谷歌于搜索引擎大会（SES San Jose 2006）上正式提出云计算（Cloud Computing）的概念，同年，亚马逊（Amazon）公司也推出了弹性计算云（Elastic Compute Cloud，EC2）服务，云计算技术经过多年的筑底，终于从概念走向实践。该技术的服务模式类似于自来水、电力等生活、生产基础设施，能够通过互联网向用户提供计算、存储、网络等资源，用户按需使用，灵活配置，专注于服务本身，而无须关心云平台的底层细节，节省了大量搭建以及运维服务器的成本[7]。如今，亚马逊、阿里巴巴等诸多先进科技企业提供的云计算服务（例如 AWS 云服务、阿里云服务），已经服务于成千上万的数据处理应用，为它们提供稳定、强大、易用的计算、存储、网络等资源。

具体而言，云计算是指能够针对共享的可配置计算资源，按需提供方便的、泛在的网络接入的模型[8-10]。一方面，通过网络，不论是非互联网企业，还是具有技术实力的科技公司，不论是个人开发者，还是规模壮大的集团，想要实现数据处理应用的落地，都不再受困于基础设施（例如计算服务器、网络电缆）搭建带来的成本难题，用户无须关心计算资源的细节，不必具有服务器运维等相关领域的知识，而可随时随地访问所需的资源，并灵活升降配置。以另一个角度看，云计算服务商将原有可能空闲的大量计算资源进行统一管理，建立集中化的数据中心，通过规模化、集约化的成本节省，能够最大化自身效益，实现提供者与受供者的双方共赢。

目前，云计算模型形成了 3 种服务模式：

1）基础设施即服务（Infrastructure as a Service，IaaS）：直接向用户提供包括计算能力、存储能力、网络组件或中间件等在内的基础资源（例如计算节点、分布式存储节点），用户能够直接控制这些资源，实现应用需求；

2）平台即服务（Platform as a Service，PaaS）：向用户提供应用程序基础架构（例如应用开发平台、测试平台），但用户无法控制操作系统、硬件等更加底层的设施；

3）软件即服务（Software as a Service，SaaS）：向用户提供已经实现的应用软件服务，例如创作领域的 Adobe Creative Cloud、办公领域的 Office 365 套件以及各类在线企业管理系统等。

同时，在这 3 种模式的基础上，云计算架构具有多模式融合、交叉创新的发展趋势，用户能够根据自身的技术储备与实际的应用需求，选用符合自身情况的，更加完善、深入、灵活的云计算服务，最大限度地降低应用开发与部署成本，加速创新想法的落地。

1. 云服务形态

整体上，根据作用域不同，可以将云服务的形态分为 4 类：

1）公有云：由云计算服务提供商搭建的大规模云平台基础设施，能够通过互联网向用户提供广泛的按需即付即用、标准化、弹性伸缩的计算服务，最大化用户的便捷程度。

2）社区云：云资源提供给两个或两个以上的特定组织或机构使用，这些组织通常具有类似的需求，例如同一行业内的不同企业或同一企业的不同分部。

3）私有云：由企业或机构自身搭建的，供内部使用的云平台。该模式对云平台具有充分的管控能力，能够避免企业内部敏感数据泄露至公有的云数据中心，进一步提高数据的安全性与隐私性，但降低了可伸缩性，增加了维护难度。

4）混合云：通过相应技术、管理模式将多种模式（例如公有云与私有云）结合，为用户提供多层面的云服务。一方面，企业能够将敏感计算任务放于私有云平台来执行；另一方面，企业能够利用公有云平台的大规模资源与弹性伸缩的灵活性。但该模式也需要云服务供需双方对不同云平台之间的协同调度、数据共享、安全管理投入更多的成本。

2. 云服务特征

基于以上叙述，我们能够最直观地认识到云计算模型的首要特征——按需自助服务。此外，它还具有广阔的互联网访问、资源池、快速伸缩、服务可度量等特征。

云计算技术之所以能够逐渐成为主流的计算范式，甚至成为计算服务的标准模型，除以上基本特征，它的显著特点是为发展迅速的新兴技术（例如大数据处理技术、人工智能技术等）提供了良好的平台与环境。

近年来，随着互联网的不断发展，网络应用如雨后春笋般增长，随之带来了海量的数据，亟待应用开发者们加以处理及分析。这些含有巨大潜在价值的数据一方面具有多样化的特征（例如文本、音频、视频等形式，异构、同构等形态），另一方面具有产生速度快的特点。而传统上需要自身搭建资源平台的模式显然不适合应对大数据的规模与灵活性。反之，云平台由于无须自身维护、扩展灵活等特性，为大数据处理、分析与决策过程提供了良好的环境支撑，使得数据管理与分析人员能够更加专注于数据本身，而非数据处理底层环境的运行与维护。

如今，云平台已经成为大数据应用平台的事实标准，同时，越来越多的大数据技术也朝着云平台的方向进行打造与优化。例如，Hadoop 分布式文件系统（HDFS）为数据处理应用提供了稳定可靠的大规模文件存储能力、Spark 分布式计算引擎为数据处理应用提供了高效的大规模计算能力等。它们极其适合于云平台集群化资源环境，同时也为云平台提供了更加良好的应用发展条件。

3. 问题与挑战

随着技术的不断更迭，尤其是继互联网之后的移动计算（mobile computing）、物联网（Internet of Things，IoT）计算等新型应用逐渐涌现，日趋成熟的云计算技术一方面继续发挥着它本身海量计算资源的优势，另一方面也逐渐暴露出诸多弊端，以及在面对新型应用需求时的不足与缺陷。这其中最主要，同时也难以克服的一点，便是云平台本身的地理位置。

云计算平台由于需要将大规模的（计算、存储、网络等）资源集中起来，形成规模化的数据中心，以通过统一管理、调度的方式，降低技术门槛，节约维护成本，因此它通常选址于偏僻的市郊，甚至山区、海底。但这个特性也使得提交数据、产生请求的用户与实际提供计算服务的数据中心相距甚远，从而带来了网络延迟、传输带宽、能源消耗、隐私保护以及应用稳定性等方面的缺陷。

（1）网络延迟

对于一个典型的应用计算请求而言，它的过程通常如下：

1）用户通过智能手机、个人计算机等设备向运行于云平台上的数据处理程序发出特定任务请求（例如文本分析、语音识别、图像分类、目标检测等），并传输相应的数据内容（例如社交网络的发帖、控制机器人的语音段落、刚拍下的照片、监控摄像头的录像记录等）；

2）数据处理程序接收请求，对输入的数据进行相应的计算、存储、分析以及决策，得到最终的结果；

3）数据处理结果从云平台发送回用户端设备，用户接收结果，并进行后续可能的一系列操作。

通过分析，能够发现，该过程的端到端延迟（即，从用户发出请求到用户收到结果的整段时间开销）主要由两部分构成：

1）网络传输延迟，可进一步细化为用户端到服务端的请求开销，与服务端到用户端的响应开销；

2）处理延迟，即云平台上数据处理程序对输入进行计算并得到输出的时间开销。

在数据处理技术不断发展的过程中，传统云平台在前者（网络传输延迟）上的弊端正逐渐被放大。

现如今，越来越多的新型应用对延迟正愈发敏感，跨越数百甚至上千千米的网络数据传输导致的巨大延迟，无法满足其实时数据处理的需求，从而极大地限制了大量新型应用的落地实践，例如 1.4.1 节中物联网传感器（例如火警检测）对传感数据的处理、1.4.2 节中安全监控系统对视频画面的监测、1.4.3 节中有关智能行车控制决策的生成。该类应用与传统应用的最大不同在于对数据处理过程的时间开销有着更为严格的限制，这些限制不仅决定了数据处理的成功与否，更潜在地影响着用户的生命与财产安全。

（2）传输带宽

拍照、录像，又或是对着（苹果公司推出的）Siri、（小米公司推出的）小爱同学等智能语音助理说话，已经逐渐成为人们与智能设备进行交互的日常方式，而这些交互所带来的图像、视频、音频等多媒体数据本身，正变得体积愈发庞大。如今，一张照片未经压缩时能够达到数兆字节（MB），一段视频甚至能够达到数十吉字节（GB），这些数据经过局域网（Local Area Network，LAN）、广域网（Wide Area Network，WAN）的传播，由用户设备传输至数据中心的过程，将占用极大的带宽资源。随着万物互联时代的加速到来，物联网技术连接的百万计甚至千万计的传感设备、监控设备，每天甚至每秒都将产生海量的数据，这不仅给应用服务商带来了巨大的带宽成本压力，更给网络传输基础设施建设带来了严峻挑战。

（3）能源消耗

一方面，数据中心每时每刻都在消耗大量能源，尤其是电力。据 Yevgeniy Sverdlik 的研究[11]称，美国数据中心的耗电量在 2020 年有 730 亿千瓦时。另一方面，用户将数据从设备发送至网络接入点（Access Point，AP），之后数据经由网络，不断地被路由转发，最终达到数据中心并被接收。该过程的每一步骤同样需要大量的电力，尤其是对于受限于体积的终端设备而言，网络接入所带来的电力消耗将直接影响用户体验，使得本就不足的设备电池容量更加难以满足用户对于续航的要求，进一步增加用户设备的使用成本。

（4）隐私保护

由于用户数据需要跨越长距离的网络传输至数据中心，继而进行集中式处理，因此无论是在网络通信的过程中，还是在数据处理的过程中，都面临着数据泄露、丢失的严重问题。随着互连传感器逐渐由固定的、大型的设施，转变为嵌入的、可穿戴的小型设备，同时随着智慧健康、自动驾驶等一系列新型应用技术的出现，越来越多的传感设施深入人们生活的各个领域，无时无刻不在记录着人们的生理体征、行为动作以及出行路线等信息。而这些信息不仅包含指向性的数据，更潜在地包含人们的位置信息、环境信息甚至是与他人的谈话内容。这些数据不同于传统应用产生的难以追溯的模糊信息，而带有十分精细的个人特征，同时具有高度的敏感性与隐私性。这使得越来越多的应用不得不考虑传统的基于云平台的数据处理模式能否有效地保证数据安全，以避免隐私泄露导致的严重后果。

（5）应用稳定性

一方面，互联网向物联网、工业物联网（Industrial Internet of Things，IIoT）发展的趋势已经成为必然。随之而来的，是面对各行各业的、多样化应用场景的各类应用的大量涌现。这些应用的出现势必会产生海量的数据内容，也因此对现有的网络情况带来极大的挑战，使得数据远距离传输的稳定性进一步下降，数据丢失、传输中断的情况进一步增加。另一方面，由于数据中心同时容纳了大量的数据处理应用，这些应用通常以虚拟机或容器的形式共存于服务器节点中，因此，对于稳定性要求更高的应用而言（例如金融领域的交易记录统计、医疗领域的体征异常检测），如何保证程序运行得可靠，正是亟待解决的问题之一。

结合上述问题，可以充分地认识到，单纯地扩展集群而线性提升云平台的计算能力，已经无法满足新型应用的需求，尤其是对主要由地理位置因素导致的延迟等问题，需要从根本上利用更加有效的计算模型来解决。

1.1.3 云边协同阶段

基于集中化、规模化数据中心的云平台通常距离数据产生源以及终端用户较远，因此对基于云平台的数据处理任务执行造成了大量的数据传输开销。面对这一系列问题与挑战，学术界与工业界的研究人员提出了在网络边缘构建计算平台的设想。

1. 技术发展

（1）微云

卡内基－梅隆大学（Carnegie Mellon University）的研究人员于2009年提出微云（Cloudlet）架构[12]，设想将小微型的云平台（例如微型数据中心）搭建在更加靠近数据源的网络边缘端，作为网络中心侧云平台与终端设备的中间层级，提供计算、存储、网络资源等基础设施。

一方面，该架构扩展了传统单一的云平台服务体系，能够为网络边缘小范围区域内的应用处理需求提供计算等能力，例如资源密集型的神经网络模型推断任务、大数据挖掘任务，缓解了终端设备资源（例如计算、存储、电力）严重受限的问题；另一方面，由于该设施处于网络边缘侧，距离数据产生源的地理位置更近，因此从根本上缓解了距离因素造成的响应延迟高、网络带宽占用大等问题。该基础架构为未来的雾计算、边缘计算等新型计算服务范式提供底层支撑，推动了新型计算范式的发展。

（2）雾计算

物联网以及工业物联网技术的发展，催生了一大批新的数据产生源，包括各行各业的新型应用，使得网络边缘的数据规模呈爆发式增长。而它带来的大规模终端设备的接入、海量终端数据的生成，导致传统的数据中心在基于云平台解决方案的模式下遭遇严重的性能瓶颈，难以有效管理、高效处理。这尤其表现在数据传输导致的网络开销等方面，从而使得万物互联带来的海量数据潜在的价值无法完全释放。2012 年，为了应对规模增长迅速的数据处理需求，雾计算模型[13]被提出。该模型能够利用微云或其他更加广泛的异构计算设备，在更加靠近物联网终端（例如传感器、视频监视器等）的地理位置提供更加去中心化的计算服务，具有位置感知、适应移动性等诸多优点。

（3）边缘计算

边缘计算是在网络边缘执行计算的一种新型计算模型[14-15]，它的基本理念是将计算任务卸载至更加接近数据源（用户端）的计算资源上运行。该技术将雾计算的应用范围进行泛化，能够为更加广泛的移动应用提供计算、存储、网络等资源[16]。一方面，这些计算资源的实际部署位置较为灵活，没有明确限定。例如，面向具有高度延迟敏感需求的新型应用用户，边缘计算节点应该首要考虑与终端设备的物理距离，以降低数据传输时延，部署在基站等处；面向工业、企业、机构等专用应用用户，边缘计算平台应首要考虑业务应用服务的覆盖范围以及数据传播范围引起的数据隐私保护问题，部署在园区内部等处。另一方面，边缘平台可以是纯软件形态，也可以是集成中间件的硬件网关，结构多样。

但单纯的边缘平台并不具备类似于云平台的海量计算能力，面临着资源严重受限的局面。同时，由于分布在广泛的网络边缘端，因此不同区域的边缘节点之间难以协调，无法实现全局化的通信与调度。因此，不可将云平台与边缘平台割裂开来，反之，边缘云与中心化云计算是互补的关系，前者专注于“局部”，面向实时、短周期性的任务处理，对本地业务的高效、智能处理与执行具有更好的支撑；而后者面向全局，专注于非实时、长周期的任务处理，能够进行整体业务编排、应用生命周期管理，同时更加充分地体现出集约化共享服务的理念。两者相互结合，形成层次化的云－边－端三层协同平台（以下简称云边协同平台或云边平台），以应对需求难度愈发提高的新型应用对数据处理平台提出的挑战，更加完善、更高性能地服务于现有以及未来的数据应用场景。

具体而言，云边协同平台从地理位置上可以分为中心侧以及边缘侧。中心侧通常以云平台为代表，部署规模化的服务器集群，提供海量的计算、存储、网络等资源，供大型应用执行复杂任务；边缘侧通常泛指网络边缘靠近数据产生源的部分，包含边缘计算节点以及用户设备。以往，数据处理请求从设备端发出，通过网络，由数据中心进行处理。而基于云边协同平台，我们能够将计算任务策略化地卸载至云平台、边缘平台，甚至直接在用户端进行运算，以更加充分地发挥系统中不同等级平台各自的优势，同时避免不同平台本身的不足，满足新型应用在响应速度（延迟）、吞吐、带宽、能耗、隐私等多方面的需求。

但同时，需要认识到，云边协同平台仍然面临着巨大的问题与挑战。

2. 技术特征

相比于云计算平台，边缘计算平台具有一些相似的特点，同时也具备更多特别的方面。如图 1-2 所示，这些特征为边缘平台带来了一些传统云平台无法超越的优势，同时也相应地引入了一些新的问题。

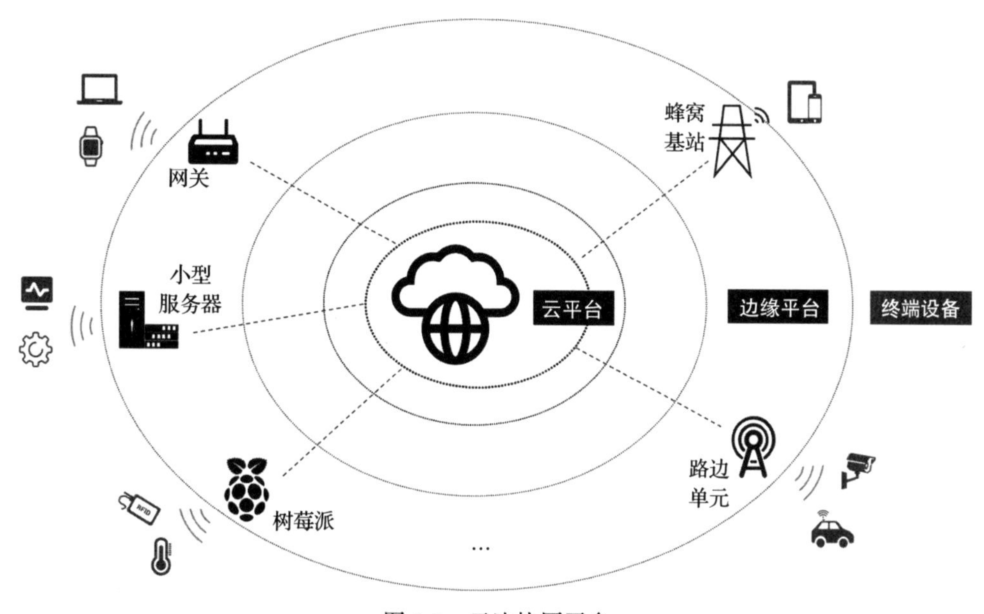

图 1-2　云边协同平台

（1）位于网络边缘

决定边缘平台与云平台本质不同的重要因素，即地理位置。通常，云平台基于集中的、规模化的数据中心打造，位于网络中心处，远离产生数据的用户端。而边缘平台与之相反，分布于网络边缘，更加靠近用户，与数据产生源十分接近，甚至在某些情况下为同一设备。同时，边缘计算节点的地理位置相对灵活，这一固有特性使得边缘平台能够更加便捷、更加快速地与用户进行交互，这为不断涌现的新型应用提供了坚实支撑。

具体而言，位于网络边缘，更加靠近数据源的这一特性，为边缘计算平台带来了以下优势：

1）网络延迟：由于所需的数据传输距离大大缩短，从用户－数据中心转变为用户－边缘节点，因此在传输速度一定的情况下，传输时间开销将大大减少，进而降低用户从发出请求至接收到响应的端到端延迟，提高响应速度。

2）传输带宽：即使在数据量保持不变的情况下，从用户端设备传输至边缘节点进行数据处理的过程，能够节省 WAN 上相当比例的流量和带宽占用，降低数据处理成本。

3）能源消耗：距离的缩短将在很大程度上减少网络基础设施用于数据传输的能源成本。

4）隐私保护：由于数据处理的位置从远距离的数据中心转为接近用户的边缘计算节点，因此一方面，能够避免数据在网络传输过程中被恶意截取或异常丢失，另一方面，能够更有利于用户本身对于小范围内的数据处理过程的监督与权限设置，保证数据本身不被滥用，从而避免暴露至基于数据中心的公有云平台上。

边缘计算平台的由地理位置因素带来的优势，正是前面所述的传统云平台难以克服的挑战。

（2）分布广泛

由于网络边缘所涵盖的范围远大于网络中心，因此边缘计算平台将不可避免地分布于更加广泛的地理区域。一方面，作为优势，边缘平台能够更加靠近海量的数据源头，从网络边缘直接对计算节点所覆盖的小型区域数据进行处理；另一方面，作为劣势，广泛的分布意味着无法同云平台一样进行集中化的统一管理，这不仅带来了成本上的开销增长，同时也带来了技术上的更大挑战。

（3）异构性高

由于广泛分布等特性，边缘平台面临着异构性的巨大难题：

1）异构性体现在硬件和软件方面。对于硬件而言，边缘节点身处网络边缘的复杂环境中，可以小到树莓派、嵌入式传感器，大到微云、移动边缘服务器（MEC server）、网关（gateway）、路边单元（road side unit）等服务器，有时甚至不存在独立的物理形态，而直接集成到有关设备中。这不仅导致边缘服务提供商难以对这些计算、存储、网络等资源进行统一化管理，同时也导致应用服务提供商难以同传统云平台一样，调度大规模稳定的资源实现计算任务。由于资源严重受限以及不同节点能力严重不均，使得从平台到用户的一系列相关人员难以将应用快速部署至边缘节点，进而阻碍了边缘计算技术的发展。对于软件而言，受到底层架构多样性的影响，软件的运行可能面临着无法兼容的复杂问题。需要考虑能否使用诸如虚拟机、轻量化容器等作为中间件，对底层异构硬件进行封装，进而向上层应用平台提供易用的编程接口。

2）异构性还体现在网络方面。网络不是单一的软件或硬件单元，而是集成多层次软硬件协同处理的基础设施技术。对于边缘计算而言，“多接入”（multi-access）特性使它不同于仅接受蜂窝网络连接的基站、仅接受无线局域网（WLAN）连接的路由器等专用设备，而是能够包容性地工作在移动通信网、LAN 等多元网络环境下，同时可与接入网、城域网中多类网元集成在一起。

3）异构问题的解决方案难以划分界限。由于边缘平台从最底层的网络、计算、存储等硬件资源，至上层的操作系统、计算平台、数据处理应用，均面临着不同程度的异构难题，因此在哪个层面、何种程度、什么方式进行抽象以及对接口封装，不同层面的研发人员仍然难以界定。

（4）层次复杂

在软硬件高异构性的基础上，边缘平台由于本身的技术特点，若要实现最终高可用性的落地，需要在不同层次上提供强有力的技术支撑：

1）虚拟基础设施：基础设施包括计算、存储、网络等方面的资源，为上层应用提供数据转发、流量路由等功能。

2）虚拟基础设施管理器：对应于相应的资源，边缘平台需要更加灵活、本地化的管理器，对资源进行分配、管理以及发布，实现应用的快速配置。

3）边缘应用：边缘平台上的应用通常需要运行于虚拟机或容器中，基于后者提供的灵活的环境配置，更加高效、低成本地运行。

4）应用编排器：对系统、应用等多维度资源进行统筹管理。

5）平台管理器：对应用程序的实例进行生命周期管理，设置相应的网络通信规则。

6）平台：为应用提供服务能力，接收平台管理器制定的具体策略。

3. 问题与挑战

（1）资源难于管理

边缘平台本身具有分布广泛、异构性高的特点，而用户设备则更具多样性，加之云 - 边 - 端三者需要相互协同，形成混合化的计算平台，因此对于三者资源（尤其是计算、存储、网络等硬件资源）的管理具有极大挑战。首先，云边协同平台的硬件资源跨越了从网络中心到网络边缘的极大范围，集中且少量的数据中心难以即时地获知边缘节点以及用户设备的资源信息、运行情况、上下文环境，掌握全局的实时动态，以快速调度或对资源进行管理、状态更新，而用户设备同样难以接收到云端平台的详细数据，这使得中心侧与边缘侧的协同运行具有难度。

（2）任务卸载复杂

对于不断涌现、不断变化的新型应用，不是所有的计算任务都可以被完整地卸载到边缘服务器上执行。例如即时通信等应用，仍然需要全局的、中心化的数据节点来实现地理广域的多点互连。在这一点上，单纯地利用服务于地理位置上较小范围的边缘平台无法实现。为了使得数据处理应用能够充分发挥云边协同平台不同层级环境下的计算能力、地理位置、隐私政策等方面的优势，就需要对应用计算任务，甚至是任务的子部分，根据不同的策略，以不同的粒度进行切割，以卸载至不同的环境下执行。因此，这也为云边协同应用的实现增加了挑战。

（3）数据共享不易

不同于集中的云平台能够在小范围 LAN 内高吞吐地传输数据，实现分布式地共享数据，云边协同平台本身的地理位置因素决定其节点之间进行数据通信有极大难度：

1）云边节点之间共享难度大：由于网络中心侧与网络边缘侧的地理距离较远，实现数据传输的开销较大，因此进行实时的、完整的数据共享几乎难以实现，同时，这也违背了加入边缘平台以降低网络带宽占用的初衷；

2）边缘节点之间共享难度大：边缘平台自身遍布广袤的地理区域，且不同边缘节点的存储、网络能力具有巨大差异，传统较为成熟的分布式文件系统（例如 HDFS）完全无法满足边缘平台之间数据存储的需求；

3）边缘节点与设备间共享难度大：边缘节点通常需要连接大量的用户设备，包括传感器、视频监视器等，由于这些设备对不同标准的遵守程度不同，甚至具有较高的移动性，需要随时间变化连接至不同的边缘节点，因此两者的数据共享面临数据缺失、数据过期等问题。

（4）开发调试不便

对于云平台而言，一方面，云服务运营商已经为基于云计算技术的应用开发提供了良好的环境，包括集成开发平台、调试平台、模拟测试器等，并为开发者准备了完备的技术文档或规范手册；另一方面，由于云平台在性质上更加接近开发机（例如个人计算机），因此开发者能够更加便捷地进行编码等操作。而对于云边协同环境而言，一方面，应用部署环境处于复杂的云 - 边 - 端混合环境中，面临着底层资源的极大差异以及难以直接控制的问题；另一方面，应用开发环境与应用部署环境同样存在较大差异，通常，个人计算机采用 X86 架构，而小型物联网设备采用 ARM 架构。这使得应用程序从设计、编码到部署、维护都无法照搬传统项目的开发方法，需要研发人员进一步探索。

1.2 云边协同数据处理

随着云边协同平台的不断发展，数据处理领域也在悄然发生着变化：一方面，数据的主要来源仍以不断增长的“人”（即用户）为基础，但逐渐向“物”发生转变；另一方面，在数据来源更加丰富的前提下，包括网络通信技术、数据处理方法在内的多方面因素又共同推动着数据处理模式从单机模式、云模式逐渐向边缘模式、云边协同模式发生转变。

1.2.1 数据来源

可以将互联网上的数据来源主要分为以下方面：

1. 人

在过去的 10 ～ 20 年，传统互联网以个人计算机端为代表，向移动端方向不断延伸，从基础的电子邮件，快速发展成为具备搜索、社交、购物等一系列生活、生产功能的综合技术体，而这一系列网络应用的发展，推动着不断扩大的用户群体产生越来越多的数据。

如图 1-3 所示，Cisco[17] 预测称 2023 年互联网用户数量将上升至 53 亿（2018 年仅为 39 亿），相应的人口比例将上升至 60%（2018 年仅为 51%）。不论是绝对数量还是相对比例，都将发展至很高的水平。

因此，随着互联网用户数量的发展逐渐进入瓶颈，人们自身能够输出的数据的增长速度也逐渐变得缓慢，但每位用户所拥有的设备数量还积存着大量潜能未被释放。

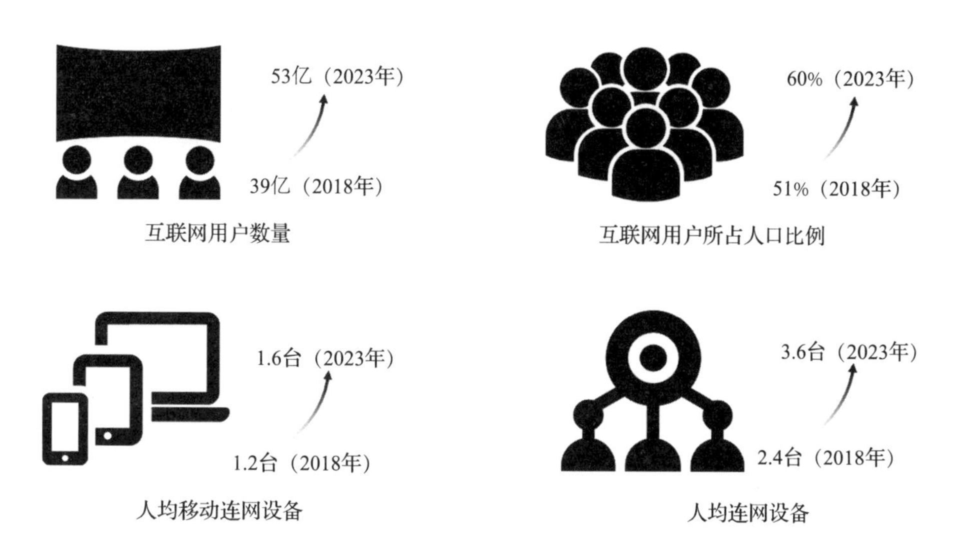

图 1-3　互联网用户及设备飞速增长

2. 物

随着移动计算、物联网、工业物联网等新兴技术的涌现，互联网迎来了新的下半场——万物互联。在万物互联时代中，各行各业的物品都能够通过网络进行连接，例如生产制造业中的机床、交通运输业中的机动车辆、医疗健康业中的心率传感器等。这些设备在传统的基础功能之上，具备了网络接入、网络访问等能力，使得人们无须直接接触实体，便能够获取最新的运行状态、传感数据、上下文环境等信息。

对于“物”的发展规模而言，一方面，每位用户所拥有的连网设备数量不断增长，如图 1-3 所示，在人口基数逐渐达到瓶颈的前提下，到 2023 年，人均连网设备仍将达到 3.6 台[17]；另一方面，全世界范围内的物联网设备整体数量更是达到了惊人地步——Transforma Insights 的报告指出，截至 2019 年年底，物联网设备数量已经达到了 76 亿，并预计到 2030 年增长至 241 亿[18]。

物联网以及工业物联网设备的快速增长，不可避免地带来了海量的数据，不同于传统互联网以人为中心的数据生成，一方面，这类新型数据通常具有更加复杂的特性，同时包含着更加多样化、更高价值的信息；另一方面，数据产生的位置也逐渐从网络中心迁移至网络边缘。这些在网络边缘端产生的数据由于规模巨大、时效性高，难以通过传统的网络基础设施传输至云端数据中心进行统一处理，因此亟待边缘平台发挥地理位置优势。利用云 – 边 – 端协同平台的强大支撑，可帮助数据处理应用实现更低成本、更加高效、更高性能的数据挖掘、分析与决策。

1.2.2　处理模式

1. 演化过程

随着计算平台由探索阶段逐渐发展至云阶段，数据处理任务模式也相应地经历着数次变革：

1）单机模式。在互联网技术还未大规模覆盖时，任务处理过程通常以个人计算机、专用服务器等独立的个体进行实现，性能主要受制于机器本身的资源瓶颈。

2）个人计算机－服务器模式。由于网络技术（尤其是宽带技术）的普及，任务处理所需的操作请求、数据内容等信息能够通过 LAN、WAN 在客户机（例如个人计算机）与服务器之间进行传输，从而使得用户能够利用服务器的大量资源，处理更为复杂的运算。

3）移动计算模式。伴随智能手机、平板计算机等一系列轻薄的便携式设备的出现，移动互联网逐渐成熟，并在越来越多的场景下取代了原有个人计算机的地位。但受限于体积以及无线的特点，这类设备通常无法负担较为复杂的处理任务，需要将它交由数据中心来完成。

如今，物联网、工业物联网应用成为互联网新的爆发点，迅速增长的数据量使得传统的任务处理模式都难以应对，计算平台由逐渐成熟的云阶段开始转向云边协同阶段，探索新的任务处理方法。其中，最为首要的问题便是云、边、设备三端之间如何协同，换言之，这三者之间如何进行交互，才能在保证应用需求的前提下，最大化性能表现（例如运行效率），同时尽可能地降低成本：

1）数据中心。优势在于海量资源可供调配，在计算能力、存储规模等方面难以替代。在智能化服务场景下，能够运行全局性、长周期、大数据训练。

2）边缘节点。作为云平台与用户设备的媒介，边缘平台分布广泛，十分靠近数据产生源，相比用户设备而言具有更多的资源，能够容纳一定规模的数据处理任务，但仍难以达到数据中心的性能水平。

3）智能设备。作为与用户直接交互的产品，它的功能、形状、性质均具有较大差异，但总体而言，计算能力十分有限，且具有较高的动态性、不稳定性。

因此，结合云、边、设备三者的特点，根据在任务处理过程中可能的参与程度进行分级，如图 1-4 所示，提出以下 4 种云－边－端协同模式：

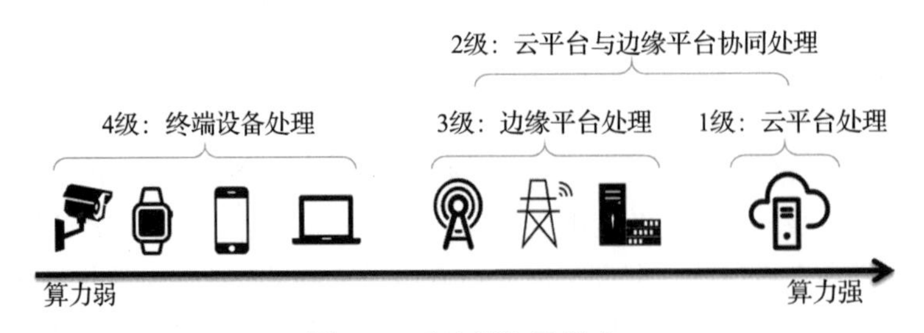

图 1-4　云边端协同模式

（1）1 级

终端设备（例如传感器、监控摄像头）作为数据产生源，直接将原生数据通过网络上传至云平台，完成所有的数据处理、分析等一系列任务，并将结果再次通过网络发送至用户。该模式接近于传统的云计算范式，没有边缘平台的参与，目前已被广泛应用，但面对新型应用的延迟、带宽需求难以满足。

（2）2级

将任务进行切分，将不同的子任务部分卸载至边缘平台或云平台。具体而言，设备根据多样化的策略以及各平台资源的特点，通过LAN或蜂窝网络将部分的数据处理任务传输至边缘节点，将其余的任务部分传输至云端节点，协同完成整体的计算。对于卸载至边缘平台的任务而言，通常是轻量的或是延迟敏感的类型，例如：

1）数据预处理，包括数据清理、完整性检查、敏感信息加密等；

2）数据流实时检测，利用流式计算对持续发生的事件进行监控，并在检出异常后以极低延迟进行决策；

3）模型实时推断，利用云端训练好的模型，进行低延迟的推断任务。

但由于本身资源所限，边缘平台在面对规模庞大的原始模型（例如数百兆甚至数千兆的深度神经网络模型）时，可能无力运行，需要对它进行压缩，使用包括量化降低权重参数精度、结构剪枝、知识蒸馏等技术在内的方案，减小模型体积，加快运行速度。

对于卸载至云平台的任务而言，通常是对计算资源要求极高的复杂性任务，例如神经网络模型训练、大数据分析等。该模式下边缘平台较大程度受限于资源短缺，仅承担一定程度的数据处理任务，因此对云、边两者协同模式下的任务卸载调度提出了更高难度的挑战。

（3）3级

数据处理任务将主要卸载至边缘平台，完成绝大部分的计算任务，包括数据读取、预处理、分析、决策等。此模式下，云平台仅承担全局性的、必要性的任务，例如全局资源管理、边缘平台调度、数据共享以及远距离通信等。该模式要求边缘平台已经较高程度地覆盖了网络边缘范围，且能够为数据处理提供性能（例如延迟、吞吐、稳定性等）、隐私等方面的可靠保障，运行需要较高要求的复杂计算任务，使得设备能够信任并依赖于边缘平台的能力。

（4）4级

设备本身能够承担主要的任务处理。此时，不论是轻量级的异常检测、模型推断、敏感性的数据加密，还是更为复杂的大数据统计、模型训练，都能够运行在设备本身。这不仅要求任务处理技术的攻坚，更要求设备本身（尤其是硬件层面）的突破性进展，以保障在计算、存储、能源（例如电量）等方面为数据处理提供有力支撑。此时，边缘平台将作为区域性的媒介，连接海量的物联网、工业物联网设备，对它进行通信管理、资源调度；同时，云平台作为全局性的媒介，承担广域下的技术支持，包括全局通信、同步、调度等方面。该模式对当前软、硬件的技术发展均提出了极高的挑战，需要研究人员更加深入探索。

需要注意到，1～4级的不同协同模式之间并非具有明确的界限，即便在同一系统中，也可能同时存在跨多级或介于两级之间的处理方案。另一方面，对于诸多复杂的场景，“集中”与“分布”的程度没有限制，云、边、端三者的计算能力如何合适分配也没有定式，需要以上述4种协同模式为基础，根据实际需求，灵活设计实现。

目前，已经出现一些公司初步实现了连接云边的开发框架，能够直接在边缘平台开发机器学习应用，例如微软公司的 Azure IoT Edge Runtime。

未来，随着 1 ～ 4 级交互模式的发展，数据处理热点逐渐从网络中心走向网络边缘，这将带来带宽、延迟、能耗等多方面的提升，但如上所述，也同时面临着技术领域更大的挑战。

2. 驱动因素

数据处理模式由最初的单机模式，基于协作技术，逐渐发展为联机模式，继而在任务卸载以及云计算技术的支撑下，转变为云模式。如今，正如前面所述，传统的云模式正在转向以边缘计算技术为突破点的云边协同技术模式。而数据处理模式的一系列转变，如图 1-5 所示，除了数据来源由传统互联网的用户本身逐渐向物联网时代的“物品”发生迁移，还有以下方面的因素同样发挥着重要作用：

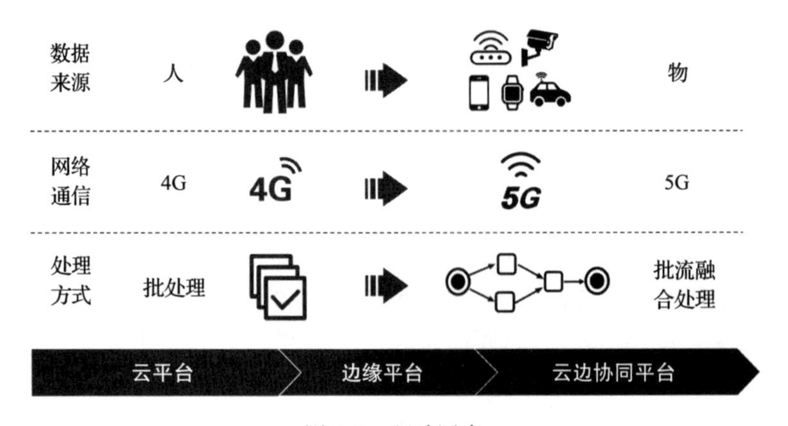

图 1-5　驱动因素

（1）网络通信技术

随着网络通信技术由第三代、第四代向第五代（5G）[19] 转变，网络基础设施，尤其是用于无线通信的数字信号蜂窝网络的性能将进一步提升。根据 Cisco 的预计 [17]，到 2023 年，全球平均带宽速度将达到 110Mbit/s，平均移动（蜂窝）速度将达到 44Mbit/s，其中 5G 平均速度将达到 575Mbit/s，是平均移动连接速度的 13 倍。

网络数据传输速度的巨大提升，必将推动更多应用将计算任务卸载至云边协同平台，以进行更高能效、更低延迟的数据处理。

一方面，更高的数据传输速率使得计算任务以及任务所包含的数据内容（例如体积庞大的图像、视频）能够在更短的时间内，以特定的策略卸载至云边协同平台，交由数据处理系统进行下一步的操作。另一方面，5G 网络还将具有更低的延迟，利用分布广泛的基站，可以设想将边缘平台中的计算节点部署至无线网络接入点附近，以充分地利用 5G 无线通信带来的从用户设备到网络接入点的第一跳过程（first hop）的低延迟优势，为延迟高度敏感的关键任务处理提供更为可靠的保证。

在未来，终端设备有希望借助5G传输实现无须下载安装核心软件而直接在线运行的流畅体验，物联网能够将所感知的数据借助5G与云端AI无缝融合，实现智联网（AIOT）的智能方案。

（2）数据处理方式

可以将数据的模式大致归结为批数据、流数据两类，并依此对数据处理方式进行划分：

1）批处理。大规模的全量数据，例如银行历史交易记录、监控设备存储录像，通常基于云端计算平台，利用大数据相关技术进行批量处理，例如数据清理、统计、分析，并做出后续决策。这类数据由于其海量规模的特点，数据处理系统通常成批地进行处理，因此，批处理优化水平将直接影响整个数据处理过程的效率。目前，基于云平台，Hadoop、Spark等系统不断发展并愈发成熟，为大数据的批处理提供了存储、计算等方面的有效支撑。

2）流处理。不论是生活还是生产，不论是人体还是物品，事件的发生、指数的波动，在本质上均以“流”的形式出现。随着新型应用的不断发展，这类流式数据成为愈发重要的信息载体，需要新型数据处理系统对它进行低延迟、高吞吐、稳定的实时处理，即流处理。不同于传统批处理方法，流处理具有输入数据多元化、输入速率动态化以及性能需求极高等特点。其中，性能主要表现为系统对输入数据进行处理进而得到即时结果的速度。

目前，越来越多的场景需要高效的数据流处理以实现更加智能、更加可靠的运算。例如，1.4.1节中物联网场景下智慧健康应用需要对连续不断的生理指数进行监测，在出现异常后第一时间进行警告或采取相应措施，1.4.3节中自动驾驶场景下，数据处理系统需要持续地接收外界环境信息、统计行驶情况、监控道路事件，并极快地做出下一步决策。

这些流处理任务显然难以完整卸载至距离较远的云平台进行运算，否则它耗费的时间开销将导致决策的极大延迟，不仅关乎着经济价值，更关乎着生命财产安全。因此，研究人员设想利用边缘平台位于网络边缘端，更加靠近数据发生地的天然优势，进行更加快速的流式数据处理。

3）批流融合处理。对于已经存储于磁盘或内存中的全量数据与实时生成的流式数据，越来越多的关键任务执行需要结合两者，进行批流融合处理，以达到全量数据计算的准确性与实时数据计算的高响应。对于这类新型应用，势必需要结合云平台、边缘平台以及设备平台三者，利用云边协同环境为上层数据处理系统提供充分的底层支持。

例如，能够利用云平台实现海量历史数据的统计与分析，基于深度神经网络等技术训练智能推断模型；同时，利用边缘平台部署预训练的神经网络模型，对高速产生的流式数据进行低延迟的推断，并采用在线学习的方法，对模型加以细粒度地改进或调优。

同时，还有更多的技术性以及非技术性因素共同推动着数据处理这一广泛应用的技术的运作模式不断地发展、不断地成熟。

1.3 云边协同系统管理

云边协同大数据处理作为云边协同平台的关键应用，为它描绘了能够服务于各行各业新型场景的无限潜能。同时，云边协同平台作为云边协同大数据处理的底层架构，为它提供了坚实的、先进的环境支撑。换言之，没有基础平台层面良好的管理技术，应用层面的云边大数据便难以最终落地。

作为数据处理应用的支撑环境，云边平台承担着举足轻重的作用，同时也面临着诸多技术方面的问题，其中最为关键的便是任务（作业）管理。不同于单机处理模式，云边协同环境需要系统提供良好的任务管理能力，才能充分利用云－边－端层次化架构带来的性能提升。任务管理不仅包括任务的划分、卸载、调度等过程，还需要考虑资源调度（包括服务器的软硬件资源、网络资源等）、应用服务部署等问题。

因此，在本节中，首先介绍云边协同平台下的应用负载包括哪些内容，特别是3种典型的负载模式；其后，将围绕不同的应用负载模式，介绍任务管理相关技术；最终，将展开对资源管理技术、应用管理技术的介绍，并仍以任务管理中的卸载技术为核心，对“资源管理”“应用管理”的多目标技术优化的前沿研究进行分析。

1.3.1 云边协同负载

根据不同的应用场景特点，可以将云边协同环境下的数据处理应用负载抽象为图1-6所示的3种模式：云到边、边到云以及边到云到边。

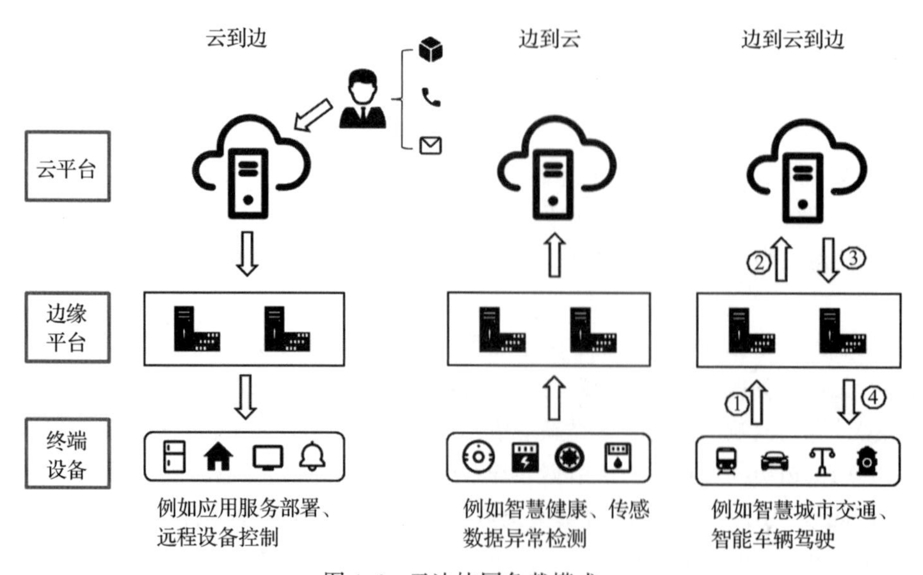

图1-6 云边协同负载模式

1. 云到边

由于云平台通常处于网络中心，因此对连接到网络上的边缘节点及设备具有全局管理能力。利用这一点，由云到边的负载模式能够从云端对于分布广泛、异构性强、不易直接管理的边缘节点进行统筹调度，使得用户仅需要通过单一的接入点访问云平台提供的相关接口，而无须经历复杂的网络拓扑寻找及发现特定边缘节点。

可以将云到边的负载运行过程概括如下：

1）用户接入网络，访问运行于云平台上的管理系统并进行相应操作，或通过应用程序接口（Application Programming Interface，API）的方式发送符合相关协议及规范的请求到系统后端。对于不同场景，用户与运行于云平台的应用交互的方式可能有所不同。

2）云平台在接收到用户的请求后（包括数据内容、指令内容、加密方式、指定节点等），根据特定协议进行解析，获取最终面向边缘节点的具体内容（例如数据、控制指令等）。在某些情况下，云端可能需要对解析后的内容进行进一步处理：一方面，对数据进行预处理等基础操作，例如编解码、压缩、加密、打包等；另一方面，可能需要较为复杂的处理过程，例如将用户提交的样本数据输入深度神经网络模型中，使它进行迭代式地学习，不断优化自身参数，并获得训练完成的模型，或者将用户的源代码进行面向生产环境的编译、构建，获得用于部署的应用程序。这一步的处理性能将在不同程度上依赖于云平台的资源以及负载情况。

3）云端将处理后的内容通过 WAN 分发至网络边缘端的节点。根据传输内容、接收者数量、网络拓扑优化程度等方面因素，这一分发过程可能占用不同规模的网络带宽资源。

4）边缘端接收数据，并进行解析，执行后续操作。具体而言，对于具有一定安全保障的网络通信过程而言，边缘节点需要对数据的发送方进行身份验证，防止异常攻击者进行恶意的命令指派，同时需要对数据内容进行检测，例如检查完整性避免丢包、检查可执行性避免云端指令与本地设备无法兼容、检查时效性避免由于意外导致的过期指令等。随后，边缘节点将针对云端发送来的数据和命令根据预设程序进行处理，必要时将加工后的指令发送至特定的终端设备予以执行。

（1）特征与问题

对于该模式下的负载，通常具有以下特点：

1）低频性。主观上，由云到边的负载通常由用户发起，包括用户主动请求、定时请求等，因此任务实例之间的时间间隔通常较长；客观上，这类任务通常具有较低的延迟敏感度，对于任务处理的完成时间没有极为严苛的要求。

2）安全性。一方面，负载由云端发起，另一方面，具有全局调度能力的云平台拥有范围较广、程度较高的权限，因此对于发起请求的用户身份的鉴别是云平台首要的任务。不同于传统数据处理系统，云边协同环境下的任务可能包含大量关于终端设备操作的内容，不当或恶意的指令可能造成系统的异常，甚至危及终端设备所处的环境安全。

3）感知性。一方面，云平台与边缘平台通常在物理距离上相距较远，所处环境差异较大；另一方面，边缘节点“多而杂”的特性使得它难以统一管理。对于与云平台直接交互的用户而言，对于边缘平台的环境细节、实时变化的感知性有所限制。因此，这种负载模式下，为用户带来便捷的同时，也对云端操作的精度有所降低。如何高效获取边缘节点、边缘设备的最新情况，是影响云边协同系统实用性的一个重要因素。

（2）应用场景

对于云到边的负载模式而言，较为典型的应用场景包括：

1）应用服务部署。由于开发者难以直接与独立分散的大量边缘节点直接交互，因此将应用高效部署至边缘成为云端的首要任务之一。借鉴云平台容器编排框架 Kubernetes 的理念，KubeEdge 框架[20]将应用部署的范围扩展到了边缘平台，使得开发者能够在单一的云平台实现应用程序在边缘节点上的容器化部署，大大降低了对于边缘节点应用的维护成本。

2）远程设备控制。正如 1.4.1 节所述，随着物联网不断地发展，智能家居（例如苹果公司的 Homekit、小米公司的米家等）已经越来越多地出现在了大众的日常生活中。而对于智能化的家庭设备的操控，一个主要的方式便是通过手机中的相关应用软件，用户进行点按甚至语音对话，基于网络向云端的家居管理平台发送指令，云端再将指令下发至特定的设备，实现远程控制。例如在冬季的傍晚，能够提前打开家中的空调器进行预热，启动电饭煲按照预设模式开始煮饭，或是离开家后断开电器的电源，锁上房门与窗户。

2. 边到云

对于发起者而言，由云到边的负载过程通常由使用云平台的用户发起，而由边到云的负载过程通常由终端设备自主发起；对于执行者而言，前者主要由边缘节点或终端设备执行云端下发的指令，后者主要由云端执行边缘端的数据处理请求；对于数据流向而言，顾名思义，前者主要由云端流向边缘端，后者主要由边缘端流向云端；对于自动化程度而言，前者可能有用户的人工参与，后者更多为系统内部控制的自动化处理。

根据以上 4 个方面的差异，可以将由边到云的负载流程概括如下：

1）边缘节点控制所连接的终端设备进行多元化数据的采集，例如视频、静态图像、传感数据（生理体征参数、空间位置信息等）。对于单一的节点而言，所连接的数据产生源（终端设备）通常是不唯一且动态的，即一个节点可能同时连接数百甚至数千个数据输入源，且随着时间的迁移，不同的终端设备的连接状况可能不断发生改变，连接至边缘节点的数据源随之新建或断开，这对节点的连接管理能力提出了挑战。

2）边缘节点对于终端设备采集的数据进行解析及处理。根据边缘节点计算能力、任务场景本身的特点等静态因素，节点负载情况、请求服务质量要求等动态因素的差异，这一过程的具体执行内容存在很大不同。对于轻量级场景而言，边缘节点可能需要依照时序、规模、预设优先级等条件对多数据源进行整合，去除冗余数据、压缩数据体积，以降低网络传输带宽的占用、流量的开销，或进行敏感信息的加噪、加密，以保证局域内的数据在上传过程中以及云端处理过程中一定程度的安全性。对于较为复杂的场景而言，边缘节点可能承担着部分或全部由传统云平台所执行的任务，例如基于深度神经网络模型对采集的视频流进行物体检测、物体追踪，对图像进行人脸识别，获取实时推断结果。

3）将处理后的数据通过网络传输至云端进行处理。根据任务具体的卸载策略不同，边缘端承担的具体计算任务不同，云端获取的数据也随之改变。一方面，云端接收到边缘节点发送的预处理后的数据，需要进一步加工，例如数据解码、清洗、聚合，并对加工后的数据进行模式匹配、规则检验等，甚至进行深度地挖掘、分析、统计，以获取其中的价值；另一方面，云端可能直接接收边缘节点执行数据处理任务之后的结果，将结果进行汇总分析，或进行存档，而无须进行复杂的计算。需要注意的是，对于同一个任务而言，云端所需连接的边缘节点可能不唯一，因此需要恰当处理多节点数据源聚合的问题，以保证充分利用边缘采集数据的价值。同时，由于云端与边缘端的物理位置较远，因此云端需要制定相应的协议，对上传数据的边缘节点身份进行校验，防止恶意节点发送攻击数据，扰乱系统的正常运行。

（1）特征与问题

根据上面所述的负载执行流程，能够发现此负载模式具有如下特点：

1）数据密集性。数据作为驱动边缘平台发展的一个重要因素，对整个数据处理系统的运行起到了至关重要的作用。更加接近数据产生源的边缘节点需要持续地接收终端设备采集的数据输入，因此，一方面，对边缘平台的数据缓存、存储能力提出了更高的要求，需要对短时大量涌入的数据具备高吞吐的接受能力，避免数据的混乱甚至丢失；另一方面，对云–边之间的网络通信能力提出了挑战，需要边缘端将大规模的数据通过网络传输至云端，可能占用大量的上行带宽，增加网络成本。

2）隐私性。由于终端设备直接面向用户、直接采集现场数据的特性，这类数据通常具有较高的完整性、时效性，为数据价值挖掘、内容分析、用户画像生成等方面提供了良好的支撑，但同时也可能包含有大量的隐私及敏感信息。例如随着小型智能设备的普及，越来越多的用户购买并使用可穿戴设备，这些设备将直接采集用户的生理指数、体征参数、移动轨迹，甚至用户与他人的对话、行为等，这些数据将与用户个体本身产生极大程度的关联，在多数场景下并不能够直接上传至云平台。

3）请求频率高。相比云到边的负载模式，边到云的负载过程通常不需要人为参与，由边缘端发起，且持续进行，因此请求频率将大幅提高。

（2）应用场景

由于边缘平台距离边缘数据产生源更加接近的天然优势，因此应用场景也更加丰富。

在物联网大数据方面：

1）智慧健康。越来越多的智能手环、智能手表具备了健康功能。例如，利用血氧传感器，设备能够在应用软件智能化算法的加持下，计算出血液的颜色，判断含氧量指标；利用心率传感器，设备能够全天候监测用户的心跳频率、不规律跳动；利用电子心脏传感器，设备能够获取用户的心电图；利用陀螺仪与加速度计，设备能够获取用户的姿态、行为以及运动情况等。越来越丰富的功能带来了越来越多的体征数据，这些数据能够通过在边缘平台进行处理，并汇总至云端系统，向用户展示详细的身体健康内容，并通知用户是否具有潜在异常。

2）传感数据异常检测。在工厂的车间中，设备运行温度、湿度、微生物数量等指标关乎设备的安全情况以及生产性能；在家庭房间中，天然气浓度、烟雾浓度更是关乎火灾等危险的发生可能。通过各种传感器设备采集数据并发送至连接的边缘平台，能够对这些数据进行低延迟的计算，与预设异常模式进行匹配，或通过神经网络模型进行推断，实时获取数据中是否存在异常事件。进一步地，可以通过边缘平台将数据发送至云端，进行大范围的数据源聚合，获取广域的传感器数据，进行更加深度的分析，预测未来异常事件发生的可能性。

在视频大数据方面：

1）对于家庭安全而言，如何防止偷盗甚至人身伤害事件一直是人们十分关心的问题。借助室内安全监控摄像系统的布控，边缘节点能够实时接收家中各处的视频画面，在出现异常时，例如嫌疑人的非法访问，能够基于边缘端的计算能力通过深度学习快速检测并追踪目标的出现和移动，同时识别面部特征。若判断为陌生人，则大概率为非法入室行为的发生，即时上传云端，通知用户，同时触发预设的报警操作，将包括视频图像在内的证据发送至连网的公安机关，快速响应，避免更加严重的后果产生。由于边缘平台的数据处理能够在极低的延迟下完成响应，因此该过程将缓解传统案件发现、案件侦破的时间跨度大、难于追踪等问题，大大提升安全保障效率。

2）对于地铁站、火车站等人流密集区域，如何准确且完整地获知每位人员的情况一直是相关场景的重点研究方向。传统的视频流通常需要上传至云端，或直接存储在外部设备中，待特殊情况发生后，利用人力进行排查，效率较为低下。通过边缘平台，能够将计算能力从云端拉近到靠近视频源的网络边缘端，实现视频采集后的实时处理，并将处理后的少量信息上传至云端，配合公安连网数据系统，在短时间内对图像识别出的每位行人进行记录，让通缉人员、黑名单人员无法蒙混。更进一步，安全监控系统能够使用新型的智能化模型，实现人体姿态识别、行为检测，直接通过视频判断是否存在异常事件的发生，加快事件处理速度，降低大规模人群危险事件发生的概率。

3. 边到云到边

整合由边到云以及由云到边的过程，加以优化，形成边到云到边的负载模式。对于该模式而言，一方面，连接大量终端设备的边缘平台充当请求发起者，向云平台发送数据处理任务请求；另一方面，边缘平台充当请求执行者，接收从云端下发的指令或数据，执行相应的操作。由于边缘平台在整个数据处理任务流程中承担的角色功能更加完整，配合云平台的能力，能够实现更加丰富的应用，为更多行业的智能发展提供支撑。

可以将该模式的运行流程概括如下：

1）边缘平台控制终端设备进行数据采集。该过程并不局限于视频摄录系统、传感器感知系统等主动型信息获取，同样包括用户发出语音、与设备交互等被动型信息接收。

2）边缘端对多数据源输入进行聚合，对数据内容进行预处理。如同上述两种负载模式，边缘端根据数据处理系统设计人员的方案，利用不同程度的计算能力对数据进行轻量或复杂的计算。

3）边缘端将生成任务请求，并连同所需数据、上下文环境信息、任务处理性能要求等内容一起发送至云端。

4）云端接收请求以及包含的数据内容，进行进一步处理。

5）云端将处理后所获取的结果发送回边缘平台。一方面，该结果可能包含多种形态，例如是由原始数据进行加工后的便于边缘平台解析的内容，是根据输入数据以及任务要求进行计算得到的结果，或是与原始数据并无直接关联的内容（更新后的深度神经网络模型等）；另一方面，云端将结果发送至的边缘节点可能于最初发起请求的边缘节点并非同一处，即请求的起点与处理的终点不归属于同一边缘节点中的应用，此时，边到云到边的负载流程涉及范围与前两种负载模式产生较大差异，覆盖区域更广，网络拓扑更加复杂。

6）边缘平台接收云端响应的结果，更新本地数据，或执行相应操作，例如控制终端设备更新内部状态、调整机位姿态等。

（1）特征与问题

由于该负载模式覆盖了由边到云再到边的数据回路，因此通常数据处理任务更为复杂、多样。根据此模式下的大多数应用场景，能够将它的特点总结如下：

1）延迟敏感性。边缘节点源于传统云平台对于新型应用数据处理任务时响应延迟较高的原因而被提出，因此将承担缩短网络传输距离、降低处理开销的使命。对于由边缘发起任务，并最终回归至边缘平台的负载模式而言，系统延迟（包括从发起点一直到终止点的整个流程所花费的时间开销）将更加难以控制，同时对应用整体性能的影响将更为明显。具体而言，边缘平台将任务进一步交由云端进行处理的原因主要分为两部分：一方面，边缘端计算、存储等资源不足。在这种情况下，数据处理系统利用云端大规模的算力执行边缘端难以完成的任务；另一方面，边缘端服务范围受限，需要借助处于网络中心的云端平台对网络全局内的其他节点进行交互。这两种情况下的响应延迟受到计算能力、任务等待队列、网络拓扑优化、网络路由节点时延等外部因素影响，同时受到任务计算量、数据规模等内部因素的影响。相比前两种更加可控的单向数据模式，边到云到边的流程对于延迟的要求将更为苛刻，需要更加深入的技术优化。

2）灵活性。虽然边到云、云到边的双向特性对系统性能优化提出了更为严格的要求，但同时也为更加复杂的应用场景提供了丰富的可能。首先，应用能够充分利用终端设备、边缘平台、云平台的分布式结构，不必受到数据流向的限制，实现云边之间的双向交互；此外，处于网络边缘端的应用能够利用云平台的全局优势，与远距离的边缘节点进行交互，实现不同区域边缘节点之间的协同。

（2）应用场景

对于边到云到边的负载模式，可以将应用场景划分为两类：同一边缘节点既充当请求发送者，又充当命令执行者；请求发起者与命令接收者不为同一边缘节点。

对于前者，由边到云再到边的数据处理过程形成了逻辑上的回路，实际的应用场景包括：

1）智能照片管理（识别及分类）。以往，在大量的照片中寻找一个人或一件东西需要人工地去一张一张翻阅，而借助包括深度学习在内的智能识别技术，便能够通过关键字或系统生成的预置分类，快速发现目标。智能模型的训练是影响推断准确率的关键因素。在云边协同的环境下，智能设备能够收集图像，经过脱密、加噪等隐私处理后，发送至边缘平台。其后，边缘平台将采集的大规模样本进行整合，作为训练数据进而发送至云端训练程序。云平台接收这些数据，输入到模型中，通过迭代式的计算（例如随机梯度下降方法）更新模型参数集合，提升模型性能，并将更新后的图像识别模型下发回边缘平台，供用户实现图像分类等操作。

2）用户行为学习。当人们早晨醒来，智能手表会提醒人们按照往常一样开始晨跑锻炼；当人们戴上耳机，智能手机便出现音乐播放器，按照喜好推荐音乐；当人们放下手机，它便自动进入低电量模式。这些场景好似智能设备能够“透视”人们的心思，实则是机器在学习人们的生活习惯。想要实现智能化的用户行为推断，同样需要部署在云端的深度神经网络模型，接收由边缘端采集的用户行为数据，更新行为预测模型，并传输至边缘平台，为用户身边的智能设备提供服务。越来越多的智能化场景走进人们的生产生活，而这些技术在未来的进一步发展，都离不开边到云到边的数据处理模式，为它提供高性能的底层支撑。

对于后者，整个数据处理过程将形成端点处于网络边缘，同时跨越网络中心的长距离链路。此时，应用场景包括：

1）基于物联网的智慧城市场景下，交通摄录系统采集的视频流将不再像传统的处理方式，直接存储于光盘、硬盘等外部设备中，而能够在更高时效性的前提下发挥更大的作用。具体而言，遍布于城市道路上的拍摄系统能够不间断地采集实时的画面，边缘平台能够对视频流进行预处理、车辆检测、事故识别，或在负载过高、算力不足的情况下将视频分析任务卸载至云端进行。云端获知各个区域内边缘节点发送的交通情况后，一方面，能够及时调整交通信号灯、可移动路线标识等，同时向城市交通管理系统进行上报，交由相关人员进行下一步的操作；另一方面，将整合后的结果发送至连网的车辆，使得可能途经拥堵或事故发生区域的车辆能够采取绕行措施，缓解交通压力，提高行车效率。

2）随着自动驾驶以及车联网技术的发展，路边单元能够采集实时道路信息，由边缘平台进行处理，生成区域性的、动态性的高精度地图，发送至云端中心枢纽进行整合，并将融合后的结果返回车载计算平台，为车辆提供高精度的地图服务。借助于云平台的全局调度能力以及边缘平台低延迟计算服务，边到云到边的车联网应用模型将克服传统地图数据更新难、精度低以及它导致的定位偏移、导航路线规划误差等问题。

同时，应该认识到，上述的云到边、边到云、边到云到边的 3 种负载模式并非具有明确界限的独立性，在不同的应用场景下，3 种模式可能在不同程度上共存，发挥不同的作用，共同为云边协同的数据处理系统提供支撑。

1.3.2　任务管理

1. 介绍

对于云到边、边到云、边到云到边的 3 种负载，都需要基于任务管理（特别是任务卸载）技术来实现。作为计算任务执行的关键一环，任务卸载在基于云边协同平台的数据处理流程中占据重要地位。

在云边协同数据处理中，计算任务根据特定条件，能够运行于设备本身，或卸载至边缘平台以及距离上更加遥远的云平台：

（1）卸载过程

对于应用卸载过程而言，主要面临以下 3 个方面的问题：

1）应用划分：对于一个完整的复杂任务，计算系统通常无法在一步或少量步骤之内完成所有运算。即便是利用端到端的神经网络模型，内部大量的运算仍然能够从不同维度上划分为不同模块，从而将它分割为一系列顺序的或并列的子任务。对于顺序的子任务，之间通常存在数据依赖性，即前一步的结果是后一步的输入，这为不同子任务的分别执行增大了调度难度；对于并列的子任务，通常能够更加灵活地在同一机器的不同处理器核心或不同机器上并行地运行。如何划分应用任务，以将不同的子任务按需地放置于不同的平台进行运算，同时满足用户要求，最大化执行效率，尽可能降低成本开销，正是应用划分所研究的问题。

2）任务分配：针对 1）中所获得的一系列子任务，在任务分配阶段需要按照不同子任务各自的特性、子任务之间的关联性，以及目标环境的信息，将它分别放置在不同的机器上，即分配至特定的计算节点。对于中心化云环境而言，计算集群通常在系统中以一个整体的形式出现，因此仅需将所有的任务发送到统一后端即可；但对于分布式的边缘环境而言，不仅需要考虑不同的计算节点是否存在所需的应用服务、节点的负载、权限以及运行成本，还需考虑存在多个节点可同时为人们提供服务时的选择问题。

3）任务调度与执行：如今的计算节点通常拥有多种资源（包括计算、存储、网络资源等），同时也运行着多个应用程序。而在资源受限的边缘平台下，计算节点需要认真对待每一项资源的分配，以及每一个应用的调度，以实现尽可能高效率的执行过程。这个部分将在 1.3.3 节中继续介绍。

（2）卸载粒度

卸载过程中的“应用划分”作为第一步，承担了极为重要的作用，对任务的执行甚至系统整体运行效率都将会产生较大影响。目前而言，可以将卸载粒度分为 3 种：

1）完全卸载：即将应用本身作为一个整体，通过网络传输至其他计算平台，进行处理。

2）任务及组件：将一个应用按照不同任务或不同的组件的方式，分别卸载到不同的平台加以处理。

3）方法及线程：相较于前两种，该粒度更为细致，将任务中具体的方法、过程或执行线程分别地卸载至外界资源上运行。

在此基础上，应该针对不同场景灵活设置划分粒度，例如，对于大规模的深度神经网络模型运算任务而言，能够将它按照“层”的粒度进行划分，将不同的层卸载到不同的计算节点或者计算平台加以运算，并连接不同层之间的运算结果，实现整体的计算；也能够将它按照“纵向”的方式进行划分，将不同层的对应部分作为一个整体进行卸载。不同的卸载粒度之间不存在完全替代或优劣的问题，而是相辅相成，需要根据用户需求、任务特点、平台资源、系统架构等多方面的共同考虑，决定最终的应用划分方案。

同时，对于能够协同服务于同一区域内计算请求的多个边缘计算节点，任务卸载过程则同样需要细粒度优化。一方面，假设以下情况：给定一组节点，给定一组任务请求，基于响应延迟、吞吐、安全性等多方面的性能目标，考虑用户移动性、成本预算、资源可用性等多方面因素。如何尽可能地使得任务请求高效地分配至不同的节点上运行，实现最高的服务质量，决定着系统整体的运行效率。另一方面，对于多节点交叉的服务范围，利用多节点的协同计算实现更高性能的数据处理，同样具有潜力，但面临着节点间通信、任务进程同步、跨节点资源调度以及任务迁移等可能的问题。如何根据边缘服务器、终端设备以及两者之间的网络状况动态地将数据调度至合适的服务提供者，正是任务管理技术所需解决的一大难题。

2. 前沿研究

云边协同的任务卸载。EUAGame 方法[21]为了使得更少的边缘服务器节点能够服务更多的任务请求，基于博弈论对边缘用户分配（Edge User Allocation，EUA）问题进行建模，设计并实现了去中心化的、条件（尤其是距离、资源）受限情况下的优化算法，能够在有限次迭代后达到博弈过程中的纳什均衡，并得到最终的分配策略。

PG-SAA 方法[22]对于在动态性上的局限，基于时间槽（time slot）的概念，将能源感知的应用放置问题建模为多阶段的随机过程，同时考虑了用户的移动性（导致的重新定位）、能源预算以及计算资源可用性。该方法利用蒙特卡罗（Monte Carlo）方法，基于 SAA（Sample Average Approximation）算法实现，能够以贪心的思想解决每个时间阶段的整数优化问题（integer optimization problem）。为了更加符合真实场景，参考文献［23］针对云边协同的任务分派（基于延迟、带宽、服务器处理能力等方面选择任务卸载到某个服务器节点）以及任务调度（网络带宽资源调度以及计算资源调度）问题，基于启发式思想，提出了中心化的调度算法 Dedas 以及分布式的近似算法 D-Dedas。该研究主要的优势在于：

1）除边缘平台，考虑到云平台以及本地设备平台参与任务处理的情况；

2）未假设每个网络接入点均附有边缘计算节点，考虑到用户通过 LAN 将任务传输至具有计算能力的网络接入点，以及随之产生的带宽受限问题；

3）考虑到资源不统一的问题，例如同一任务在不同异构节点上的计算时间开销不同。

研究人员发现，利用新兴的强化学习技术，能够有效帮助边缘任务卸载的决策过程优化。参考文献［24］通过元强化学习（meta reinforcement learning），提出新的任务卸载方法，即基于先前经验进行学习，在外层循环针对边缘平台训练元策略，在内循环面向用户设备对特定的卸载策略进行学习，后者通常仅需较少的样本即可在有限资源下完成，以此来加速模型适应新环境的效率。在具体实现中，该研究还将任务卸载过程表示为一个序列到序列（sequence-to-sequence，seq2seq）的网络，并提出新的训练优化方法，进一步加速模型学习过程。但考虑到以上中心化的卸载决策无法满足用户个体化的需求，参考文献［25］基于博弈论，提出了去中心化的卸载决策算法。研究人员将问题建模为多客户端的部分可观察的马尔科夫决策过程（Partially Observable Markov Decision Process，POMDP），基于带有策略梯度和差分神经元计算器（能够帮助记住历史信息、推断隐藏状态）的深度强化学习（DRL）技术，使得该算法能够从博弈历史中学习最优卸载策略。

此外，参考文献［26］从能源效率的角度出发，另辟蹊径，基于近场通信（Near Field Communication，NFC）技术提出了低能耗的计算任务卸载框架，采用新的通信协议，使得设备能够将计算任务卸载到具有 NFC 读取器的设备或边缘计算节点。

（1）面向特殊场景的任务卸载

不同的应用场景对任务管理（特别是任务卸载）方法的需求不尽相同，因此，针对特定的场景，不同的研究人员给出了专门的优化方案，以进一步提升性能：

1）针对社交式虚拟现实（VR）数据处理场景，ITEM 算法[27]发现对于 VR 的计算服务，需要与对应用户、与其他用户对应的服务频繁交互，以实现联机操作，因此多个 VR 计算服务之间的距离越近性能越好。基于此理念，该算法对服务激活、放置、距离、主机出租四方面成本进行了综合考虑，构造了确定的且易于实现的图模型，编码所有的成本，将应用服务的卸载问题（成本优化问题）转换为图裁切问题。该算法基于最大流求解方法，能够迭代式地计算最小裁切，每次迭代可以同时确定多个服务实例的放置问题。由于总的复杂度为多项式时间，因此收敛快速。

2）针对基于无人机的卸载场景，参考文献［28］提出边缘协同框架：无人机作为需要卸载任务的终端设备，将无人车作为（动态）雾计算节点，基站作为（静态）备用节点，三者相互协同。该框架提出了分布式的稳定匹配算法，在考虑无人车的轨迹和速度的同时，将计算任务卸载问题转化为双边匹配问题（一边为无人车，一边是无人机），实现了双边的偏好列表，并提出迭代式算法，根据偏好列表计算无人机与无人车的最佳匹配。

3）针对“空－天－地”集成网络的云边计算架构，SAGIN 框架[29]集成了卫星网络（近地轨道卫星提供高速接入、同步卫星作为数据传输中介）、天空网络（包括无人机、高空平台、热气球）和陆地网络，提供无缝、灵活的网络覆盖。具体而言，该框架使用卫星提供对云平台的访问，使用无人机提供靠近用户的边缘计算：将无人机计算资源虚拟化为虚拟机，对虚拟机资源分配和任务调度问题转化为混合整数规划问题，提出一个高效的启发式算法来解决。同时，该框架将任务卸载问题转化为马尔科夫决策过程，对于环境的动态性，提出一个模型无关的深度强化学习的方法，动态地计算最小化成本（延迟、能耗、服务器使用成本的加权），同时考虑多维网络的动态性和资源限制，获得最优卸载策略。在深度强化模型学习过程中，采用基于策略梯度的 actor-critic 学习算法以应对大规模搜索空间，提升学习效率。SAGIN 框架考虑了远距离能耗以及不同平台计算资源的限制，解决了在郊区或乡村地区传统网络（例如 4G、5G 蜂窝网络）难以覆盖的问题。

（2）去中心化的任务卸载

在真实的边缘环境中，受限于很多情况，用户的任务无法由网络操作者（例如边缘节点）进行统筹调度，而进行任务卸载决策的用户又无法获知边缘节点服务范围内所有的其余用户状态，造成了决策信息的缺失，也就是先验不足的去中心化问题。参考文献［30］将问题转化为少数者博弈（MG）问题，在每一轮决策过程中，每个用户都需要做出决策，最终站在少数派的用户获胜。这个多用户的少数者博弈过程能够推动用户在不完整信息的情况下与他人合作。同时，为了解决由用户任务的异构性和差异性导致的问题，该研究基于原生 MG 方法，将卸载任务划分为子任务，并使得任务能够尽可能地聚合到一系列的任务组中，不同的组将竞争使用边缘节点的资源，而未加入组的剩余任务使用概率性的方式进行决策调整。整体而言，该研究利用博弈论方法使得用户之间进行竞争，避免由于用户对边缘平台信息的缺失而导致的无法最优决策问题。而参考文献［31］则采用另一种思路，通过模仿具有完备信息时的决策行为，来达到信息缺失状态下的近似最优决策。通过考虑边缘设备的通信和计算能力，该研究首先将问题转化为优化问题，基于随机化博弈理论，在具备完整系统状态信息的条件下推导出了博弈问题的纳什（Nash）均衡，并基于 ACKTR 算法找到专家最优策略，以对用户策略的生成提供示范。随后，该研究将优化问题进一步转化为奖励（reward）最大化问题，基于通用对抗模仿学习（GAIL）方法，设计了多用户的、基于部分观察的、去中心化的卸载算法 MILP。在该算法中，使用了集成卷积神经网络（CNN）、生成对抗网络（GAN）、ACKTR 的新型神经网络模型，使得用户策略通过最小化“观察 – 动作”对的分布之间的距离，模仿相应的专家行为（即具有完备信息的决策行为），进行决策生成。

（3）边缘设备之间的任务卸载

不同于借助边缘平台、云边平台的层次化任务卸载，一些研究专门针对边缘设备本身，对设备之间相互的任务卸载过程进行优化。

利用网络操作设施（例如基站）的协助，设备间（Device-to-Device，D2D）通信技术能够使得用户动态地分享计算和通信资源。D2D Fogging［32］框架利用这一点，实现了在线自适应的、轻量的任务卸载方法，能够协同多用户分享计算和通信资源，最小化任务执行平均时间。同时，该框架引入资源分享限制和能源预算限制，避免用户激励失效以及过度使用他人资源的问题。对实现而言，D2D Fogging 将任务卸载问题转化为 Lyapunov 优化问题，在每个时间帧内，基于提出的高效任务调度策略，仅使用当前系统信息进行任务卸载调度。而参考文献［33］进一步研究该过程中的负载均衡问题。它将可卸载任务在设备之间协同进行的调度问题，看作最小成本问题，并提出 4 种跨节点的调度决策算法：Oracle、Proactive

Centralised、Proactive Distributed 和 Reactive Distributed，在线地实现分布式节点的负载均衡。具体而言，该研究基于队列理论，对节点处理进行调度，通过对作业速率的调度而非直接针对具体单个作业，节省对每个任务的决策开销；同时，研究者还提出一个卸载成本函数，对包括电量、带宽、CPU（Central Processing Unit，中央处理单元）可用性在内的节点状态进行建模，并提出前摄性、反应性两种节点状态信息分享策略，进一步提高信息共享效率。

1.3.3 资源管理

1. 介绍

对于平台而言，不论承载上层运行的应用服务于何种场景、输入何种类型的数据、运行何种模式的处理，资源均是它首要考虑的因素。

（1）硬件资源

所有的软件不能凭空运行，均需要底层物理硬件的支撑。硬件资源是组成计算机系统的重要部分，包括：

1）计算资源：能够进行运算、逻辑控制等行为，例如：

① CPU，已经逐渐发展成为广泛存在于个人计算机、服务器、主机等计算机系统中的（微）处理器，类似于人的大脑，承担着底层的算数处理、逻辑处理等任务。

②图形处理单元（Graphics Processing Unit，GPU），随着人们对特定应用场景需求不断提高，更加针对化、专门化的 GPU 能够在并行计算等方面发挥出更高的性能。

③神经网络处理单元（Neural Processing Unit，NPU），针对愈发强大的智能化应用场景，机器学习、深度学习等技术发挥着传统算法难以企及的性能。神经网络引擎（NPU）围绕智能技术的特点打造，能够赋予终端设备更加智能的边缘计算处理能力。目前，华为公司为智能手机设备推出的麒麟 9000 芯片已经拥有 8 核 CPU、24 核 GPU 以及 Da Vinci 架构的 NPU，能力已经相当于数年前的计算机。

2）存储资源：包括持久化存储以及非持久化存储。前者通常以磁盘等外设的形式存在，由于断电后仍能够保持原有状态的特性，能够用于数据的长期保存、备份及恢复等。后者通常以内存的形式存在于计算系统中，它的容量决定了数据处理系统运行时能够利用的空间大小，例如，更大的容量能够容纳结构更为复杂的深度神经网络模型以及更大规模的样本批，实现更快的模型收敛速度以及更高的模型准确率。目前，苹果公司推出了使用统一内存架构的 M1 芯片，使得该芯片内的不同技术组件能够访问同一个高带宽、低延迟的内存池，无须将数据在多个内存池之间来回复制，从而让性能和能效都大为提升。

3）网络资源：网络作为连接云边端平台以及各平台内节点的重要方式，在云边协同数据处理过程中发挥着重要作用。正如 1.2.2 节中所述，随着网络技术的发展，网络基础设施将在更大程度上影响应用处理过程的整体质量。同时，网络资源调度问题也是云边平台建设过程中需要着重考虑的方面。

（2）软件资源

对于云边环境下的数据处理系统而言，基础软件资源包括但不限于：

1）编程语言：编程语言作为人与机器交互的媒介，使得机器能够理解用户的意图，同时，用户能够根据自身的想法定义机器所需使用的数据、在不同情况下应当采取的行为等。不同的应用场景可能需要使用具备不同特性的编程语言来实现目标程序，以充分利用目标环境特点。对于云边协同环境而言，如何使得拥有海量资源、处于网络中心、负责全局调度的云平台，与资源受限、处于网络边缘、服务于局部范围的边缘平台，以及终端设备，三者之间基于不同语言接口的高效交互，同时能够降低开发者的编码成本，是新环境下数据处理框架需要考虑的因素。

2）运行时环境：作为在生产环境中支撑程序运行的环境，运行时平台对数据处理系统性能的影响很大。不同于云平台下广泛采用的传统运行时，边缘平台在资源、调度、并发吞吐等方面具有更为严苛的要求。

3）虚拟网络函数：网络函数（网络功能）通常指路由、防火墙等用于网络基础设施的功能。随着传统专有网络设备越来越多样化，相关运营商对它的升级也愈发变得困难。因此，新兴的基于软件虚拟化技术的虚拟网络函数（VNF）技术应运而生。该技术由于剥离了网络函数对封闭且昂贵的专用硬件的依赖，因此在弹性、服务保证、测试诊断、安全监控等方面更加灵活，能够支持新型网络环境下的功能创新及性能优化，在复杂且多变的边缘网络环境下具有较大潜力。

对于这些资源，不得不考虑如下问题：

1）资源成本。商业化进程必然需要对成本进行着重考虑。不同于云平台依赖更加可控的规模化数据中心，边缘平台在性能级别、规模、服务范围等方面还未出现十分成熟的参照案例，因此不同的平台服务商对于硬件、软件资源的搭建成本需要严格把控。一方面，成本的投入需要基于厂商对发展情况以及未来期望的共同考究进行度量；另一方面，投入的规模在一定程度上决定了边缘平台的实际性能，直接影响着未来用户的选择。

2）资源整合。在基础设施搭建完成后，如何对底层资源进行有效利用并加以整合，是对厂商技术实力储备的一大考验。目前，基于云平台技术模式的经验，通常通过相应的驱动接口，对硬件设备进行抽象，利用虚拟化技术，将物理设备转换为编程友好的逻辑设备，以供数据处理系统的调用。同时，为了实现集群式规模化的整合，还需要在虚拟化技术之上，通过软件定义技术、超融合架构技术等，实现支持分布式的资源接口，例如分布式文件系统、分布式内存池等，支撑弹性扩容、动态配置等高阶需求。

3）资源调度。有限资源与程序需求的对立素来是数据处理系统面临的挑战之一，在边缘平台下更是如此。对于单一的边缘计算节点，通常需要服务于一定范围内的各种用户，因此面临着包括但不限于传统云平台所遇到的问题：

①资源受限条件下的并发性能：通常，一个计算节点在效益收入以及能效等多方面的考虑下，不会仅服务于单一的用户请求，因此在计算、存储、网络等资源相较而言不够充分

的情况下，如何对它进行高效调度，尽可能以更高性能为用户提供计算服务，是资源调度首要考虑的问题。其中，不同的用户可能对于系统延迟、吞吐量等性能因素的要求不同，不同用户请求本身的优先级别也可能存在差异。

②用户资源需求规模：不同应用任务对于资源的需求自然不尽相同，因而可能存在两种近乎对立的问题，即资源碎片化导致的浪费以及资源需求过高导致的无法满足。基于资源的整合，如何高效地进行调配同样是云边平台的优化重点。

2. 前沿研究

（1）资源管理与任务管理的结合

参考文献［34］对于传统云平台以及扁平式边缘平台对高峰负载的性能问题，设计了树形层级式边缘云结构：在低层平台节点无法满足时，使用高层节点资源进行服务，同时支持将高峰负荷进行聚合，进行跨多层节点的协同计算：

1）对于单节点任务调度问题，将它转化为混合非线性整数规划问题进行解决；

2）提出放置算法决定任务卸载到哪个层的节点，以充分利用提出的树形层级式架构；

3）决策算法决定为每个任务提供多少计算能力，以提升系统整体运行效率。

参考文献［35］则特别针对基于延迟敏感度设置执行权重的应用调度问题，提出基于边缘云的在线作业分发与调度算法 OnDisc。该算法不需要假设任务延迟分布符合特定模式，同时不需要假定不同机器对任务执行时间的统一，更加符合真实场景。针对混合应用卸载调度这一整数规划问题的复杂性，参考文献［36］利用基于逻辑的 Benders 分解方法，设计了新的 DTOS-LBBD 算法，将问题分解为一个主问题（负责卸载和资源分配）和多个子问题，每个子问题解决一个应用的调度问题；同时，子问题将迭代地对主问题的搜索空间进行剪枝，最终两个问题都将收敛到最优，提升问题求解效率。

通常，任务管理与资源管理过程中的任务执行时间并不能直接获知。参考文献［37］特别针对这一问题，提出了一个学习驱动的算法，在信息不对称的边缘环境下，使用低秩矩阵高准确率地预测任务执行时间。具体而言，由于任务执行时间受虚拟机配置变化、任务复杂度、资源性能等多方面共同因素的影响，因此直接理论推断难以达到较高的准确率。因此，该研究使用小规模样本进行实际测试，并对任务执行时间与边缘服务器配置的潜在相关性进行分析，来解决任务执行时间无法获知的困境。同时，设计了 MEFO 算法，将任务卸载问题转化为限制性优化问题，实现了接近于最优解的任务调度效率。

（2）网络调度与任务管理的结合

网络资源同样作为云边平台的关键性资源，参考文献［38］认识到大量任务同时卸载时，会对无线网络资源造成巨大压力，因此计算资源的分配也需要同时考虑无线资源调度的问题。该研究将边缘平台与设备的交互问题转化为多领导（设备）、共同属下（边缘节点）的 Stackelberg 博弈问题，同时考虑设备偏好、任务的异构性、与节点资源分配策略的交互，证明了 Stackelberg 均衡的存在性，并提出一个高效的去中心化算法，对博弈的混乱代价

（Price of Anarchy，PoA）进行限界，计算最终均衡，实现资源调度与任务卸载策略的生成。但无线网络信道条件并非一成不变，而是持续变化的。不同的信道条件对任务卸载实时决策必然产生较大的影响。DROO框架[39]特别针对不断变化的网络状况，基于深度神经网络，实现了深度强化学习支撑的可扩展的任务卸载决策方案，使得模型能够从历史经验中学习卸载决策。不同于已有工作（深度学习模型同时优化系统所有参数）的方法，DROO将问题分解为卸载决策和资源分配两个子问题，并分别进行优化，避免了维度诅咒；同时，DROO提出了一个保留顺序的动作生成方法，每次仅在少数候选动作中进行选择，能够在高维空间中保持高效；此外，DROO还提出了一个自适应的调优方法，能够自动调整本身的参数，逐渐降低资源分配问题的数量，以保证决策过程在单个时间帧内有效完成。该框架提出的方法优势在于执行效率快，但同其他一些工作一样，并未考虑实际生产场景中，多方用户自身需求冲突以及竞争问题。参考文献［40］则针对用户任务对网络需求的不确定性、不同用户任务对延迟的需求不同，以及一些用户可能仅考虑符合自身利益的调度方案这三方面问题，考虑了是否卸载、无线网络情况、移动用户之间非合作性的博弈交互三方面因素，提出了相应的方案，包括：

1）一个任务卸载算法，使用凸优化方法，最大化网络性能；

2）一个传输调度方法，针对用户对于延迟的需求，建立一个动态优先级队列模型来分析性地描述数据包级别的网络动态情况；

3）一个定价规则，使得不同用户之间非合作性的决策过程能够实现（网络范围内）全局最优卸载调度和网络传输调度的博弈均衡。

（3）资源管理优化

针对资源调度问题的进一步优化，强化学习方法也提供了新的思路。参考文献［41］将资源分配问题转化为序列化（马尔科夫决策过程）决策问题，并在马尔科夫决策过程中，设计了新的决策机制，将决策周期与实际的时间发展进行解耦，使得调度和调整资源的决策可以分为两个子搜索空间，降低搜索空间难度。同时，该研究提出了一个改善的深度Q网络算法来学习策略，使用多个重放记忆来分别以更小的相互影响存储历史经验，改善训练过程；此外，还对Q网络架构进行改进，在网络末尾添加一个过滤器层，以过滤掉不合法的动作，进一步加快网络计算速度。

此外，专门针对虚拟化网络函数这一资源，参考文献［42］针对网络函数虚拟化（Network Function Virtualization，NFV）服务中的资源分配问题、数据流在服务功能链中的流动问题、虚拟网络函数实例的管理问题等进行分析，提出了多个有效算法，包括：

1）将单个NFV多播请求的开销最小化问题转化为基于辅助有向无环图的多播树生成问题，以较低的复杂度进行求解；

2）通过启发式思想对多个请求基于开销进行准入决策；

3）建立资源开销模型，对多播请求进行资源分配，并在线调整请求准入策略，以实现预期吞吐最大化。但该研究未考虑到应用任务对端到端延迟方面的需求，参考文献［43］针对该问题，提出了新的多播请求决策方法，同时控制延迟、吞吐、准入开销等多个方面，以达到更高的决策性能。参考文献［44］认识到虚拟网络函数的稳定性是整个网络功能系统可靠的关键，同时考虑了软件以及硬件（边缘节点）的可靠性问题，采用在线（on-site）以及离线（off-site）两种模式的冗余备份机制来实现虚拟网络函数的稳定性保障。

1.3.4 应用管理

1. 介绍

（1）应用部署

对于开发者而言，通常在进行设计、编码、测试等开发流程后，将应用进行打包，发布至特定平台，运行在虚拟机、容器等环境下，为用户提供服务，这就是传统的应用部署模式——开发者需要进行服务器管理，以实现应用构建和运行，这使得包括用户请求调度、用户分派等涉及多个边缘服务器节点的复杂过程需要开发者来完成。

而对于无服务器（serverless）架构模式而言，开发者无须管理底层服务器事宜，通过直接采用云平台厂商提供的相关服务（例如阿里云函数计算、亚马逊 Lambda），便能够专注于应用逻辑的开发，大大简化了维护应用运行所带来的一系列操作。目前，边缘平台面临着分布广泛、异构性强等难以克服的挑战，因此将计算节点的管理及维护任务交由上游平台服务商来实现，将会为云边协同平台下的应用程序落地提供有利条件。

（2）服务发现

对于中心化的云计算模型而言，终端设备能够更加“任意”地从具备网络连接的地方发起请求，利用运行于云平台上的应用服务进行数据处理。而对于分布广泛的边缘计算模型而言，终端设备所需的服务难以部署在每一个节点中，主要原因在于“成本”限制。因此，对于终端设备而言，如何获知自身所需的服务存在于哪个边缘节点，换而言之，如何进行“服务发现”，将是边缘平台与云平台之间的一个显著差别。研究人员发现，传统的基于 DNS 的服务发现机制由于变化较慢，更加适用于静态场景，而远无法满足大范围、高动态性的边缘场景，例如车联网场景下智能行驶设备的动态注册、撤销。而轻量的“服务注册表”在某种程度上更具备可实施性，它的服务松散耦合的理念能够使它更加灵活。

（3）应用迁移

应用服务的用户不会局限于具备相应程序的边缘节点的服务范围内。例如，智能驾驶技术中，应用服务的对象主要为具备智能芯片的车辆，而车辆本身具有高移动性，使得它可能无法长时间连接至同一个边缘节点以获取稳定服务，而需要在行驶的路程中不断地切换节点。另一方面，由于状态（数据）的动态性不同于程序本身的静态性，因此面对不同对象所产生的数据无法预先部署在不同的边缘节点上。应用本身与状态数据的双重特性使得它需要跟随服务对象的移动，而在不同的边缘节点之间进行迁移。

但应用的迁移将会导致大量突发流量，传统的 WAN 通信技术并不适合，如何设计并实现更加高效的应用迁移，尤其是具备状态保持能力的服务迁移，是边缘平台在高动态场景下面临的关键问题。

（4）服务缓存

由于应用迁移的必要性，因此如何优化应用迁移效率、提升迁移性能、降低迁移开销，便成为一个亟待解决的问题。

缓存技术作为计算机系统中的一项关键技术，保障着从底层硬件（例如磁盘访问性能优化）到上层应用的一系列关键技术的性能释放。同样，缓存技术同样能够应用于基于边缘平台的应用服务迁移过程，利用服务缓存，能够避免在短时间内对相同应用或数据的反复传输，大大减少了网络带宽消耗，降低了应用迁移时间。

2. 前沿研究

（1）应用服务缓存与任务管理的结合

OREO 算法[45]针对服务缓存问题，基于 Lyapunov 优化方法，实现了高效的、在线的服务缓存与任务卸载协同决策过程，并证明了该算法接近于完全先验知识的最优策略。OREO 算法同时优化服务缓存（包括关联数据库、函数库）与任务卸载策略，解决服务异构性、未知系统动态、空间需求耦合、去中心化协调、优化系统的长期性能耗。此外，OREO 算法还采用了 Gibbs 采样方法，实现了去中心化的决策，支持大规模扩展，并会对（随时间和空间不断变化的）应用服务流行度进行预测，在线更新有限资源下的服务缓存策略。而 CP 算法[46]在结合服务缓存的基础上，进一步考虑具有依赖性的任务卸载过程。也就是，一方面，基于凸规划（convex programming）方法，实现了①将任务卸载问题松弛化，转为凸优化问题；②利用渐进舍入方法得到该问题的可行解；③计算每个任务的权重；④根据权重进行任务卸载。另一方面，提出基于最优后继者方法的 FS 算法，解决了同构的移动边缘计算（MEC）环境下的决策案例，并达到了 O(1) 的近似竞争系数。

（2）应用迁移优化

针对应用迁移问题，参考文献［47］基于主流的虚拟机（例如具有状态保存功能的 Linux KVM）与容器（例如具有检查点功能的 LXC），利用它提供的操作系统和内存状态保存功能，提出应用迁移框架，支持虚拟机和容器中带有状态的应用进行迁移。该框架使用基于分层的迁移，将容器或虚拟机的构建包分类如下：

1）基础层：经常被复用的底层部分直接放在每个节点上，无须迁移；

2）应用层：静态应用程序和数据；

3）实例层：运行时状态。

在进行应用迁移时，执行以下步骤：

1）原节点服务正常运行，传输应用层；

2）服务暂停，传输实例层；

3）将三层结合，重建服务。

此外，该框架还使用了 rsync 增量文件同步技术，以提升文件传输效率。

1.4　云边协同典型场景

大数据处理应用的不断发展能够推动云边协同基础平台的创新研究，同时，云边协同环境能够持续激发数据处理的巨大潜能。为此，本书将从物联网大数据等方面，分别介绍大数据处理与云边平台的协同发展。

1.4.1　物联网大数据

我们的生活逐渐依赖于各种智能化设备。早上醒来，抬起智能手环或智能手表，查看整晚的睡眠情况，然后缓缓起身，对着智能音箱说句"早上好"，联动的窗帘匀速滑开、台灯微微亮起、厨房的水壶已在加热、客厅的电视机播放起了最爱的轻音乐等。如此，生活的处处都好像能够感知人们的存在，通过不同于以往的方式与人们交互，和人们共同成长。这样的清晨已不是电影中导演对未来家居的想象，而即将成为人人触手可及的现实，这一切都离不开物联网技术的发展。

1. 介绍

2009年，"感知中国"理念被提出，随后，物联网被正式列为国家五大新兴战略性产业之一，并被写入"政府工作报告"[48]，受到了全社会极大的关注。物联网的概念源自1999年，指的是通过射频识别技术将物品与互联网连接起来，实现智能化识别和管理。而发展到如今，随着嵌入式系统、传感器网络等一系列基础技术愈发成熟，物联网已经不再局限于包括射频识别在内的某种通信技术，也不再仅围绕设备的识别与管理而开展，它的定义正在被不断重写，包含了医疗健康、家居生活、生产制造等诸多方面，覆盖了衣食住行等诸多领域。有研究机构预测，到2025年，物联网中将会有超过1500亿个设备连接[49]，而在未来可能达到上万亿个[50]。

随着物联网设备量的急剧增长，数据产生量也将膨胀。因此，传统大数据领域的处理模式也将融汇于物联网新架构，形成物联网与大数据相结合的新生态，共同激发新的活力。

2. 特征

对物联网大数据应用而言，较为突出的两个特性便是"数据驱动"与"延迟敏感"。

（1）数据驱动

数据的价值在于从中挖掘出有用的信息，因此物联网应用能否充分发挥内在功能，极大程度取决于对数据的处理能力。从局部的角度而言，物联网设备无时无刻不在产生大量的数据，这些数据不仅包括传统的数值、文本，还包含异构的音频、视频等。例如，智能监控7天 ×24h地以视频的形式记录一定区域内发生的事情，这一过程将持续不断地产生视频数据，并对如此庞大的数据进行复杂的预处理、物体检测及分析、信息统计等操作，这对物联网架构中数据处理系统的规模承载能力提出了严峻挑战。从全局的角度而言，物联网应用中的数据处理任务通常不局限于单一的智能设备，而是统筹多维度、多层次、多功能的不同设备，协同进行数据分析。这一过程涉及对多个异构数据源的持续处理，同时数据规模的增长也变得更加迅速。

因此，物联网大数据的首要特点便是数据规模大，以至于传统的数据处理方案面临着难以应付的挑战。

（2）延迟敏感

当人们对着智能设备内置的语音助手询问当日的天气时，从语音输入、语音识别、语义推断、连网检索、结果整合，到最终的语音化结果输出，这一过程持续 1s 还是 5s，通常对用户而言仅仅是体验上的感知。但对于更为广泛的新型物联网应用而言，数据处理的延迟将极大地决定应用功能本身的存在必要性。例如，在智能家居应用中，火警检测设备被放置于家中，实时地进行传感器读数，获取屋内的烟雾浓度、天然气成分等指标，并对原始数据进行预处理，根据预设的标准阈值对参数进行判断，以在异常发生的第一时间发出警报，或直接采取抢救性措施。这一过程不同于以往的应用任务，而需要严格地控制整个数据处理过程的时间开销，包括数据读取、网络通信、智能决策等方面。这类应用作为物联网中极具潜力的一类，将会对未来的社会生活带来巨大的改变。

此外，物联网大数据还具有以下特征：

1）隐私敏感。因为物联网设备的自身特性，它广泛存在于人们生活的各处，甚至直接接触人们的身体，它的数据可能包含例如生理指标、出行轨迹等隐私信息。而对于这类信息的加密意味着数据处理过程需要付出额外的开销，以支持安全的数据通信、计算以及存储，因此，权衡安全性与处理性能是物联网数据不同于传统普通数据的一点。

2）位置感知。物联网设备通常放置于接近数据源的物理位置，因此具有位置感知的天然特性。这使得传感器等设备在获取数据时，能够同时获知数据的产生位置，使得原有完全针对数据本身的处理模式能够扩展为带有位置信息的新型数据挖掘模式，为未来的应用能力带来创新空间。

3）异构性。不限于计算节点的异构性，物联网大数据系统的异构性还表现为终端“设备”的异构。一方面，终端设备的通信方式包括无线网络（Wi-Fi、蜂窝网络等）、有线网络（以太网等）、近距离通信（NFC、RFID、蓝牙等），在网络传输过程中需要处理异构带来的协议、比特率等多方面的问题。另一方面，设备本身从物理体积、连接方式到放置位置、资源架构等，都可能遵循不同的标准，这极大地丰富了终端设备的多样性，也同时带来了物联网生态的碎片化，为软件以及硬件的开发带来了较高的难度。例如，基于安卓操作系统开发的移动应用可以运行在不同的智能手机上，但智能电热水壶的程序却难以移植到智能电视机中。

3. 云边协同下的机遇与挑战

不论是数据还是延迟，这些特性都使得传统基于互联网与云平台的计算服务模式不再完全适用。如图 1-7 所示，对于物联网大数据新生态，需要探索从终端场景到边缘平台与云平台相互协同的数据处理模式。

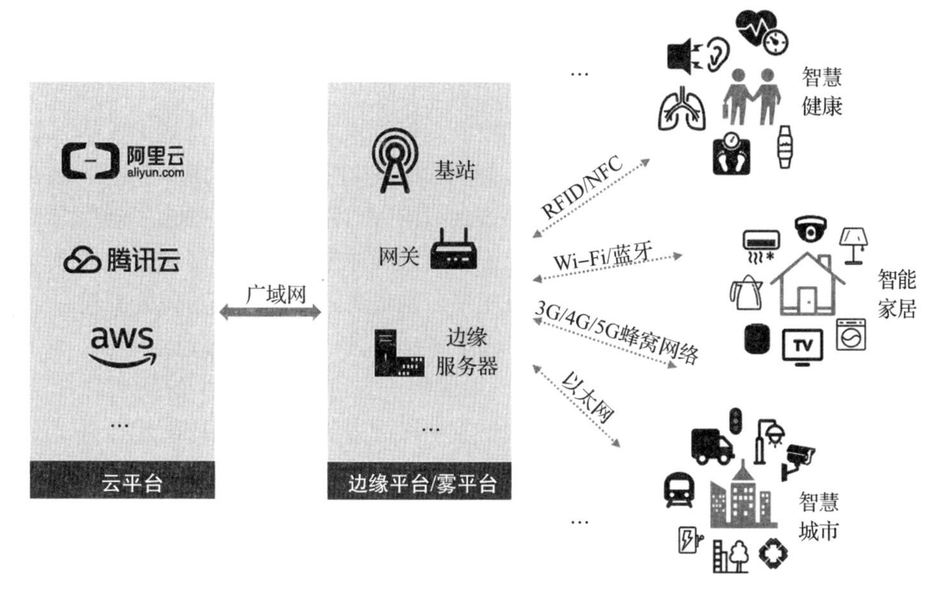

图 1-7　云边协同下的物联网大数据

有研究预测称[49]，到 2025 年，物联网生态中 70% 的数据将在网络边缘端处理。雾计算、边缘计算将对物联网大数据的发展产生极高的重要性。一方面，数据驱动的物联网持续产生的海量数据需要高效处理。在传统云计算架构下，体积庞大的数据直接涌入 WAN，并流向远距离的数据中心，对物联网用户以及开发者造成了极大的网络访问开销，也对互联网基础设施造成了前所未有的压力。另一方面，延迟敏感的物联网应用在数据传输过程中面临着不可接受的时间开销。通常，终端设备通过网络接入点将数据输入互联网，数据包经过不断地路由转发以及光缆传输，才能够最终到达数据中心。其中，转发的等待队列延迟、信号强度、光缆传输速率等条件均具有较大的不确定性，导致持续时间波动，甚至无法完成传输。

边缘计算平台作为新型物联网大数据应用的驱动力，能够将计算、存储等能力带到网络边缘端，在接近数据产生源的地理位置直接执行数据处理任务，这从本质上给数据与性能这两方面带来了新的机遇与希望。但同时，新的架构意味着新的问题，云边协同与物联网大数据的融合面临着以下挑战。

（1）设备发现与服务发现

1）设备发现：对于云边架构中的边缘节点，它所覆盖的网络范围中，存在哪些需要服务的终端设备并没有固定且完整的元数据列表。一方面，由于不同厂商所遵循的标准不同，设备的异构性导致边缘节点提供的服务可能不具备完全的兼容性；另一方面，不同的用户在不同的阶段可能选择不同的边缘服务提供者，这使得边缘节点难以发现所有的终端设备，同时难以确定自身所需服务的用户范围。

2）服务发现：边缘平台为物联网终端设备提供计算、存储、网络等服务，但对于设备而言，如何定位合适的计算节点、寻找能够提供服务的应用（通常以虚拟机、容器等形式运行在边缘节点的物理机中），是一项具有挑战性的任务。一方面，每一项任务的不同部分可能交由不同的载体来实际运行，如何快速匹配到能够提供最佳性能以及最优成本方案的卸载目标需要平台和设备协同决定。当边缘平台能够准确获知用户的请求时，包括数据规模、数据形式、响应速度需求、结果准确度要求等方面，同时，设备能够信任相应的边缘节点，了解各节点的负载情况、处理能力、安全性保证等方面，才能够使得多层次架构的数据处理模式达到最高性能。但实际环境往往复杂，甚至平台与设备双方均无法获得先验信息。另一方面，同一任务可能同时存在多个节点能够执行，因此，如何全面考虑通信开销、处理成本、处理性能、负载均衡等多方面的水平，做出最优决策，也是亟待解决的问题之一。研究发现，这些复杂的问题很难在较短时间或使用低复杂度的方法求出准确的最优结果，因此需要灵活变通，例如，通过问题转化等方式以快速获得次优方案的想法值得考虑。

（2）边缘资源与设备资源

正如前面所讲，边缘平台的自身特性使得它无法拥有接近于“无限”且可快速扩容的计算能力，因此，面对小范围内可能存在的大量终端设备接入，单一的网络节点资源可能无法充分应对潜在的数据规模，导致数据处理性能下降，甚至衰退到不及传统云模式的处境。由传统单一的云平台逐渐转向层次化的云边协同平台，一个重要因素便是数据中心无法承担全局海量的物联网设备连接。正如图 1-2 所示，将云边协同网络粗略地看作以云平台为中心、以边缘平台为外围的圆形，边缘设备的网络连接端点也从原有的一个圆心转而迁移到了更为广阔的圆周外围，但这些数以万计，甚至数以亿计的设备连接并未凭空消失，因此，边缘平台分担了云平台的极大压力，但同时自身也承受着巨大压力。

同时，物联网设备的资源条件则更不容乐观。正如前面所提，虽然目前智能设备技术不断发展，但受体积、成本等多方面因素的共同影响，终端设备通常在数据处理能耗方面的要求极为严格，不具备直接运行复杂任务的条件。因此，受包括硬件资源、软件平台在内的多方面条件限制，边缘节点和终端设备如何在保证低能耗的前提下，充分地“沟通”、协同调度任务执行步骤、保证数据处理服务的稳定、提供良好的用户体验，是不容忽视的一个挑战。

（3）连接动态性

云计算模式使得网络全局的设备通过互联网直接连接至数据中心，而边缘计算模式使得这一点变得尤为复杂。因为边缘平台处于靠近用户的边缘端，相较云平台，能够提供的服务有效距离大大缩短，因此，在某一时刻，能够连接到同一边缘节点的物联网终端设备必然处在节点所覆盖的一定区域内。这一特性虽然为用户大大缩短了数据处理的响应距离，但同时使得具有较高移动性的设备（例如智能车辆、无人机、轨道交通等）需要不断切换提供服务的节点。另一方面，不同于能够连续运转的高稳定性服务器，终端设备通常更加灵活多变，存在正常性的启停、状态的改变，以及异常性的宕机、网络连接中断等状况，导致它与边缘平台的连接具有较大的不确定性，继而造成频繁接入与断开、注册冲突、状态更新不及时等影响。这使得设备通过边缘平台服务完成数据处理任务卸载过程的稳定性大大降低，服务质量受到质疑。

4. 前沿研究

物联网大数据应用的实践落地，离不开数据共享、任务调度、特定应用处理优化等多方面的共同努力。

（1）任务调度

边缘节点与终端设备同时面临着资源短缺等限制条件，因此任务调度无法照搬高性能云平台上的原有模式。参考文献［51］面向物联网生态中常见的嵌入式、异构、多处理单元环境，针对实时并行数据处理任务的调度问题，引入截止期限松弛算法，提出了不同于传统的动态电压及频率调节（Dynamic Voltage and Frequency Scaling，DVFS）的调度方法 NDES，以及基于全局 DVFS 的高能效调度方法 GDES。具体而言，一方面，该研究利用 HEFT 方法进行任务优先级分配，评估任务完成时间，利用 NDES 在保证达到预设截止期限的条件下降低系统功耗；另一方面，该系统能够对全局情况进行分析，将任务实时地迁移至空闲处理单元。同时，基于不同方法的策略能够相互协同，作用于任务的不同执行阶段，进一步降低系统能耗。

（2）数据共享

物联网作为数据驱动的典型领域，数据对于它的价值不言而喻。Firework[52] 框架针对云边协同环境下数据共享难的问题，例如数据实时同步性差、多数据源编排难、数据源异构性高等，实现了虚拟数据共享视图的抽象，包含多数据源以及预定义数据方法，提供便捷的全局数据访问，同时支持预设隐私保护条件。

为了进一步探索云边协同平台下数据的安全性问题，即如何为隐私敏感型应用的数据提供保障，Trident 技术[53] 能够在数据被终端设备发送至边缘节点之前，对它进行轻量级的安全性加密，同时对整体延迟影响很小。

此外，区块链（blockchain）技术作为安全技术研究的热点，同样能够应用于云边协同背景下的物联网大数据处理。参考文献［54］针对边缘数据由于信任缺失导致的难以共享的问题，将数据流动看作区块链中的交易（transaction），实现了一个绿色区块链框架，分为应用层、API 层、区块链层以及存储层，并实现了对计算、存储以及网络三方面的关键资源开销优化。具体而言：

1）基于协同证明（Proof of Collaboration，PoC）共识机制，边缘设备通过协同信用等级来竞争新的区块，降低计算资源开销；

2）基于无效交易过滤（Futile Transactions Filter，FTF）算法，设计了新的交易卸载模块，降低存储资源开销；

3）实现了快速交易（Express Transactions，E-TX）和空心区块（hollow block），前者提供异步交易验证，后者提供区块传播过程中的冗余消除，这些大大降低了网络通信开销。

此外，参考文献［55］针对目前IoT对中心化网关的依赖，以及区块链对资源的需求较高等问题，选用以太坊框架建立了新的区块链数据系统。它采用了权威证明（Proof of Authority，PoA）共识机制，支持基于属性加密方案（Attribute-Based Encryption，ABE）的集成，以及通过智能合约添加其他加密算法。同时，作者在去中心化的区块链系统外，建立了一个中心化的时间服务器，以加密的方式同步全局的系统和网络时间，弥补大量微型物联网设备在内置时钟方面的缺乏。多方面技术结合，使得系统整体能够大大降低区块链安全技术带来的功耗。

（3）事件分析。

物联网大数据流入系统后，系统将进行数据预处理、数据挖掘、统计分析等，充分挖掘数据价值，发挥智能决策等效用，例如：

1）复杂事件处理（Complex Event Processing，CEP）。CEP通常是对多个数据流进行信息提取，基于预设的规则或模式，对事件进行分析及匹配，进行检测异常等[56]。对于物联网场景中语义化的复杂事件处理，CEP Service框架[57]提出了关注点（interest goal）概念，该概念不仅涵盖IoT资源，同时包含对于相应事件的带有知识语义的逻辑序列。一方面，该框架基于静态分治（divide and conquer）策略，以资源有效范围为界限，提出范围搜寻算法以及资源选择算法，高效地实现了分布式的、范围化的事件处理服务供给；另一方面，基于组合定理，该框架能够验证两个资源分区上关注点的匹配度，基于动态分治策略，提出并发事件推导算法、懒加载算法，减少了通信开销。同时，对于持续变化的状态值，该框架通过近似取值的方式降低了计算复杂度，并基于可满足性取模理论（Satisfiability Modulo Theories，SMT）对其进行误差评估。相比云平台模式，基于边缘平台（雾平台）的新架构使其具有更好的性能。

2）空间数据处理。空间大数据通常指的是由物联网传感设备获取的，具有（空间维度）位置信息的大规模数据，包括人群移动数据、资源流动情况等。由于包含地理位置因素，空间大数据对分析人群迁移、灾情、物资调度等场景十分重要。参考文献［58］提出了一个基于雾计算的两层数据处理架构，包括本地分析层以及全局分析层，基于数据分辨率和系统整体延迟，将数据分析问题建模为针对数据分辨率效率的优化问题，以最大化数据分辨率的同时降低网络传输开销。同时，作者实现了分布式的空间聚类算法以及空间数据聚合函数，采用真实的灾害数据进行实验，取得了较优的性能表现。

3）智慧城市数据分析。物联网设备作为捕捉密集性、动态性的城市数据的主要载体，通常受到计算资源的极大限制，参考文献［59］设计了多层数据卸载协议以及相应的轻量协同数据卸载算法。具体而言，研究人员通过量化卸载过程性能指标，构建了一个随机化模型以分析数据丢失率等特征，以对不同数据采用不同的任务卸载策略，显著降低了高动态性数据的异常丢失比例。

（4）智能应用

在物联网场景中，当数据通过传感器、监控摄像头等设备输入系统后，如何进行下一步的处理以发挥最大价值呢？人工智能技术的出现，为数据处理、数据分析以及智能决策带来了巨大希望。因此，包括深度神经网络（Deep Neural Network，DNN）在内的智能技术如何借助云边协同平台激发物联网大数据的潜能，正是诸多研究人员所关心的问题。Neurosurgeon 框架[60]针对 DNN 在云端和边缘端协同运行的问题，基于回归方法，对 DNN 模型中类型不同、参数不同的每一层进行建模，评估不同层的性能，并以层为粒度，结合移动端网络状况、数据中心负载情况对模型进行最优划分，在边缘移动设备和数据中心两者上进行计算编排（调度）。DeepThings 框架[61]则未以层为粒度，而是先对卷积层基于可伸缩融合块分区（Fused Tile Partitioning，FTP）进行融合，并以网格的形式进行垂直划分，生成多个独立可分布执行的子模块。该框架实现了一个分布式的支持工作窃取（Work Stealing）的运行时环境，实现了 IoT 集群对 FTP 划分块的动态负载分配和负载均衡。此外，该框架还实现了一个新的工作调度进行，改善了相邻子块重叠数据的重用过程。整体上，DeepThings 能够大大降低内存占用以及节点间的通信开销，改善了动态 IoT 环境下 DNN 模型分布式并行运算的性能。

1.4.2　视频大数据

1. 介绍

人们所观察的世界无时无刻不在改变，造就了“视频”相比于文本等类型的数据更具表现力，包含更加丰富的信息。如今，能够产生视频的数据源及应用场景愈发多样，视频数据的规模不断增长，视频大数据成为支撑诸多行业技术发展的热点方向。

（1）交通摄录

城市化的快速发展导致机动车数量持续激增，也因此造成了诸多的交通问题。一方面，由于时间、天气、大型事件等多方面的因素，城市道路上的交通流量持续变化，尤其是繁华地带的路口，经常汇聚着较多的待通行车辆。如何第一时间获取交通流量信息、监测城市交通状况，正是交通摄录系统所需解决的问题。通过摄录视频流的实时收集，城市交通控制中枢能够及时地获知流量异常情况，做出交通调度调整，以改善行车效率。另一方面，人为驾驶的主观性导致违规事件的发生难以完全避免，而对检测的疏漏或延迟将不仅可能导致驾驶行为责任人自身规则意识的下降，升高未来的事故发生率，更有可能造成交通瘫痪，甚至重大的人身财产损失。因此，广泛分布且实时视频采集的交通摄录系统具有极高的存在必要性，不断规范及约束车辆驾驶者的行为，同时对违规事件及交通事故在第一时间进行采集、上报，进行后续的处理。目前，在部分城市的交通系统中，已经尝试采用更加智能化的交通摄录体系，例如对疲劳驾驶、违规通话等驾驶行为实时检测、智能判断，而无须人为干预。

密布于城市各个角落的摄像头组成的庞大的摄像系统基础设施带来的交通价值不言而喻，但对交通数据处理系统提出了严峻的挑战。一方面，该系统需要具备低延迟的处理性能，保证异常事件发生时能够及时地进行分析、处理以及后续操作。另一方面，基础设施中数量巨大的输入源是传统单一视频处理系统所难以应付的。由于该系统不仅需要采集、存储视频，而且在迈向智能化发展的路上，需要对它进行预处理、帧解析、事件模式匹配、异常检测上报等操作，因此对于极多输入源的同时处理，是当前所面临的一大难题。

（2）车载摄录

对于传统机动车而言，行车记录仪的出现为广大驾驶者带来了多方面的保护。一方面，共享出行的专车内、公共交通的车厢内，车内记录仪能够持续记录乘客及驾驶者的行为，检测车内状况。在发生异常事件时，记录仪能够提供准确的现场追溯，不仅为责任认定提供了有效的证据支撑，更为严重性事件的溯源剖析提供了第一手资料。另一方面，用于私家车的前向记录仪则更为普遍。在车辆启动后，行车记录仪随之启动，以视频的形式持续地、完整地记录着行驶的整个过程，有效弥补了交通摄录系统不及之处，为驾驶者提供了多层面的安全保证。

对于新兴的智能车辆而言，包含360° 环绕摄像在内的环境感知系统所发挥的作用更是举足轻重。摄像头之于汽车，就像眼之于人，提供了感知周遭环境的输入口。基于实时的环境图像，自动驾驶控制系统能够对采集到的视频进行处理、分析，并即时进行决策，控制车辆行为，在一定程度上，甚至完全地替代人为控制，极大地提升出行效率。

虽然车载摄录为传统及新兴机动车带来了强大的功能，但车辆本身的移动性为视频的数据处理提出了新的问题：一方面，高移动性导致视频内容的变化极快，不同于固定物理位置的城市摄像头，车载摄录可能在极短时间内采集到完全不同的影像，这不仅包括物体本身的变化，还包含了移动导致的光线、角度等上下文环境的急剧变化，对于视频内容分析的准确性和灵活性要求更高；另一方面，高移动性直接导致了网络通信连接的不稳定性，不同于有线光缆传输，无线网络传输的质量依赖于网络信号强度、带宽、信道实时负载等因素，造成基于无线网络的数据及任务的稳定上传过程变得愈发艰难。

（3）航空摄录

由于更高的摄入角度，基于航空器材的摄录系统通常具有更高的专业型和特殊性，同时带来了更加强大的功能性：

1）空地追踪：得益于不被道路交通所限，飞行器能够灵活、高效地追踪移动性目标，弥补地面追踪不便的缺陷，降低目标失踪率，为关键性任务提供支撑。

2）智慧农耕：传统农耕作业需要人工地亲力亲为，经历长周期的运作，包括观察并分析农田情况，调整作业策略，根据种植方案进行播种，以及后期灌溉、除虫等维护。由于务农者本身能力所限，这一系列的过程将十分耗费时间资源，效率较为低下，且无法准确地按照预期规范化操作细节，造成减产等损失。相比于人力运作，基于航空器的作业方式能够带来极大的改善。通过航空摄录系统，能够直接以直观的视频形式采集农田情况，并基于农田数据处理系统进行视频分析，获取种植所需的多元化参数。随后，航空器能够携带种子、农药等基础资源，从空中直接进行均匀播撒，在短时间内覆盖大范围作业区域，实现人工难以达到的效率。

3）遥感：基于航空设备的自身优势，它能够在空中无接触地、远距离地探测、勘察各种复杂地形地貌，包括人们难以进入的野生地带、冰川、火山等。而视频的形式为人们提供了对于未知环境最为直观的感受，同时有利于数据处理系统进一步地科学分析、探索。

如今，由于基础设施以及无人控制技术的不断发展，航空摄录已经逐渐转向基于无人机的系统实现。无人机具有更低的制造成本、更小的体积、移动更加灵活等诸多优势，因此对于传统飞行器难以实现的场景，无人机具有更大的潜能。同时，由于控制者本身从“机内”移动到了“机外”，相隔数百米甚至数百千米，因此，一方面，如何高性能地实现从无人机采集的实时视频到控制者的实时决策，需要解决视频采集技术、预处理技术、网络传输技术等诸多视频大数据系统所面临的问题；另一方面，由于无人机具备更加多元化的环境感知能力，例如无死角覆盖的实时摄录系统，因此无人机自主行为控制也是实现智能化发展的一个方向。但是，因此带来更高的视频处理性能需求，是传统设备端运算或者云端两层架构所无法实现的，需要云边协同高效架构的加入。

（4）智能设备

包括智能手机、平板计算机在内的智能设备，逐渐成为日常生产生活中与人们打交道最为频繁的物品。一方面，智能设备本身所具备的拍照及录像能力，为人们的生活带来了更加丰富的记录方式。通过智能设备所拍下的照片、短视频、影片，能够方便地分享正在进行的游戏、欣赏的风景、有趣的宠物、令人深思的事件等。另一方面，它能使得人们的生产、工作更加高效，尤其是在人们出行受限的特殊时期，众多的团队、企业开始使用基于视频会议的高效办公方式，继续原有的运作。

相比于其他的摄录系统，智能设备带来的摄录能力以及产生的视频大数据更加无处不在，更加贴近人们本身，同时也包含着更大的价值挖掘潜能。

（5）其他

远不止上述提及的应用场景，视频大数据几乎无处不在，例如：

1）安防监控。不同于交通摄录系统，安防监控带来的视频记录能力更多地用于环境采集，以实现生产生活日常运作的安全保障。在安防系统中，数据处理的低延迟、高吞吐特性尤为重要。根据用户预设的智能检测模型，摄像系统在采集到视频数据后，应在极短的时间内完成数据处理，并实现智能决策。

2）工业摄录。通过视频监控等方式，实时监测车间生产情况，基于视频大数据的分析，能够即时发现异常、调整设备等。

视频数据在各行各业的应用场景十分广泛，同时也带了极高的潜在分析价值，但由于它文件体积本身庞大，因此对数据处理系统的能力提出了更大的挑战。

2. 问题与挑战

（1）问题

视频数据是非结构化数据，价值密度很低，且具有连续性、实时性等特点，视频大数据系统对数据相比传统具有更高的性能要求，这主要体现在以下几方面：

1）计算密集。对于视频流而言，一般需要进行信号处理、编码、解码等基础过程，转换为计算机内相应的存储格式，再对每一帧内容进行深入处理。

一方面，对于每一帧内容而言，可以将它看作类似于静态照片的图像，可通过一系列相关技术进行以下操作：

①特征检测及提取：传统的 Canny 边缘检测算法、Harris 角点检测算法、SURF 算法以及 SIFT 特征、GIST 特征等，基于深度学习的神经网络模型等，能够对图像中的边缘、转角等特征进行识别，支撑后续更加复杂的处理。

②目标检测：针对特定的或者泛化的目标，例如物品、人体、面部等，通过特定算法进行检测，获知其存在性或位置。

③目标分类：对于图像中出现的目标进行分类等。

不论是基于传统算法的图像处理方法，还是近年来愈发火热的深度学习处理方法，它的性能（例如准确率）通常与运算量直接关联，例如，对于深度网络模型而言，具备更高精度的模型通常具有更为复杂的网络结构、更为庞大的训练参数量，因此需要更高的算力（包括计算能力、存储能力等）进行推断。

另一方面，由于视频是每一帧连续组合而成的流式数据，因此对于视频流的处理将远高于静态图像处理的复杂度。首先，为了捕获环境中更多的细节，以及为后续的算法提供更加精确的原生输入，视频采集系统通常追求更高的分辨率。如今，随着设备的不断升级迭代，4K 甚至 8K 分辨率已经逐渐成为高质量视频的标准，这将大幅增加每一帧图像的体积，对运算系统性能提出更高的要求。其次，为了能够在时间变化的过程中捕获更加顺畅的运动行为，视频采集系统通常会将帧率（即每单位时间内采集的图像帧数量）设置为设备能够接受的尽可能高的水平。因此，在单帧图像体积一定的情况下，更高的帧率意味着单位时间内的视频体积更大，这对数据处理系统会造成更大的压力。

此外，由于不同于静态图像的特点，视频流将具有更高的连续性、动态性，数据处理系统不应仅专注于每一帧内图像的信息，还应该具备分析帧与帧之间的动态变化性信息的能力。在进行目标追踪时，需要对高帧率的连续视频画面执行算法，凭借实时性能检测目标物体，并定位目标位置。例如，在检测行人的过程中，人们的移动通常具有群体性，因此基于对行人运动轨迹的预测进而提升检测准确率，这是一个优化的潜在方向。

因此，计算密集型的视频流处理使得终端设备的计算能力、存储能力难以满足。

2）带宽需求高。分辨率、帧率等配置的不断提升，带来的不仅是对于计算系统的压力，同时也带来了对于网络传输系统的挑战：

①每一帧图像的内容不断丰富，细节更加完整；

②单位时间内的帧数不断增长，视频动态变化更加流畅；

③视频源不断增加，针对同一物体的拍摄角度不再限于一个（例如足球比赛中环绕全场的大量摄录机位）。

这三点同时带来了不同维度的体积增长，进而导致了视频产生源发送至处理系统所在平台的网络带宽开销急剧增加。目前，在体积优化的情况下，智能手机以 1080P 分辨率、60 帧 /s 帧率的配置录制 1min 视频的体积约为 100MB；以 4K 分辨率、60 帧 /s 帧率录制 1min 视频的体积约为 440MB。由此可见，在多采集源同时进行传输的情况下，网络基础设施将承受极大压力，同时，带宽占用带来的成本也使得用户难以承受。

（2）挑战

针对视频体积带来的带宽成本与通信压力，需要从多个维度进行分析，根据实际场景进行优化。例如图 1-8 给出了一种尝试方案：边缘节点对终端设备采集的原生高带宽视频进行预处理，通过局部压缩、裁切、去帧等方法，减小视频体积，并将加工后的视频流上传至云端进一步处理。但这种方法同样面临着一些技术挑战：

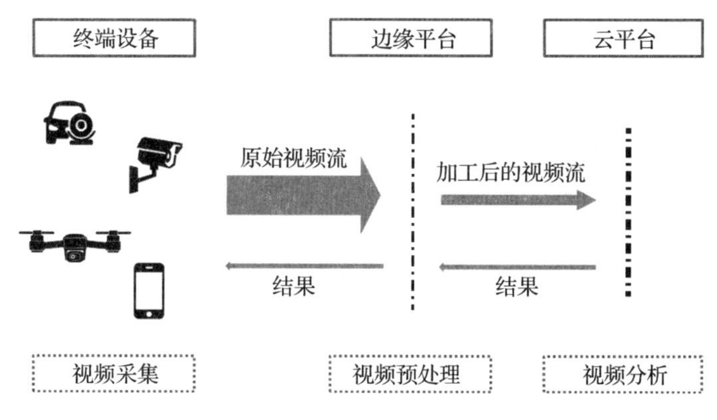

图 1-8　一种云边协同视频大数据处理方案

1）计算任务卸载。普通计算任务通常能够通过划分获得低耦合的子任务，但视频流由于特殊性，为任务划分以及基于划分的卸载提出了更高的要求：一方面，视频流本身体积庞大，这一特点使得该类型数据在不同平台之间的流动变得较为困难，每一次网络传输都需要付出较大的时间及服务成本；另一方面，视频处理本身具有连续性，不同子任务之间可能具有较高的耦合程度，对任务的切分造成了困难，进而导致处理任务卸载至边缘平台、云平台时面临更多问题。

2）边缘平台资源。边缘平台相比于云平台，本身不具备海量的计算、存储等资源，因此对于计算密集型的视频流应用而言，难以提供无限制的处理能力。例如，用于处理视频图像的 DNN 通常具有百万甚至千万级的参数，这使得边缘平台中单一的计算节点可能难以负载。对于用户而言，需要更加缜密地考虑云边协同处理方案，而不能简单直接地套用现有卸载策略。

3）边缘服务范围。处于网络中心的云平台能够对网络全局的计算请求进行处理，而边缘节点受限于服务范围，仅能够为一定区域内的用户提供服务。但与此同时，许多视频流应用的计算任务具有较高的持续性，需要平台为它提供不间断的计算服务，这对于移动性的视频源而言，将造成节点切换、任务迁移、服务稳定性等多方面影响。

此外，减小视频体积意味着可能造成视频的细节完整度降低，进而导致在用于目标检测、物体追踪等的深度网络模型准确率方面有所妥协，因此需要使用更加细粒度的优化方案来弥补画面细节减少带来的损失。

因此，在传统云平台的任务卸载方式俨然无法适应体积增长迅速的视频流处理应用的当下，如何利用云边协同平台进一步优化视频大数据处理性能，值得人们深入研究。

3. 前沿研究

对于计算、存储以及网络传输能力的需求使得视频流处理系统需要采用新的计算服务模式来实现。目前，云边协同平台为它带来了希望，同时也面临着许多问题，不仅包括云边平台本身所面临的问题，也包含针对视频流处理应用的特殊挑战，学术界以及工业界的研究人员对此进行着不断探索。

（1）边缘环境的网络不稳定性

参考文献［62］针对边缘环境中对视频流图像处理任务影响较大的网络因素进行分析，考虑到无线通信信号强弱，提出了 3 种处理方案：①本地执行；②完全卸载；③本地预处理（减小体积）后卸载至云边平台，并对不同模型的计算时间、计算能耗、通信时间、通信开销等多方面进行综合建模分析，权衡计算时间与能耗、通信时间与能耗，在不同信号强度时选择不同的最优策略完成图像处理任务。

（2）边缘节点的多租户特性

同一个边缘节点可能同时服务于不同的用户，但由于边缘平台的地理位置以及服务范围，这些用户可能具有相似或部分相似的视频流计算任务，尤其是基于深度神经网络模型的图像处理，不同的图像可能应用相同的模型或相同的子模型进行推断。基于这个理念，Mainstream[63]框架基于迁移学习，对使用相同预训练模型的并发执行的视频处理任务进行分析，利用相同预训练层［作者称为共享茎干（share stem）部分］的一次计算，消除重复计算。但由于不同的应用可能会对相同的预训练模型进行细粒度的优化训练以提升模型推断准确率，因此共享茎干的比重会随之降低，同时减慢了帧处理速率。为了解决这个问题，即动态权衡视频流处理速度与模型准确率，该框架包含 3 个部分：

1）M-Trainer：模型训练工具包，能够使得基于预训练模型进行训练优化的过程保留不同粒度级别的副本，同时产生不同级别模型的推断准确率等元数据；

2）M-Scheduler：使用训练时生成的数据，计算不同层（包括共享茎干）的运行时间开销，寻找全局最优策略；

3）M-Runner：提供应用运行时环境，动态选择不同级别的模型提供服务，实现共享茎干带来的计算量减少与准确率下降之间的权衡。该框架专注于并发视频流任务处理的场景，提供了从开发到部署运行的完整框架，但同时也为开发者的实现带来了一定难度。

（3）云边协同下的智能处理

深度学习技术为视频大数据处理带来了前所未有的性能提升，但包括深度神经网络在内的模型架构的复杂度使得它对于资源具有较高的要求，这表现在模型训练以及推断两方面：

1）模型训练。对于视频大数据应用的深度神经网络模型的训练而言，数据的规模和体积成为限制性能的一个重要因素。通常，模型训练阶段通常放置于拥有较多资源的平台而非在终端设备上运行，因此视频数据的传输将造成巨大的网络带宽开销。CDC[64]框架实现了一个轻量级的自动编码器（AutoEncoder，AE)，以及一个轻量的元素分类器（Elementary Classifier，EC)：首先，CDC框架控制AE对数据进行压缩；随后，EC使用压缩后的数据以及数据标注进行梯度下降计算，调整自身参数集合；再者，AE基于自身压缩造成的损失与相应的EC的损失值共同优化自身参数，并设置削弱参数α，调整EC的损失对AE训练过程的影响权重，避免不收敛的问题；如此往复迭代，实现EC、AE相结合，EC指导AE的训练。经过训练后的AE将具备内容感知的压缩能力，结合精度降低策略，实现传输到云端的较低的带宽开销。同时，云端能够评估网络状况，向边缘端反馈后续的图像压缩率。该框架以智能压缩的思路，对降低训练数据网络传输开销的方向进行了有价值的探索。

2）模型推断。同样是采用压缩策略，参考文献［65］从关键区域（Region Of Interest，ROI）的角度实现带宽与准确率之间的权衡。作者基于SORT、Hungarian等算法，在云端将包含目标物体的ROI坐标反馈至边缘端，边缘端基于multi-QF JPEG算法对ROI及非ROI区域进行不同质量程度的压缩，并将压缩后的数据发送至云端推断。同时，基于Kalman Filter算法，该研究为每个目标物体建立一个行为预测模型，以抵偿边－云－边这一反馈传输过程的延迟。

（4）其他

参考文献［66］基于动态规划思想，在云端构建了一个动态数据模型，对固定视频流进行分析，并预测下一次可能发生的事件的时空位置，以对特定监控传感器进行带宽控制。而参考文献［67］从多比特率视频流传输的角度出发，认为传统边缘缓存方法通常需要视频流行度符合特定分布，但实际场景下边缘节点覆盖区域小、用户移动性高、用户请求受移动设备上下文影响大。因此研究人员将该问题建模为0-1优化问题，利用多臂老虎机理论，设计了CUCB（C-upper置信区间）算法进行优化。具体而言，该方法能够进行在线化的学习，根据用户需求实时地制定缓存模式和处理策略，可最大化视频服务提供商的利益，满足用户的服务质量要求。

此外，对于云边协同的视频处理，还能够应用全局统一的时空ID技术、视频编码与特征编码联合优化技术等，进一步对视频处理性能加以提高。

1.4.3　智能驾驶大数据

随着嵌入式系统、导航系统、传感器技术、网络及通信技术等方面的共同发展，以及人们对于未来交通工具的盼望，智能驾驶技术逐渐成为越来越多学术界与工业界研究人员的关注热点。

1. 介绍

智能驾驶泛指对于交通工具（尤其是汽车）的智能化改造，应用自动驾驶（autonomous driving）以及车联网（Internet of Vehicles，IoV）等技术，使得传统上完全人为控制的机动车辆具备智能处理的能力，包括但不限于智能数据采集、智能分析、智能决策等，而这一系列的智能化技术的实现离不开对于车辆本身、外界环境、交互控制等多维度海量数据的高效处理与分析。智能驾驶大数据之所以能够被传统汽车行业以及新兴互联网企业、先进制造业等多方机构同时寄予厚望，包括但不限于以下原因：

（1）安全性

一方面，不同人对于车辆的操控能力、对于驾驶规则的认知能力不尽相同；另一方面，在不同的情况下，人的反应时间与决策准确性会受到诸多因素不同程度的影响。这使得人们对于机动车的驾驶行为具有高度的主观决定性，使得道路交通安全情况难以完全保证。而对于智能驾驶技术而言，不论是低阶辅助驾驶（例如定速巡航、自动化跟车、车道保持、自动泊车），还是高阶自动驾驶（几乎完全交由行车系统进行控制），都能够在不同程度上替代人们主观性的判断与操控，同时缓解了诸如心情、病症等因素对驾驶者的影响，提高了行车可靠性。同时，由于数据处理系统超低时延的性能，智能驾驶技术能够以低于常人反应时间的速度进行决策，在突发情况（例如即将碰撞）时能够即时采取最佳策略，避免事故的发生，或减弱事故带来的危害，进一步提高了驾驶的安全性。

（2）高效性

车联网技术中一项典型应用即精确导航。对于传统驾驶者而言，规划出行路线通常依赖于自身的位置记忆、对于交通流量判断的经验以及通用的定位导航技术（例如 GPS 或北斗），而车联网与边缘计算平台的结合带来了区域性精确导航的能力，包括但不限于：

1）高精度地图。不同于传统基于卫星的遥感地图，通过边缘节点，能够在 LAN 进行多维度的数据获取，例如基于摄录系统的视频采集，基于雷达、声呐系统的空间距离感知等，获得小范围内的精确空间信息以及实景画面，为驾驶系统提供准确的地理位置信息支撑。

2）实时更新地图。基于边缘平台的计算能力，能够对于一定范围内的高精度地图进行实时更新，记录道路维修、车道调整、通行规则调整等一系列高时效性数据，并即时分发至可能经过此区域的行车系统中，为它提供更加准确的决策，而极高的更新频率带来的时效性对于传统地图信息系统而言难以实现。

3）动态信息监控：通过基站、车载计算、路边单元等边缘节点，能够将交通流量、突发事故等动态信息进行监控、采集，并经过聚合、处理后上报至车联网，使得交通状况由传统的现场发现、人工播报逐渐转变为实时获取、连网传播，大大提高了车辆通行效率。

（3）**便捷性**

不论是作为交通系统使用者的自动驾驶车辆，还是作为服务者的车联网系统，由于智能处理系统接管了原有人为的工作，因此能够具备7天 ×24h不间断运行的能力，有效弥补了公共交通工具有限运行时间以及驾驶者面临的疲劳驾驶等问题。这样一来，需要出行的用户能够在任意时间使用高度智能化、自动化的交通工具，降低了驾驶者成本，提高了交通便捷性。

2. 问题与挑战

而自动驾驶技术是否能够最终落地，对于数据处理系统而言，主要依赖于以下三方面：

（1）**计算性能**

研究称，人类的反应时间通常为100～150ms，尽可能保证安全性的自动驾驶技术的响应时间则应该低于100ms[68]，而自动驾驶系统所面临的持续输入的数据量又是十分庞大的——据英伟达（NVIDIA）公司研究称，车身上的高分辨率照相机每秒将产生2GB像素，输入到用于决策推断的深度神经网络中，随之产生250万亿个操作，用于物体及行人追踪、交通信号检测与识别、车道检测等智能场景的实现。同时，对于如此规模的计算量，数据处理系统还应严格控制硬件发热问题，避免温度过高导致的性能损耗、续航缩减、能源浪费，甚至车身自燃等严重问题的发生。因此，如何在极短时间内高能效地实现大规模运算，将是对行车数据处理系统的一大考验。

（2）**存储性能**

研究表明，遍布车身的传感器的数据传输带宽能够达到3～40Gbit/s[69]，英伟达公司的自动驾驶技术测试也显示车辆学习数据收集系统在几小时内就能够充满TB级的固态存储硬盘（SSD）。自动驾驶技术在短时间内产生如此规模的数据量，使得车载存储系统的性能需要不断提升。一方面，由于网络通信条件的限制，车辆无法将传感器收集的实时原生数据直接上传至计算平台；另一方面，降低传感器数量或数据采集质量将直接影响数据价值，造成识别错误、决策准确率下降等问题。

（3）**网络通信性能**

对于自动驾驶、车联网等智能驾驶技术，网络通信几乎为各项功能提供着底层支撑：

1）车与车之间的互连：通过车辆点对点网络，车辆之间能够不借助于驾驶者实现智能化通信，进行事故警报、碰撞预测、协同化巡航等应用。

2）车与计算平台之间的互连：由于车载处理系统受限于有限计算资源，人们无法将所有的复杂任务直接交由它本身进行计算，必将基于更高阶的计算平台进行特定的任务卸载来完成。通过V2I（Vehicle-to-Infrastructure）技术，智能车辆能够连接路边单元、基站等计算服务设施，进而实现数据交互、计算卸载等过程。

3）车与用户设备之间的互连：不论是驾驶者还是乘坐者，都需要在不同程度上对机动车的自身状况有所了解，以评估行驶安全性等问题。

但是，在不考虑数据处理时间开销的情况下，传统网络通信技术由于无线信道状况、通信带宽限制、网络流量拥塞等问题，使得数据传输开销通常远高于100ms的限制标准，这将导致行车数据处理系统的严重性能瓶颈。而现有基于云－端的远距离网络传输技术难以达到响应时间限制，需要尝试局域范围内的短距离网络通信来实现。

例如，通过边缘平台，将复杂的计算密集型任务卸载至路边单元等边缘节点的方案，具有巨大的潜力，但也面临着一些问题：

1）智能汽车内部的计算系统与路侧的边缘计算节点需要通信与协同；

2）汽车不断移动的同时，需要顺序地接入不同的边缘节点，相邻的节点之间需要基于服务迁移技术进行“接力”；

3）不同节点的负载情况、计算能力差异较大，延迟敏感的车联网任务如何高效处理；

4）如此动态的场景下，合理计费与安全保障同样重要。

因此，这也对上层数据处理系统提出了挑战：

1）具备环境感知与场景感知的数据采集：对于固定地理位置的基站、路边单元等边缘节点，以及具有高移动性、不稳定性的车辆，均无法照搬传统数据采集方法，而应探索具备感知周围环境能力以及实时场景信息能力的新型数据获取技术，例如包含高精度地理位置的空间信息获取、实景画面采集。基于此类高维度的数据，智能驾驶系统才能够实现性能进一步的提升。

2）数据聚合与处理：在输入源数量大、异构性强、性能不统一的复杂情况下，对多元化数据进行有效聚合、处理便是下一步。利用这些数据，车联网应当能够高效地对它进行分析、挖掘，以支撑局域内的高精度地图、定位、导航等功能。

3）智能化决策：新型交通相较于传统而言，最大的变化在于机器的智能化发展。驾驶者能够通过目视采集环境信息，通过大脑进行分析并决定下一步的操作，而想要实现智能驾驶，行车控制系统同样需要实现这一过程。为了让机器具备“分析”“推断”等能力，机器学习、深度学习技术快速发展。目前，相关研究人员利用强化学习、深度神经网络等技术，已经在行车智能控制方面取得了初步成果，达到了一级、二级甚至三级的自动驾驶能力，并预计在未来十年内实现四级以及五级的高度自动驾驶水平。

3. 前沿研究

面对上述问题，云边端协同处理模式显示出了巨大潜力。研究人员尝试提出了一种云平台、边缘平台以及车载平台三者协同的处理方案：

1）车在平台：由于直接嵌入至车体内，因此能够执行高度延迟敏感型任务，例如关键决策推断，以及对任务卸载所用到的数据进行预处理，以降低数据体积，进而减小带宽占用和传输时间开销。

2）边缘平台：适用于计算密集型、中度延迟敏感型任务，例如精确定位、局部区域高精度导航、多数据源的信息聚合与存储等，能够为资源极度受限的车载平台提供一定能力的计算、存储等服务。同时，以路边单元为代表的边缘节点由于靠近车辆但（通常）不具备移动性的特点，能够为固定区域内的来往车辆提供实时且丰富的信息，弥补单一车载平台视野受限的问题。

3）云平台：由于处于网络中心，具备全局性的服务范围，且拥有近乎无限的计算、存储等资源，能够承担复杂且大规模的计算任务（例如用于实时推断的 DNN 模型的训练）、非实时的广域信息聚合及处理任务（例如预设路线规划），处理并存储富有价值的大规模交通数据以备未来的统计、分析及预测任务等。

接下来，将介绍一些相关技术的具体研究：

（1）资源管理与任务卸载

由于边缘节点能够为一定范围内的多个用户（车辆）同时提供服务，因此资源调配以及用户任务竞争问题是影响性能的主要因素。参考文献［70］将车辆任务卸载过程中的竞争冲突问题转化为多用户博弈问题，证明该问题的纳什均衡的存在性，并实现了一个分布式的计算卸载算法。而参考文献［71］则更进一步，针对任务卸载过程中的通信速率、可靠性、延迟三方面进行优化分析，提出了一个支持服务质量感知的无线网络资源管理框架，将资源分配问题拆分为车辆集群的分块、集群之间的资源块池分配、集群内的资源分配 3 个子问题，并实现了一个基于图理论的优化方法：

1）首先将车辆分区转化为集群划分问题，使得车辆之间的协同控制能够避免隐藏终端问题，同时避免由半双工导致的通信限制；

2）对群组的资源块池分配问题转化为基于加权资源冲突图的最大最小公平性问题，解决（由高效的集群间通信资源复用导致的）频谱利用率增强与限制集群间竞争冲突的权衡。

针对车辆高移动性导致的边缘节点频繁切换的问题，参考文献［72］认为车辆与节点之间的连接在维持较短时间后便丢失，将造成处理时间及能耗开销增长，提出了任务接替算法，按照计算出的接替时间，将处理任务从原有节点卸载至下一个可行的目标节点，继续任务的运行。同时，该研究者没有局限于单一完整的任务卸载，实现了一系列任务的部分卸载策略。

对于整个卸载过程而言，车端的性能与边缘服务节点端的性能均需要认真对待。DDORV 算法[73]能够根据当前系统状况（例如信道质量、流量负载）对车端与节点端的两个相互耦合且包含大量状态信息、控制变量的随机优化问题同时进行考虑。具体而言，该算法基于 Lyapunov 算法将双边随机优化问题解耦为两个独立的按帧优化问题：对于车辆，卸载策略通过比较本地处理成本与任务卸载成本进行选择，CPU 调整频率通过提出的目标函数计算得出；对于边缘节点端，首先提出一个轻量的资源供给算法，之后基于对无线资源与能耗的共同优化的迭代式算法，提出持续松弛方法以及 Lagrange 双解耦算法。同时，该研究者选用电视机空白频段（TV white space）进行车辆与边缘节点之间的无线数据传输，弥补了传统蜂窝、Wi-Fi 等技术的弊端，提高了通信效率。

同时，对于一定区域内的多个用户，通常具有多个节点提供选择。JSCO 算法[74]将多节点、多用户背景下的负载均衡与任务卸载决策问题转化为混合整数非线性规划问题，并能够针对节点选择、计算资源优化、卸载方案决策 3 个问题以低复杂度进行计算，在保证延迟限制的条件下最大化系统利用率。

（2）典型应用

依托于智能车辆的应用场景十分丰富，例如：

1）交通流量评估。参考文献［75］发现传统车流量评估方法通常是大范围的、粗粒度的，且依赖于固定位置的交通摄像头，而对于没有摄像系统的路段需要使用卫星定位系统的连接情况来判断，结果准确率不佳。该研究将车辆看作边缘计算节点，通过车载摄像（例如行车记录仪）的实时视频流进行交通评估：基于 YOLO 模型的物体检测模块实时地生成目标车体范围框，物体追踪模块提取范围框内车体的 SIFT 特征描述符，并在连续帧之间进行比对，流量评估模块基于 Hough 以及虚拟车道进行同向和对向的车道线的提取以及车道的分离，进而分析车辆通行情况。

2）安全分析。基于 OpenVDAP 框架实现的 AutoVAPS[76] 框架包括数据层（负责数据采集及管理）、模型层（负责提供用于智能分析图像的模型）、访问层（提供保护隐私的数据共享与访问），能够通过车载摄像视频流实时地进行安全分析。

对于新型大数据应用的发展而言，一方面，需要面向云边协同的层次化架构，充分利用云、边、端三者的优势，解决传统单一云模式下面临的问题；另一方面，需要针对特定应用，不断优化云边协同下数据处理系统的实现方案，使得该体系能够更加适应于不同特定的场景，充分发挥特定场景的优势。

1.5 本章小结

不断涌现的新型应用对数据处理任务的响应速度、延迟、吞吐以及容错性等方面提出了更高的要求，进一步加剧基于传统云平台的数据处理系统面临的问题，因此也将不断推动基于云边协同平台的数据处理技术更加广泛、全面的研究；另一方面，随着越来越多学术界与工业界的相关人员参与到云边协同技术的研究中来，更加智能、更高要求的新型应用也将能够更快地实现落地。

在本章中，以云边协同技术为主线，首先介绍了云计算与边缘计算的发展历程，并划分为 3 个阶段：

1）探索阶段，对应云计算技术在正式被提出之前的相关技术演变与铺垫，包括作为核心支撑的虚拟化技术以及网格技术等。

2）云阶段，该时期的计算架构围绕云端数据中心展开，利用云平台集中化的软硬件资源，以通过网络按需服务的便捷方式，为大数据、人工智能等应用的开展提供了有效支持。

3）云边协同阶段，随着雾计算、边缘计算等分布在网络边缘端的计算模型逐渐发展，它与传统的云平台相互结合、相辅相成，构建了以云为中心、以边为外围的层次化计算架构，为延迟敏感的新型应用的落地带来了希望，同时也为研究人员带来了诸多问题与挑战。

在1.2节，更加详细地介绍了云边协同数据处理系统发展过程中的驱动因素，以及数据处理在云边协同架构下的模式演化，介绍了未来的复杂应用潜在的计算模式。

之后，分别介绍了依托于云边协同平台的已有或正在发展的典型大数据处理应用，包括：

1）物联网大数据，在终端设备数量急剧增长、网络边缘数据不断膨胀的趋势下，边缘计算的加入使得物联网设备能够更加充分地释放自身能力，结合位置优势，更高效地进行物联网数据处理。

2）视频大数据，由于视频本身体积庞大这一特性，云边协同的层次化处理架构将大大缓解单一云平台面对巨大数据流量时的压力。

3）智能驾驶大数据，作为大数据、人工智能等技术“杀手级”应用之一，智能驾驶技术的发展面临着海量数据需要以极低延迟进行处理的挑战，而云边协同平台的出现，无疑为其带来了曙光。

最后，对云边协同平台本身的管理技术进行了介绍，以任务卸载这一关键操作为核心，结合资源调度、应用部署等方面，对当下的前沿研究进行了简要剖析。

尽管基础平台管理技术研究与大数据应用不断发展相互促进，但仍需认识到目前所面临的技术性与非技术性的、亟待克服的问题与挑战。对于前者而言，目前的技术性挑战主要包括前面所涵盖的以下方面：

1）资源。针对集中化的、规模化的云平台资源的管理技术已经愈发成熟和高效，但针对远距离、不确定性分布的边缘平台，甚至是移动性、不稳定性的设备平台的可靠且高效的资源管理方法还处于研究阶段。

2）系统。软件需要立于硬件的支持之上，而边缘端底层硬件在架构、性能等方面具有诸多不确定因素，这将直接使得系统层面的开发难度以指数级增长。

3）应用。由于数据来源、处理模式等各方面的影响，新型应用无法完全使用传统方法进行实现，这对于应用开发过程造成了极大的困难。

4）隐私及安全。从底层的硬件支撑，直到面向用户的顶层应用，无不面临着安全风险与隐私挑战。一方面，需要细粒度地对厂商、媒介、用户相关的敏感信息加以保护，利用包括加密在内的一系列技术手段保证数据免于泄露或被恶意窃取；另一方面，需要通过多维度的方法，保证软件以及硬件的安全，否则将可能受到黑客的攻击，进而导致系统被盗用或瘫痪。

同时，与基于数据中心以及网络而建立的云平台不同，云边协同平台还将面临诸多非技术挑战，这里将它主要归结为以下三方面的短缺：

1）缺乏明确可行的商业模式。由于目前学术界和工业界对云边协同平台，尤其是边缘环境的搭建，还未出现一致的认知，包括计算节点性质、节点部署方式以及节点数量等方面，因此对于商业模式的建立还存在诸多不确定性：

①应该由谁投入？对于传统云平台而言，先进的科技公司（例如亚马逊、阿里巴巴等）建立了云计算部门，出资建设包括数据中心在内的硬件平台，并组织研发人员进行技术管理。而对于架构不明确、分布极为广泛的边缘平台而言，单一的企业或机构难以投入大量资金进行试错并承担巨大的风险。

②如何保证收益？边缘节点的建设者以及维护者应该按照何种模式，对谁收取相应的费用的问题仍然没有明确答案。作为参与者，资源提供商、平台服务商、应用开发商、用户都可能对边缘环境有潜在的投入，同时有所受益，因此如何划分商业界限、明确成本投入与回报，仍然有待考究。

2）缺乏统一规范的技术标准。一方面，云边协同平台涉及了大量新兴技术，例如异构资源管理、系统支撑、应用开发等；另一方面，云边协同技术涵盖了诸多产业，例如硬件制造、软件平台搭建、应用开发与维护等。数量庞大的参与者朝着同一领域开展研究与实践，但又采取了不同的手段、方法、模式，进而造成了生态的碎片化与分裂化，降低了不同技术栈之间的兼容性与互操作性。目前，工业产业界、开源社区、标准建立机构等多方还未达成共识，云边协同领域的标准化体系建设亟待加强。

3）缺乏更低成本的产业门槛。一方面，进军边缘计算领域面临着较高的技术壁垒。成熟的云服务提供商通常已经在研究人员、开发人员、管理模式等方面具有大量的储备，这些人才与技术的先天优势使得它能够对于边缘计算方向有着更加准确的把控，以及更加充分的竞争实力，这使得不具备完整技术架构的新兴公司在技术实践过程中受到了较大的阻碍。另一方面，云边平台的规模与复杂度直接决定了投入的门槛。由于软件平台的运行需要借助大量边缘节点的支撑，边缘节点需要计算、存储、网络等方面的资源保障，因此想要在硬件层面实现充足的、高可用的性能，势必需要较高程度的经济投入。同时，软件平台开发本身也需要专家级人才的攻坚，使得产业门槛进一步提高。

对于各界组织、机构或者企业的任何单一个体而言，不充分的、盲目的投入均存在着极大的风险，可能最终导致资金或技术成果石沉大海。而只有开源社区、工业界、学术界等领域的共同参与，产学研用等各方向的协同努力，相互扶助，才能对云边协同技术的完善产生更大潜力的推动，引领云边协同产业健康发展。

需要认识到，尽管边缘计算、云边协同技术还没有明确的定式，但也正因如此，它才具有更大的创新空间。未来，随着互联网技术的高速发展，必然产生更具潜能的新型应用，同时，也必然会有越来越多更加广泛、更加成熟的技术研究，共同推动云边协同平台的发展，进而对生产、生活创造出更大的价值。

参考文献

[1] C STRACHEY. Time sharing in large fast computers [J]. Communications of the ACM, 1959, 2(7): 12-13.

[2] S N T CHIUEH, S BROOK. A survey on virtualization technologies [J]. Rpe Report, 142, 2005.

[3] K KIRKPATRICK. Software-defined networking [J]. Communications of the ACM, 2013, 56(9): 16-19.

[4] M CARLSON, et al. Software defined storage [J]. Storage Networking Industry Assoc working draft, 2014: 20-24.

[5] J DILLEY, B MAGGS, J PARIKH, et al. Globally distributed content delivery [J]. IEEE Internet Computing, 2002, 6(5): 50-58.

[6] B D NOBLE, M SATYANARAYANAN, D NARAYANAN, et al. Agile application-aware adaptation for mobility [J]. ACM SIGOPS Operating Systems Review, 1997, 31(5): 276-287.

[7] I FOSTER, Y ZHAO, I RAICU, et al. Cloud computing and grid computing 360-degree compared [J]. 2008 grid computing environments workshop, 2008: 1-10.

[8] P MELL, T GRANCE. The NIST definition of cloud computing [J]. National Institute of Standards and Technology: Gaithersburg, MD, 2011.

[9] Q ZHANG, L CHENG, R BOUTABA. Cloud computing: state-of-the-art and research challenges [J]. Journal of internet services and applications, 2010, 1(1): 7-18.

[10] T DILLON, C WU, E CHANG. Cloud computing: issues and challenges [C]. 2010 24th IEEE international conference on advanced information networking and applications, 2010: 27-33.

[11] Y SVERDLIK. Heres how much energy all us data centers consume [J]. DataCenterKnolwedge.com, 2016, 27.

[12] M SATYANARAYANAN, P BAHL, R CACERES, et al. The case for vm-based cloudlets in mobile computing [J]. IEEE pervasive Computing, 2009, 8(4): 14-23.

[13] F BONOMI, R MILITO, J ZHU, et al. Fog computing and its role in the internet of things [J]. Proceedings of the first edition of the MCC workshop on Mobile cloud computing, 2012: 13-16.

[14] W SHI, J CAO, Q ZHANG, et al. Edge computing: vision and challenges [J]. IEEE internet of things journal, 2016, 3(5): 637-646.

[15] S WEISONG, Z XINGZHOU, W. YIFAN, et al. Edge computing: state-of-the-art and future directions [J]. Journal of Computer Research and Development, 2019, 56(1): 69.

[16] M SATYANARAYANAN. The emergence of edge computing [J]. Computer, 2017, 50(1): 30-39.

[17] Cisco. Cisco annual internet report-cisco annual internet report highlights tool [DB/OL]. https://www.cisco.com/c/en/us/solutions/executive-perspectives/annual-internet-report/air-highlights.html.

[18] Global IoT market will grow to 24.1 billion devices in 2030, generating $1.5 trillion annual revenue [DB/OL]. https://transformainsights.com/iot-market-24-billion-usd15-trillion-revenue-2030.

[19] J G Andrews, et al. What will 5G be? [J]. IEEE Journal on selected areas in communications, 2014, 32(6): 1065-1082.

[20] Y XIONG, Y SUN, L XING, et al. Extend cloud to edge with kubeedge [C]. 2018 IEEE/ACM

Symposium on Edge Computing (SEC), 2018: 373-377.

[21] Q HE, et al. A game-theoretical approach for user allocation in edge computing environment [J]. IEEE Transactions on Parallel and Distributed Systems, 20119, 31(3): 515-529.

[22] H BADRI, T BAHREINI, D GROSU, et al. Energy-aware application placement in mobile edge computing: A stochastic optimization approach [J]. IEEE Transactions on Parallel and Distributed Systems, 2019, 31(4): 909-922.

[23] J MENG, H TAN, X Y LI, et al. Online deadline-aware task dispatching and scheduling in edge computing [J]. IEEE Transactions on Parallel and Distributed Systems, 2019, 31(6): 1270-1286.

[24] J WANG, J HU, G MIN, et al. Fast adaptive task offloading in edge computing based on meta reinforcement learning [J]. IEEE Transactions on Parallel and Distributed Systems, 2020, 32(1): 242-253.

[25] Y ZHAN, S GUO, P LI, et al. A deep reinforcement learning based offloading game in edge computing [J]. IEEE Transactions on Computers, 2020, 69(6): 883-893.

[26] D CHATZOPOULOS, C BERMEJO, S KOSTA, et al. Offloading computations to mobile devices and cloudlets via an upgraded nfc communication protocol [J]. IEEE Transactions on Mobile Computing, 2019, 19(3): 640-653.

[27] L WANG, L JIAO, T HE, et al. Service entity placement for social virtual reality applications in edge computing [C]. IEEE INFOCOM 2018-IEEE Conference on Computer Communications, 2018: 468-476.

[28] W CHEN, Z SU, Q XU, et al. VFC-Based Cooperative UAV Computation Task Offloading for Post-disaster Rescue [C]. IEEE INFOCOM 2020-IEEE Conference on Computer Communications, 2020: 228-236.

[29] N CHENG, et al. Space/aerial-assisted computing offloading for IoT applications: A learning-based approach [J]. IEEE Journal on Selected Areas in Communications, 2019, 37(5): 1117-1129.

[30] M HU, Z XIE, D WU, et al. Heterogeneous edge offloading with incomplete information: A minority game approach [J]. IEEE Transactions on Parallel and Distributed Systems2020, 31(9): 2139-2154.

[31] X WANG, Z NING, S GUO. Multi-agent imitation learning for pervasive edge computing: a decentralized computation offloading algorithm [J]. IEEE Transactions on Parallel and Distributed Systems, 2020, 32(2): 411-425.

[32] L PU, X CHEN, J XU, et al. D2D fogging: An energy-efficient and incentive-aware task offloading framework via network-assisted D2D collaboration [J]. IEEE Journal on Selected Areas in Communications, 2016, 34(12): 3887-3901.

[33] S STHAPIT, J THOMPSON, N M ROBERTSON, et al. Computational load balancing on the edge in absence of cloud and fog [J]. IEEE Transactions on Mobile Computing, 2018, 18(7): 1499-1512.

[34] L Tong, Y Li, W Gao. A hierarchical edge cloud architecture for mobile computing [C]. IEEE INFOCOM 2016-The 35th Annual IEEE International Conference on Computer Communications,

2016: 1-9.

[35] H TAN, Z HAN, X Y LI, et al. Online job dispatching and scheduling in edge-clouds [C]. IEEE INFOCOM 2017-IEEE Conference on Computer Communications, 2017: 1-9.

[36] H A ALAMEDDINE, S SHARAFEDDINE, S SEBBAH, et al. Dynamic task offloading and scheduling for low-latency IoT services in multi-access edge computing [J]. IEEE Journal on Selected Areas in Communications, 2019, 37(3): 668-682.

[37] M HU, L ZHUANG, D WU, et al. Learning driven computation offloading for asymmetrically informed edge computing [J]. IEEE Transactions on Parallel and Distributed Systems, 2019, 30(8): 1802-1815.

[38] S JOŠILO, G DÁN. Wireless and computing resource allocation for selfish computation offloading in edge computing [C]. IEEE INFOCOM 2019-IEEE Conference on Computer Communications, 2019: 2467-2475.

[39] L HUANG, S BI, Y J A ZHANG. Deep reinforcement learning for online computation offloading in wireless powered mobile-edge computing networks [J]. IEEE Transactions on Mobile Computing, 2019, 19(11): 2581-2593.

[40] C YI, J CAI, Z SU. A multi-user mobile computation offloading and transmission scheduling mechanism for delay-sensitive applications [J]. IEEE Transactions on Mobile Computing, 2019, 1(1): 29-43.

[41] X XIONG, K ZHENG, L LEI, et al. Resource allocation based on deep reinforcement learning in iot edge computing [J]. IEEE Journal on Selected Areas in Communications, 2020, 38(6): 1133-1146.

[42] Y MA, W LIANG, J WU, et al. Throughput maximization of NFV-enabled multicasting in mobile edge cloud networks [J]. IEEE Transactions on Parallel and Distributed Systems, 2019, 31(2): 393-407.

[43] H REN, et al. Efficient algorithms for delay-aware NFV-enabled multicasting in mobile edge clouds with resource sharing [J]. IEEE Transactions on Parallel and Distributed Systems, 2020, 31(9): 2050-2066.

[44] J LI, W LIANG, M HUANG, et al. Reliability-aware network service provisioning in mobile edge-cloud networks [J]. IEEE Transactions on Parallel and Distributed Systems, 2020, 31(7): 1545-1558.

[45] J XU, L CHEN, P ZHOU. Joint service caching and task offloading for mobile edge computing in dense networks [C]. IEEE INFOCOM 2018-IEEE Conference on Computer Communications, 2018: 207-215.

[46] G ZHAO, H XU, Y ZHAO, et al. Offloading Dependent Tasks in Mobile Edge Computing with Service Caching [C]. IEEE INFOCOM 2020-IEEE Conference on Computer Communications, 2020: 1997-2006.

[47] A MACHEN, S WANG, K K LEUNG, et al. Migrating running applications across mobile edge clouds: poster [C]. Proceedings of the 22nd Annual International Conference on Mobile Computing and Networking, 2016: 435-436.

[48] 政府工作报告——第十一届全国人民代表大会第二次会议 [J]. 新华月报，2009, 8: 19-25.

[49] M ZWOLENSKI, L WEATHERILL. The digital universe: Rich data and the increasing value of the internet of things [J]. Journal of Telecommunications and the Digital Economy, 2014, 2(3): 47.

[50] The trillion-device world: ARM CEO Simon Segars says the coming 5th wave of computing is far more than a mere Internet of Things- [Spectral Lines] [EB/OL]. https://ieeexplore.ieee.org/document/8594775.

[51] G XIE, G ZENG, X XIAO, et al. Energy-efficient scheduling algorithms for real-time parallel applications on heterogeneous distributed embedded systems [J]. IEEE Transactions on Parallel and Distributed Systems, 2017, 28(12): 3426-3442.

[52] Q ZHANG, Q ZHANG, W SHI, et al. Firework: Data processing and sharing for hybrid cloud-edge analytics [J]. IEEE Transactions on Parallel and Distributed Systems, 2018, 29(9): 2004-2017.

[53] S MEHNAZ, E BERTINO. Privacy-preserving Real-time Anomaly Detection Using Edge Computing [C]. 2020 IEEE 36th International Conference on Data Engineering (ICDE), 2020: 469-480.

[54] C Xu, et al. Making big data open in edges: A resource-efficient blockchain-based approach [J]. IEEE Transactions on Parallel and Distributed Systems, 2018, 30(4): 870-882.

[55] S MISRA, A MUKHERJEE, A ROY, et al. Blockchain at the edge: Performance of resource-constrained IoT networks [J]. IEEE Transactions on Parallel and Distributed Systems, 2020, 32(1): 174-183.

[56] A ZIEHN. Complex Event Processing for the Internet of Things [J]. fog, 2020, 1(3): 4.

[57] Y ZHANG, V S SHENG. Fog-enabled Event Processing Based on IoT Resource Models [J]. IEEE Transactions on Knowledge and Data Engineering, 2018, 31(9): 1707-1721.

[58] J WANG, M C MEYER, Y WU, et al. Maximum data-resolution efficiency for fog-computing supported spatial big data processing in disaster scenarios [J]. IEEE Transactions on Parallel and Distributed Systems, 2019, 30(8): 1826-1842.

[59] P KORTOÇI, L ZHENG, C JOE-WONG, et al. Fog-based data offloading in urban iot scenarios [C]. IEEE INFOCOM 2019-IEEE Conference on Computer Communications, 2019: 784-792.

[60] Y KANG, et al. Neurosurgeon: Collaborative intelligence between the cloud and mobile edge [J]. ACM SIGARCH Computer Architecture News, 2017, 45(1): 615-629.

[61] Z ZHAO, K M BARIJOUGH, A GERSTLAUER. Deepthings: Distributed adaptive deep learning inference on resource-constrained iot edge clusters [J]. IEEE Transactions on Computer-Aided Design of Integrated Circuits and Systems, 2018, 37(11): 2348-2359.

[62] Y G KIM, Y S LEE, S W CHUNG. Signal strength-aware adaptive offloading with local image

preprocessing for energy efficient mobile devices [J]. IEEE Transactions on Computers, 2019, 69(1): 99-111.

[63] A H JIANG, et al. Mainstream: Dynamic stem-sharing for multi-tenant video processing [C]. 2018 USENIX Annual Technical Conference, 2018: 29-42.

[64] Y DONG, P ZHAO, H YU, et al. CDC: Classification Driven Compression for Bandwidth Efficient Edge-Cloud Collaborative Deep Learning [DB/OL]. arXiv preprint arXiv: 2005.02177, 2020.

[65] B A MUDASSAR, J H KO, S MUKHOPADHYAY. Edge-cloud collaborative processing for intelligent internet of things: A case study on smart surveillance [C]. 2018 55th ACM/ESDA/IEEE Design Automation Conference (DAC), 2018: 1-6.

[66] L TOKA, B LAJTHA, É HOSSZU, et al. A resource-aware and time-critical IoT framework [C]. IEEE INFOCOM 2017-IEEE Conference on Computer Communications, 2017: 1-9.

[67] Y HAO, L HU, Y QIAN, et al. Profit maximization for video caching and processing in edge cloud [J]. IEEE Journal on Selected Areas in Communications, 2019, 37(7): 1632-1641.

[68] S C LIN, et al. The architectural implications of autonomous driving: Constraints and acceleration [C]. in Proceedings of the Twenty-Third International Conference on Architectural Support for Programming Languages and Operating Systems, 2018: 751-766.

[69] S HEINRICH. Flash memory in the emerging age of autonomy [J/OL] 2017. https://www.flashmemorysummit.com/English/Collaterals/Proceedings/2017/20170808_FT12_Heinrich.pdf.

[70] Y LIU, S WANG, J HUANG, et al. A computation offloading algorithm based on game theory for vehicular edge networks [C]. 2018 IEEE International Conference on Communications (ICC), 2018: 1-6.

[71] P KESHAVAMURTHY, E PATEROMICHELAKIS, D DAHLHAUS, et al. Edge cloud-enabled radio resource management for co-operative automated driving [J]. IEEE Journal on Selected Areas in Communications, 2020, 38(7): 1515-1530.

[72] Z WANG, Z ZHONG, D ZHAO, et al. Vehicle-based cloudlet relaying for mobile computation offloading [J]. IEEE Transactions on Vehicular Technology, 2018, 67(11): 11181-11191.

[73] J DU, F R YU, X CHU, et al. Computation offloading and resource allocation in vehicular networks based on dual-side cost minimization [J]. IEEE Transactions on Vehicular Technology, 2018, 68(2): 1079-1092.

[74] Y DAI, D XU, S MAHARJAN, et al. Joint load balancing and offloading in vehicular edge computing and networks [J]. IEEE Internet of Things Journal, 2018, 6(3): 4377-4387.

[75] G KAR, S JAIN, M GRUTESER, et al. Real-time traffic estimation at vehicular edge nodes [C]. Proceedings of the Second ACM/IEEE Symposium on Edge Computing, 2017: 1-13.

[76] L LIU, X ZHANG, Q ZHANG, et al. AutoVAPS: An IoT-enabled public safety service on vehicles [C]. Proceedings of the Fourth Workshop on International Science of Smart City Operations and Platforms Engineering, 2019: 41-47.

Chapter 2 第 2 章

云边融合的数据处理系统

2.1 云边协同环境下的数据处理简介

当下，不论是传统行业还是新兴产业，每个领域的智能化转型与发展，都离不开计算机系统的支撑与帮助。对于应用于各行各业的计算机系统而言，想要实现从输入数据到准确决策的完整工作流，最大的挑战之一便是如何进行高效的数据处理。

2.1.1 背景

近年来，数据处理技术为许多行业带来了新的机遇，同时，越来越多的新型应用也对技术的发展提出了严峻挑战。下面将以 3 个具体行业的典型应用为例，从数据处理技术的角度，介绍当前多个行业中的典型应用案例。

1. 交通运输业

随着交通运输的自动化、智能化发展，自动驾驶技术将逐步解放人类本身对交通工具的直接操控，对人们的交通出行方式产生巨大变革。但要实现汽车脱离人为控制来行驶，至少需要完成以下 3 个方面的任务：

1）交通规则的学习。需要基于人工智能技术，预先构建特定的交通规则模型，输入海量批训练数据，使模型进行迭代化学习，从而拥有对采集得到的交通信息图像进行推断的能力。其中最为关键的，便是如何高效地对大规模训练样本进行迭代式计算。

2）行驶事件的处理。行车控制芯片需要对实时采集的交通情况进行特定格式的数据转换，输入交通规则模型，计算出下一步的指令行为。这些交通信息数据通常是持续的、不间断的，以传感器数据“流”的形式进入处理系统中，需要行车控制系统以极高的响应速度对它进行实时处理。

3）行车情况的分析。对于行车过程中的周围环境信息、路线实际情况，甚至天气数据，在行车控制系统进行处理后，并不能简单地丢弃，而需要借助于M2M（Machine-to-Machine，机器到机器）[1]或互联网技术，在汽车之间进行连网共享，构成区域性集群化的行车数据网，甚至是城市级的实时智慧交通网络。这样，不仅能够帮助其他车辆更好地优化路线、调整规则模型，更能够使车辆之间建立起相互感知，向紧急响应服务和汽车制造商传递关键数据，以进一步提升自动驾驶技术的可靠性和安全性。而这一频繁的计算密集型、延迟敏感型的过程，必然需要借助基于云边协同的层次化计算平台之上的高效数据系统来实现快速响应、高效处理[2]。

2. 生产制造业

随着传统行业的逐渐转型，以特斯拉（电动汽车企业）超级工厂Giga上海为代表，去人工化、高度自动化的工业物联网工厂建设逐渐成为当今生产制造业的主流趋势。在智能工厂中，通过物联网，实现对人员、设备、产品数据的一体化采集和智能化分析，监控从源头到消费者的端到端产品链，提高整体运行效率，为生产流程的结构优化提供决策支持，降低产业链成本及能耗。

在石油开采平台中，将基于传感器、成分分析设备、视频监控设备等形成的数据采集能力，基于硬盘及内存的数据存储能力，基于芯片的计算能力嵌入工业设备中，便可以将包括所有钻井、机床等在内的运行日志进行持久化存储、实时性或周期性地收集，提供给管理人员进行分析，实现预测性维护、预防性报警。

对于这些场景的实现，最突出的特点便是从各个源头不间断地连续产生数据，这些数据不仅结构多样，而且在短时间内产生速度极快，无法由传统的批处理系统来实现。

3. 医疗健康业

人口平均年龄的增长、慢性疾病的流行、公共卫生突发情况的影响，势必导致各级机构的医院资源愈发宝贵。可以设想，未来的医疗健康服务将从医院提供的集中式医疗服务逐渐转变为普遍存在和实时运作的智慧健康服务[3]。利用贴近用户的环境感知网络和传感基础设施，智慧健康应用将不断收集用户的健康数据，同时进行处理、分析、诊断，并将必要结果（例如异常指标）告知用户。其中，对于实时性和移动性要求较低的海量数据处理，例如用户健康模型构建，需要利用大规模、集群化的计算资源来完成；对于包括关键生理指数（例如心率）在内的数据监测，却完全无法接受数据远距离传输带来的较大延迟和较长的响应时间，否则将可能延误最佳抢救时机，造成经济甚至生命财产的损失。基于传统设备与云平台的结构无法满足这一系列数据处理过程在能效、性能、隐私等方面的需求，因而必将采用基于云边协同的层级式计算环境，利用高性能的批流数据处理引擎来高效实现。

2.1.2 环境

数据不可凭空产生，同样，应用不会凭空运行。为了实现最终面向用户的数据处理应用软件，自底向上分别需要：

1. 硬件资源

任何应用都运行在计算、存储、网络等硬件资源之上，这些资源由数据中心的集群式服务器或网络边缘端的网关、嵌入式设备、微型服务器等提供，它们为上层软件提供最基本的环境支持。

2. 操作系统

为了能够更加抽象地使用硬件资源，操作系统对底层硬件进行封装，以系统接口的方式为软件研发人员提供更高层次的编程环境。

3. 计算平台

由于操作系统层面仅仅作为上层软件与底层硬件的媒介，无法为具体的计算任务提供更加针对性的环境，因此需要在操作系统之上开发满足当下新型应用需求的计算平台。

近年来，随着云计算技术的逐渐发展与成熟，云平台逐渐成为大数据场景下存储、处理、决策的通用平台。但依赖于远距离、中心化数据仓库的天然特性，使得它本质上无法为在实时响应、低延迟、能源感知、安全性等方面具有高度需求的数据处理应用提供良好支撑。具体而言，基于云平台的数据处理架构面临着以下主要问题：

1）网络开销大。由于网络边缘端的数据产生源不具备相应的计算、存储能力，因此需要将原始数据通过不同架构的网络发送到物理位置较远的数据中心进行数据处理，这一过程将占用较高的网络带宽。

2）响应时间长。由于数据需要在产生端与云中心之间进行往返传输，因此应用的响应时间也随之增加，同时受到网络情况、传输距离等因素的影响，较高的延迟导致无法实时做出有效决策。

3）隐私安全性风险高。大量用户数据需要传输到中心化的数据仓库进行后续处理、存储、推断，因此将面临敏感信息泄露、数据窃取等诸多风险。

4）资源透明性差。距离数据产生源较远的数据中心由于地理因素，无法完全掌握数据产生设备的情况，从而难以对细节进行了解。

因此，更加靠近数据产生源的边缘计算技术应运而生。正如第 1 章所述，该技术能够在网络边缘端提供具备一定资源（例如计算、存储、网络传输能力）的计算平台，使得传统上需要远距离传输的数据处理任务可以卸载到边缘端进行实现，从本质上对基于云平台的数据处理系统所面临的问题提出了可行方案。

如今，随着边缘技术的不断发展，已经逐渐衍生出“云－边”协同的、层次化的计算平台架构。该架构融合了传统云平台计算能力强、资源充足等特性，以及新型边缘平台分布式、近距离的优势，为诸多行业的新型数据处理应用提供了有效支撑。

4. 处理引擎

立足于云边协同的计算平台，借助“中心－边缘”相结合的环境特点，人们想要充分发挥它为数据处理任务带来的低延迟、高响应、安全性等优势，仍然面临着数据处理引擎这一重要挑战。过去，基于云平台，有包括 MapReduce、Spark 在内的诸多成熟的批处理框架（系统）来完成大规模数据处理任务，但如今随着新型应用的发展，越来越多的数据以“流”的方式呈现，事件不断产生，不断流入系统，同时也需要即时进行处理，以最高的效率获取即时的结果，进行即时的决策。显然，以往的批数据处理引擎已经无法满足此类新型技术的需求，需要在云边协同的先进平台下，探索具备高效处理批数据、流数据能力的新型引擎。

2.1.3　数据

在对批流数据处理系统进行探索之前，首先对历史数据和实时数据这两类数据进行介绍。

1. 历史数据

历史数据即离线的、具有边界的数据：“离线”指数据已经存在且固定，不会随时间的发展而变化（不包括人为的改变）；“边界”指时间范围，即已经发生的数据自然地处于一个不可变的时间段内。全量的历史数据通常在文件系统（例如 Hadoop 分布式文件系统（HDFS）[4]）或数据库管理系统（例如非关系型数据库 NoSQL[5] 中的 MongoDB）等的支持下，持久化地、分布式化地存储在硬盘等稳定介质中。对于此类数据的批量高效处理，目前已经出现了很多正在发展并趋于成熟的计算引擎，例如 MapReduce[6]、Spark[7] 等，此类系统能够通过对批量数据的计算优化，实现较高的性能水平。

2. 实时数据

实时数据即不断变化产生的、在线的、没有确定边界的（通常指时间意义上的事件终止边界）数据。“在线”指这一系列的数据随着当前的时间发展，由每时每刻都在发生的事件和状态改变所带来；“没有确定边界”则由于时间不会静止，会不间断地持续向前发展，因此数据也会随着更新的事件的发生而源源不断地产生。此类数据不仅具有通常“大数据”所具有的规模大、产生速度快、种类多样等特征，还具有较高的时间敏感性、产生速率不稳定等特征，这对相关的处理引擎提出了前所未有的更高要求。

2.1.4　处理模式

基于上述云边协同计算平台，对于历史与实时两类数据，可以将各行业的数据处理应用根据数据流向分为三类典型的负载场景。

1. 云端到边缘端

云中心负责接收数据，基于大规模计算资源，利用批流处理引擎进行全量历史数据的批处理或者实时数据的即时处理，并根据处理结果进行决策，将执行动作或资源调度等命令下发至边缘端，进而对边缘节点所连接的边缘设备进行控制。此时，边缘端充当执行器（actuator）的角色。

2. 边缘端到云端

利用边缘端更加靠近数据产生源的特性，由边缘端直接对设备感知器（sensor）产生的数据（例如物联网传感器实时产生的流数据）进行处理，并将处理结果即时地发送至云中心，从而减少数据传输带来的不必要开销。

3. 边缘端到云端到边缘端

结合上述两者，此类负载将首先经由边缘端，对设备产生的批量或流式数据进行获取、处理，再将处理后的结果发送至云端。最终，由云端对各边缘节点发送的信息进行聚合、计算等操作，将更新的指令再次发回边缘节点。

这三类应用负载分别对云中心节点、边缘节点的计算能力和存储能力，以及两者之间的网络传输能力提出了不同程度的要求，因此也面临着不同的问题亟待解决。

2.1.5 问题与挑战

基于云边协同计算平台，面对不同类型的应用负载，新型批流数据处理系统在传统数据处理引擎遇到的问题之外，还面临着以下方面的挑战。

1. 异构性

不同于传统单一的大规模云数据仓库，新型云边协同平台将建立在以云平台为中心，以分布式边缘节点为主力的计算环境下。这不仅需要考虑具备不同底层架构的计算资源，以向上层应用提供统一的开发环境，更需要考虑不同设备之间如何有效通信、调度等问题。让数据处理引擎以通用、经济、高效的方式对不同架构的用户均提供高可用性，将是一个巨大挑战。

2. 多样性

基于云边协同平台的万物互联场景下，各行各业的一系列数据处理任务不尽相同，这不仅体现在 2.1.4 节中所介绍的数据处理模式多样上，更体现在数据源多样、数据产生速率多样、上下文结构多样等方面。例如，对于交通事件模型、人体生理指数模型的建立，一方面，需要利用全量的历史记录进行模型学习，另一方面，需要将实时的数据更新输入系统，即时更新模型，以实现更加准确的决策。这不仅要求数据处理系统的批处理能力，更对批流融合处理能力提出了更高的要求。

3. 差异性

不同的任务标准本身对数据处理引擎的需求就具有较大的差异。例如，一些流数据处理应用仅仅需要检测异常事件、匹配预设模型，而另一些应用将需要汇聚多个数据流，进行聚合性复杂处理。相对于传统的批处理引擎，云边协同环境下所需的批流处理引擎需要具备更高的通用性、泛化性，以满足不同应用的需求。

4. 限制性

由于云边协同平台运行环境的不统一，从路边单元、移动边缘服务器，到小型计算设备（例如 Raspberry Pi），再到嵌入式微型芯片，边缘节点的计算资源在很多情况下将极为短缺，这使得数据处理系统受到了极大的条件限制，而无法利用足够的资源来保证高性能表现。

5. 稳定性

由于不具备大规模保障性的服务器集群资源，边缘节点通常处于更加靠近数据产生源的复杂环境中，同时它的计算资源和网络条件无法提供充分的稳定运行能力。不仅如此，对于移动性计算任务（例如行驶的车辆、用户的可穿戴设备等），边缘节点之间的协调、切换等操作，将直接导致负载任务的极高动态性，进一步加剧异常情况的发生。因此，如何保证对关键任务在非稳定环境中出现的数据重复、错误，甚至是缺失，以及计算节点的异常、掉线等突发情况进行有效处理，将是云边协同环境下数据处理系统要解决的重点任务。

6. 高吞吐

数据处理从传统基于云平台的架构进化至基于云边协同平台的架构，一个重要原因便是对响应速度的极高需求。不论是自动驾驶技术中对交通状况的实时感知，还是智慧健康中对人体生理指数的监测，数据平台只有以毫秒级的延迟对大规模输入数据计算得出准确的结果，才能保证行车的安全与用户的身体健康。因此，运行于边缘节点的数据处理引擎若无法承担边缘设备短时间内产生的大规模数据，则会直接导致指令决策无法即时生成，甚至造成数据堆积，导致系统崩溃。

相比于传统的批数据处理，云边协同环境下的数据处理面临更多的问题和挑战，批数据和流数据融合处理是云边协同环境下需要面对的首要挑战。在实际的场景下，云边协同下的批流融合需要面临的挑战包括动态性、可伸缩性、容错性、异构性和一致性等。通常情况下，数据源是在不断发生变化的，如数据表结构变化和表的增减等，这些都需要一定的策略去处理；在一个分布式系统中，通常会有大量的任务需要同步完成，因此集群需要提供可伸缩性，对任务进行统一的调度，保证任务并行执行的效率；实际系统中网络、磁盘、内存等都有可能发生故障，需要考虑任务失败后如何进行恢复、数据是否会因此丢失等；数据源的异构性体现在数据结构和语义的异构性上，如何进行融合也是需要慎重考虑的；一致性问题是任何分布式环境下都需要考虑的，只有一致的数据才能保证工作的正常开展。

在面向云边协同环境的数据预处理中，为了保障数据处理的高效性和准确性，首先需要考虑如何高效地融合批数据和流数据以获得一致的数据，然后再进行高效的数据分析和处理。目前，业界公认的两种批流一体化架构包括按需使用批量和流式的 Lambda 架构以及用一个流式处理引擎解决所有问题的 Kappa 架构。数据预处理作为数据分析和处理之前的一系列操作，可以在很大程度上降低数据融合和数据分析、处理的难度。下面将先以实际案例的形式对云边协同环境下的数据预处理面临的技术挑战和关键技术进行介绍，然后再介绍批流融合处理结构与系统，最后对可能的未来批流融合处理技术进行展望。

2.2 云边协同环境下的数据预处理

2.2.1 简介

从 1958 年数据模型的概念被提出，到早期的数据库，再到如今流行的关系型数据库、非关系型数据库以及其他数据存储和管理技术，人类对数据的管理和应用能力有了显著的提升。然而无论是数据管理还是数据应用，总是避免不了处理各种“数据缺陷”，在处理数据缺陷的过程中，数据预处理技术得到了广泛的关注和发展，并且起到了重要作用。图 2-1 给出了数据预处理技术的发展概览。

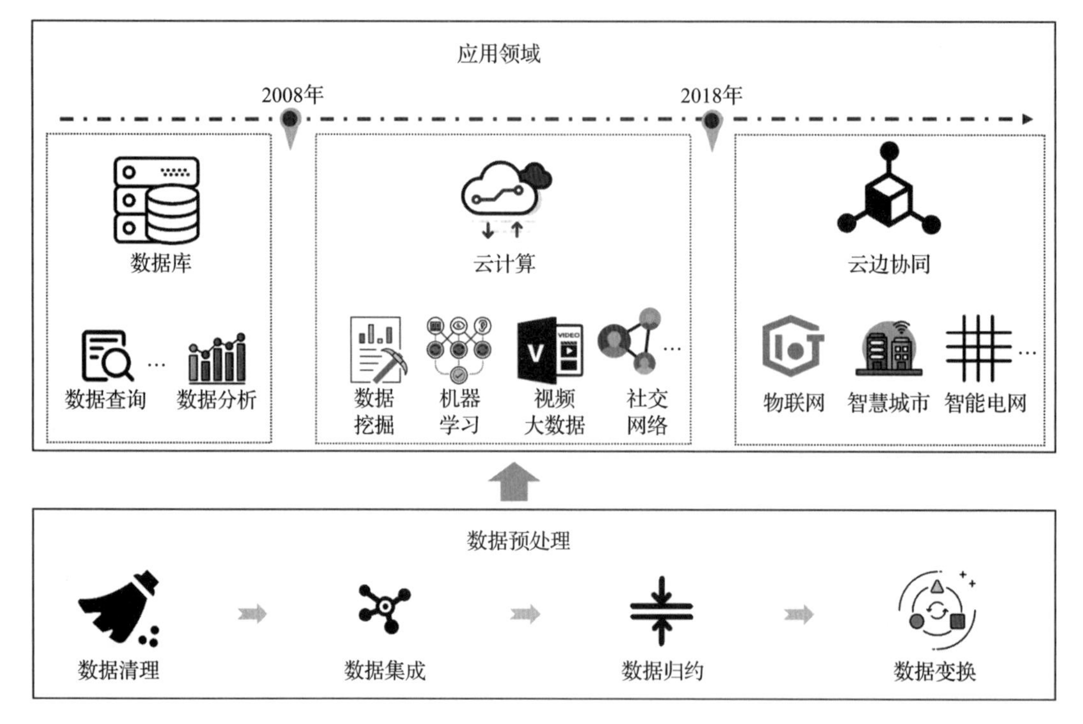

图 2-1 数据预处理技术的发展概览

在 2008 年以前，数据的存储、管理和应用主要以各种类型的文件系统和数据库为基础，数据查询和数据分析是数据的主要用途。由于绝大部分数据都是由人类的生产活动所产生的，因此不可避免地存在脏、乱、差等数据缺陷，无论是存储数据到文件系统还是数据库中，以及之后查询数据、分析和处理数据，都需要解决数据缺陷的问题。2008 年之后，数据的规模和应用大幅增长，标志着正式进入大数据 / 云计算时代。在这一时期，不仅仅是数据量累积到了海量的地步，计量单位动辄 PB、EB、ZB，数据的生成速率以及数据的类型多样化也达到了前所未有的地步。虽然传统的数据存储和管理技术已经有了很大的发展，但是面对如此海量、高速并且多样的数据，依旧显得捉襟见肘。好在需求推动技术，技术解决问题，各种分布式存储和管理技术相继被提出，如Hadoop相关的HDFS[4]、HBase[8]、Hive[9]以及NoSQL中的BigTable[10]、MongoDB等。此外，数据挖掘、机器学习、视频大数据和社交网络等也将人类对数据的应用推向了新的高潮，在这之中，数据预处理技术依旧扮演着重要角色，为各种数据存储和数据应用提供高质量的数据。之后，随着有别于集中式数据处理的云计算和边缘计算成为新的研究热点，以2018年为时间节点，人们对数据的存储和应用逐渐进入云边协同时代。5G无线通信网络和其他各种高速数据网络推动物联网[11]不断发展，智慧城市、智能电网以及无人驾驶等成为人类的建设重点，我国更是将新基建确立为下一步经济发展的主要路径，发力于数字化基础设施建设。这一时期面临着更多的挑战，庞大的物联网网络以各种传感器、终端设备和智能设备为基础，时时刻刻都在产生着海量的数据，这些数据有着多种类型，如温度传感器产生的数值数据，交通摄像头产生的视频数据，智能手机产生的文字、语音等数据，此外产生的这些数据都需要通过数据传输网络传输到相应的数据处理节点进行分析和处理，以做出实时决策，产生价值，在这一过程中，数据缺失、数据错误以及集成多数据源的异构数据等问题都需要得到有效的解决。

总之，数据预处理无论是在数据库还是云计算，或是云边协同中都具有重要作用。数据预处理技术一般包括数据清理、数据集成、数据归约，即对（原始）数据进行分析和处理，移除或填充缺失数据，识别和平滑噪声数据，合并多源数据，通过数据降维、特征子集选取或数据聚合进行数据归约，根据后续数据应用对数据进行规范化以及其他数据变换，为下游数据应用提供高质量的数据，提高后续数据应用的准确率和效率，为智能决策的实时生成保驾护航。

2.2.2 数据质量

随着科学技术的不断发展，人类的生产活动产生和积累了越来越多的数据，它们被广泛应用于智能商务、智慧城市、数字经济等建设中，作为发掘新的知识或价值的基础。然而现实中积累的数据大多是脏的、不完整的甚至是不正确的。原始数据在被应用之前，例如作为某些数据挖掘算法或深度神经网络的输入，需要进行一定的处理，以提高数据的质量，提高其准确性、一致性以及可信性等。

那么什么是数据质量，又该如何提高数据质量呢？数据质量并没有一个严格的定义，对数据“质量”的度量很大程度上取决于数据的应用。参考文献［12］中指明能够满足应用需求的数据是高质量的，在判断数据质量时需要考虑的典型因素包括准确性、一致性、完整性、时效性、可信性和可解释性。现实世界数据的普遍特征包括不正确、不一致和不完整。导致数据不正确的因素有很多：收集数据的设备存在故障；人们在填写数据信息时故意提供错误的数据；数据在传输的过程中出错，如网络传输过程中某些位错误。数据不一致则可能是由于同一数据在不同收集处所采用的度量单位不同、设计程序时对现实实体的命名不同等。不完整的数据除了由于在收集时被人恶意提供或者因程序错误而产生外，还可能是由于在数据的存储和使用过程中，被判定为与其他不一致、不正确的数据相似而被删除，虽然在当时删除这类数据是正确的操作，但对后面的数据分析和使用产生了影响。这也从一定程度上体现了数据质量是需要根据数据使用的上下文来判断的。数据的时效性则指明数据质量实际上依赖于某段时间，当数据过了某段时间，那它可能就没有意义了。可信性反映数据受用户信任的程度，而可解释性则反映数据是否容易理解。有时候即便数据是准确、完整、一致且及时的，但因为很差的可信性和可解释性，它仍有可能会被定性为低质量的数据，毕竟谁都不愿意面对一堆无法信任或解释的数据。

正是由于现实数据的这些特征，以及高质量的决策必然取决于高质量的数据，提高数据质量得到了研究人员的广泛关注。各种数据预处理技术可以显著改善数据质量，从而提高数据应用的准确率和效率。数据预处理的主要步骤包括数据清理、数据集成和数据归约：

1）数据清理通常迭代执行错误检测和错误修复，通过填补缺失数据，识别和平滑噪声数据以及纠正不一致的数据，识别和移除异常数据、冗余数据，从而获得相对准确、完整和一致的数据。

2）数据集成则整合来自多个数据源的数据，这些数据源可能是异构的，解决诸如数据结构和语义不一致等问题，为数据应用提供统一的数据视图，方便后续对数据的查询和分析。

3）数据归约则通过归约等技术，获得较小的原数据的近似（归约）表示，它在减少存储和计算需求、提高算法运行效率等方面取得了显著的效果。数据离散化也可以看作一种数据归约方法，它指将连续数据转换为离散数据，可以很大程度上减少数据值域的范围（某些高效的数据挖掘算法只适用于离散化的输入数据），从而提高算法的运行效率。

这一系列的数据预处理技术在实际使用过程中不一定都会用到，也可能是其中某几个技术交替使用，无论如何，最终的目的都是改善数据质量，提高数据分析与处理的效率和准确率。

2.2.3 数据清理

现实中的数据往往都是“脏”的，那些从各类传感器或者信息收集程序获取的数据往往存在缺失数据、噪声数据、离群点等不正确或不一致的数据，甚至那些早已经过处理并存储起来的数据在当前的应用场景下也存在一定的数据质量问题。数据清理通常作为数据预处理的第一个步骤，主要目的就是应对这些问题，通过有效的手段填充或删除缺失的数据以改善数据质量，如：直接删除属性缺失很多的记录，使用众数、均值等填充缺失数据，或者用更智能化的方法学习原始数据分布以预测并填补缺失的数据；根据数据的基本统计特征识别并平滑可能存在的噪声数据，特别是对图像数据的降噪、去噪；探测并移除离群点，典型的方法包括基本统计方法、高斯混合模型、非参数化贝叶斯算法等。

研究人员已经对数据清理中缺失数据、噪声数据和离群点的检测与处理进行了广泛的研究，虽然因为数据质量的评估严重依赖于数据应用的上下文，导致很难设计出通用的解决方案，但是研究人员依旧实现了很多有用的技术、方法以及工具，以对“脏”数据进行清理，提高数据清理的效率和准确率。

1. 缺失值

电力系统是现代社会经济发展和社会进步的基础与重要保障，然而传统电网的电源接入与退出、电源传输等缺乏弹性，电网系统在多级控制中反应迟缓，无法实现实时配置、重组性、可组性和动态柔性，系统自愈能力、自我恢复能力完全依赖于实体冗余。长期以来，传统电网的主要能源来自化石能源，给环境造成了严重污染。为满足构建环境友好型社会的要求，传统的电力能源结构正在从单一的化石能源为主，逐渐转变为风电、光伏电等多种绿色能源和其他新兴可再生能源。智能电网因此成为支持新能源并网、电力能源网络结构转变和管理的重要解决方案。图 2-2 给出了智能电网的示意图。

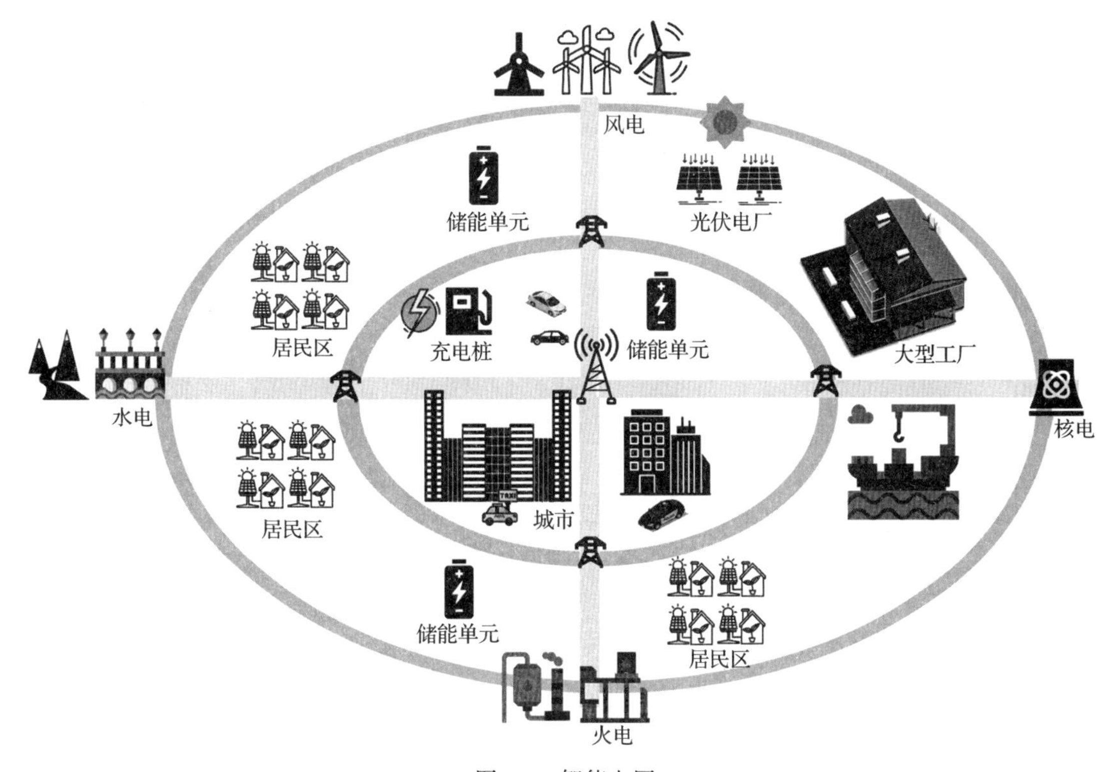

图 2-2　智能电网

电力物联网作为智能电网的基础支撑平台，在提升电力系统智能化水平，有效管理电力系统长期运行，实现低能耗、低污染、低排放方面起到了重要作用。电力物联网通过智能传感和通信装置从电力系统中获取有效信息，经由无线或有线网络进行信息传输，并对感知和获取的信息进行数据挖掘和智能处理，从而实现信息交互自动化、实时控制、精确管理和智能决策。在逻辑上，电力物联网分为感知互动层、网络传输层和应用服务层。感知互动层主要通过无线传感器网络（WSN）、射频识别（RFID）、全球定位系统（GPS）等信息传感终端对电网各个环节的相关信息进行采集。信息传感终端包括传感器等数据采集设备、数据发送和接收设备等，如 RFID 标签和 RFID 扫描仪、视频采集摄像头、各类传感器以及端距离传输无线传感网。网络传输层以电力光纤网、电力无线专用网为主，电力载波通信网、属性通信公网为辅，实现感知互动层信息的广域或局部信息传输，数据可以通过电力专网、电信运营通信网、国际互联网和小型 LAN 等网络传输。应用服务层通过数据挖掘、智能计算、机器学习等协同多个系统共同运作，实现电网海量信息的综合分析和处理，从而实现精确控制、智能决策和高质量服务。

然而，由于电力设备和物联网设备在强磁场环境下存在潜在的风险，电力物联网仍处于探索阶段，各类标准和规范较少，使得电力物联网的建设需要面对不少挑战。由于数据采集和传输过程中可能存在的设备故障和传输问题，数据缺失成为其中普遍并且亟待解决的问题，因为缺失数据会严重影响对电力物联网的精确控制和智能决策。

在智能电网中，根据居民用电情况动态调整电力供应是实现电能高效利用、缓解用电紧张的重要措施，同时根据电力使用情况动态浮动电价是实现用户和电力供应商双方利益最大化的有力保障。因此记录用户的实时用电情况是十分有必要的，然而在某些情况下有可能无法得到用户的用电数据。表 2-1 是某用户 2 天的用电数据，其中有部分数据缺失了，可能会对后续的决策造成不良影响。但在实际中，由于一般用户每天的用电量基本不会有太大的差别，因此可以用不同日期下相同时间的数据来填充缺失的数据，如这里可以使用 2016/2/6 7:00 的用电量来填充 2016/1/6 7:00 这里缺失的电量值。此外还可以用 2016/1/6 7:00 前后两个小时用电量的均值来填充，如 (0.462+0.325)/2=0.3935（kW・h）。当然，还可以通过分析该用户以往的用电情况，对该缺失的用电数据进行填充。

表 2-1 某用户 2 天的用电数据

开始时间	值（kW・h）	开始时间	值（kW・h）	开始时间	值（kW・h）	开始时间	值（kW・h）
2016/1/6 0:00	1.057	2016/1/6 12:00	0.426	2016/2/6 0:00	1.281	2016/2/6 12:00	0.824
2016/1/6 1:00	1.171	2016/1/6 13:00	0.421	2016/2/6 1:00	?	2016/2/6 13:00	0.55
2016/1/6 2:00	0.56	2016/1/6 14:00	0.447	2016/2/6 2:00	1.231	2016/2/6 14:00	?
2016/1/6 3:00	0.828	2016/1/6 15:00	0.496	2016/2/6 3:00	0.909	2016/2/6 15:00	0.799
2016/1/6 4:00	0.932	2016/1/6 16:00	?	2016/2/6 4:00	0.825	2016/2/6 16:00	0.833
2016/1/6 5:00	0.333	2016/1/6 17:00	3.647	2016/2/6 5:00	0.55	2016/2/6 17:00	3.408
2016/1/6 6:00	0.462	2016/1/6 18:00	3.018	2016/2/6 6:00	0.514	2016/2/6 18:00	?
2016/1/6 7:00	?	2016/1/6 19:00	3.326	2016/2/6 7:00	0.536	2016/2/6 19:00	1.642
2016/1/6 8:00	0.325	2016/1/6 20:00	2.175	2016/2/6 8:00	0.657	2016/2/6 20:00	0.896
2016/1/6 9:00	0.294	2016/1/6 21:00	2.973	2016/2/6 9:00	?	2016/2/6 21:00	2.71
2016/1/6 10:00	0.273	2016/1/6 22:00	2.994	2016/2/6 10:00	0.886	2016/2/6 22:00	1.176
2016/1/6 11:00	0.723	2016/1/6 23:00	1.794	2016/2/6 11:00	0.894	2016/2/6 23:00	2.236

（1）技术挑战

自 20 世纪 60 年代的传感器网络（SN）到无线传感器网络（WSN）的构建，各类传感器作为新的“感知器官”从环境中收集各种数据，为各类判断以及决策提供基础支撑。如今的物联网不仅包含无线传感器网络，还包含许多其他的组成部分，如无线局域网（WLAN）、移动代理和射频识别（RFID）。但是无线传感器网络依旧是物联网的核心组件，部署在环境中各个角落的庞大传感器网络以低成本的方式运行各类感知服务。目前，这些传感器已成功运用于环境监测、智慧城市、智能电网等智能行业中。通常，传感器收集的数据会经由数据传输网络传输到特定节点进行分析和处理，以进行智能决策。

底层传感器网络收集的数据是一切决策的基础，为了提高决策的可靠性，从环境中收集和处理海量数据是十分有必要的。然而大多数传感器都部署在恶劣的环境中，并且可能在数据传输过程中受到恶意攻击，从而产生无效甚至具有误导性的数据。据统计，传感器网络所提供的数据只有不到 50% 是有效和可靠的。异常的数据传输不仅会增加节点能耗，还会占用网络带宽，影响数据分析的结果。

事实上，物联网中收集的数据集普遍存在的一个问题是缺失值，由于设备所处的恶劣环境以及数据传输网络的不可靠，无论是数据收集阶段导致数据值丢失还是后期存储管理阶段导致数据值丢失，都不可避免会对当前数据的分析和应用产生不可预料的影响，因此如何处理缺失值成为亟待克服的挑战。

（2）解决方案

在缺失值处理过程中，无论是简单直接地删除存在缺失值的数据实例还是用估计值（如均值、众数、中位数等）替换缺失值以获得完整数据集来估计缺失值，或是通过其他策略填补缺失值，了解数据缺失值出现的机制都是十分重要的。参考文献［13］中对数据实例属性可能出现缺失值的机制进行了概述，通过描述缺失值出现的概率与数据之间的关系，总结了 3 种缺失数据机制：

1）完全随机缺失（MCAR），最高级别的随机性，即数据实例具有属性缺失值的概率不依赖于已知值或缺失数据。在这种随机性水平上，可以应用任何缺失值数据处理方法，并且不会给数据带来偏差。

2）随机缺失（MAR），数据实例具有属性缺失值的概率可能取决于已知值，而不取决于缺失数据本身的值。

3）非随机缺失（NMAR），数据实例具有属性缺失值的概率取决于该属性的值。

参考文献［14］还回顾了用于分析具有缺失值的数据集的传统方法，粗略地将这些方法归类为仅使用完全记录的数据实例的方法、加权方法、插值和基于模型的方法，并介绍了大量贝叶斯方法以及多重插补、数据扩充和 EM 的扩展算法（例如 ECM、ECME 和 PX-EM）等填充缺失数据的方法。

自 20 世纪 80 年代以来，缺失数据分析方面的理论和计算技术都得到了飞速发展，涌现了很多数据缺失处理方法，这些方法大致可分为三类[15]：

1）将某些属性值缺失的样本直接丢弃，当数据集中缺失某个属性值的样本较多时则直接丢弃这个属性；

2）采用极大似然估计等参数化方法，通过部分完整数据样本估计模型参数，最后用采样的方式进行插值；

3）用预测值填充缺失值，通常数据样本属性之间存在一定的关系，可以通过如机器学习等方式探索数据属性之间的关系，从而预测缺失的值。

图 2-3 总结了数据缺失机制及通用处理方案。

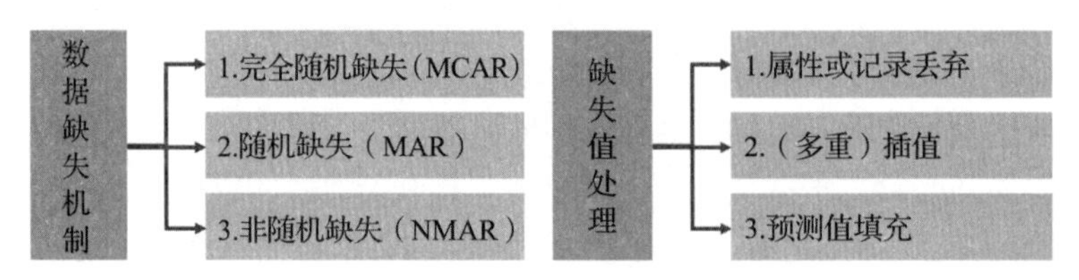

图 2-3　数据缺失机制及通用处理方案

参考文献［16］特别强调用于缺失值分析与处理的极大似然估计和多重插值是缺失值处理的有效算法之一。极大似然估计[17-18]在 MAR 机制下可以假设模型参数对于完整数据样本是正确的，然后通过观察数据样本的分布对未知参数进行极大似然估计，对极大似然参数的估计在实际中常采用期望最大化算法。缺失值的极大似然估计比删除缺失值实例和单值插补更适用于大数据集，因为有效样本的数量足够保证极大似然估计值渐近无偏并服从正态分布。但这种方法也可能会陷入局部最优解，算法的收敛速度不是很快，计算相对更复杂。多重插值[19]基于贝叶斯估计，认为待插值的缺失值是随机的并且它的值应该来自已经观测到的值。具体算法由两个步骤迭代完成：

1）使用均值向量的估计和协方差构建一组基于可观测值的回归方程，并为每个缺失值产生一组可能的插补值，由此可以产生若干完整的数据集；

2）生成均值向量和协方差矩阵的替代估计，分别对各个插补数据集合用针对完整数据集的统计方法进行统计分析，然后根据结果生成新的参数值并根据评分函数进行选择，迭代生成最终的插补值。

对于基于预测的方法来说，过拟合是一个不容忽视的问题。参考文献［20］中引入了局部约束稀疏表示和局部正则化，其利用稀疏性、平滑性和局部性结构的优势来提高缺失值估计的质量。该文献中提出了基于局部约束稀疏表示的缺失值估计（LCSR-MVE）算法，该算法重构系数向量的稀疏性，通过稀疏性约束和局部性正则化来自动选择实例，并避免过拟合以进行缺失值估计。算法的估计性能对正则化权重并不敏感，在实践中很容易选择这些参数。

2. 噪声

随着社会经济的不断发展和生活水平的不断改善，人们对生活品质特别是居住环境的要求也在不断提高。传统的住房存在家电耗能过高、安防手段落后等问题，已不能满足人们的生活需要。近年来，随着科学技术的不断发展，特别是机器学习、大数据、物联网等先进技术不断取得突破，家用电子设备不断智能化，家居环境也发生了翻天覆地的变化。

物联网技术被广泛应用到住房中，使得各种家居设施（包括照明设施、安防设施、娱乐设施、个人电子设备等）都可以通过网络和服务整合在一起，家居环境因而更加易用、更加智能。例如：住房能耗利用率显著提高，各种家用电器、照明灯具、取暖设备等在不需要时自动关闭或以低能耗模式运行；用户对家用设备的控制更加灵活方便，通过智能手机或语音设备就可以远程交互式地控制家居设备的运行；房屋的安全性也得到显著提高，各种安防设备组成的安防系统可以有效防范非法入侵，或在意外事故（如火灾、有害气体泄漏）等紧急情况下报警，让用户可以随时随地监控家庭安全状况，防患于未然。

在如图 2-4 所示的智能家居系统中，需要各种传感设备辅助采集信息，如利用可燃气体传感器、烟雾传感器、红外和压力传感器以及光敏传感器等获取室内外的基本环境数据，利用各种摄像头、语音设备、清洁机器人等随时获取室内的状态数据。这些数据通过部署在室内的无线或有线网络传输到智能家居控制中心进行分析和处理，生活行为辅助、家庭安防、主人身份识别、主人状态判断、主人行为预测等主要在控制中心完成。

图 2-4　智能家居系统

（1）技术挑战

在主人身份识别、主人状态识别和预测等任务中，通常需要用到诸如人脸识别、目标检测和自然语言处理等技术，并要处理大量视频、图像和语音数据。在处理过程中，不可避免地需要面对噪声数据。

噪声在现实数据集中是普遍存在的，可以将它理解为被测量的随机误差或方差。相比于文本、语音等数据，视频数据的数据量更大、维度更高，表达、传输、处理和利用的技术难度更大。此外，由于这类数据往往没有特定的目的，设备产生的图像、视频往往存在大量无用的信息以及噪声数据，这在无形中也增加了对它的处理难度。通常，在数据分析或处理中，噪声会对算法或模型的准确率和鲁棒性产生很大的负面影响。无论是对于有监督方法还是无监督方法，数据或模型都需要根据数据集的属性（及标签）来进行建模，而数据属性值和标签则是影响数据质量最直接也最关键的因素之一。有效识别和处理噪声数据，可以显著提高算法或模型的准确率和鲁棒性。

（2）解决方案

粗略地，可以根据属性和标签将数据噪声分为属性噪声和标签噪声。其中属性噪声最普遍，对结果的影响也最大。属性噪声指的是一个或多个属性值被破坏，包括缺失或不完整的属性值、错误的属性值、未知或“默认”的属性值（可以理解为不存在或默认的无意义值，如 NAN、INF 等）。本书中提及的属性噪声主要指错误的属性值，特别地，在图像分析领域中，噪声也是亟待攻克的难关之一，它可以被认为是错误的属性值（像素值）。标签噪声指未正确标记的标签，具体可以分为两类：

1）数据集中存在具有相同属性值的重复数据实例，但它们具有不同的标签；

2）数据实例带有的标签不是真实的标签。

通常标签噪声在分类等任务中对结果的影响较大。

在分析图像时，数字图像去噪算法被广泛应用，参考文献［21］提出了一种基于非线性总变化的噪声消除算法，使用拉格朗日乘子对图像噪声统计进行约束，使得图像的非线性总变化最小。在约束条件下求解时间相关的偏微分方程，在时间趋于无穷时方程的解收敛到稳态，即实现图像去噪。该算法是数值算法，对于噪声较杂乱的图像能取得很好的降噪效果，可以产生清晰的图像边缘，而且算法相对简单且计算速度较快。脉冲噪声普遍存在于图像中，参考文献［22］中使用新颖的开关中值滤波器并结合脉冲噪声检测方法，提出了边界判别噪声检测（BDND）算法，实现对严重损坏的图像去噪。BDND 算法将以当前像素为中心的局部窗口像素分为低强度脉冲噪声、正常像素和高强度脉冲噪声，通过确定两个边界来实现高准确率的噪声检测。参考文献［23］则重点解决极小和非常高的脉冲噪声，利用相邻像素的模糊平均构造隶属度函数表示的模糊集脉冲噪声，从而进行脉冲检测和消除，该方法称为模糊脉冲噪声检测和消除方法（FIDRM），可应用于具有脉冲噪声和其他类型噪声的混合图像，实现图像脉冲噪声的消除，继而可以应用其他滤波器消除其他噪声。

近年来，随着数据的积累和计算机算力的不断提升，深度自动编码器和其他 DNN 在许多领域都取得了有效的成果，特别是提取非线性特征方面。然而实际中，数据集中的噪声数据会严重影响深度自动编码器的鲁棒性。参考文献［24］基于鲁棒主成分分析，设计了鲁棒深度自动编码器（RDA），通过将输入数据分为两个部分，一部分包含原始输入中的噪声数据，另一部分由深度自动编码器和另一部分数据重构，扩展的自动编码器可以在保持高效的高质量非线性特征发现的前提下，有效消除数据噪声。

在边缘场景下，原始数据通常来自众多处于恶劣环境的传感器，数据传输网络也存在很大的不确定性，因此数据中存在的噪声数据往往占有很大的比例，它们对后续的决策有极大的负面影响。如何消除噪声数据在边缘场景下愈加重要。噪声数据的识别和消除在监督问题中特别重要，噪声会改变信息特征与输出度量之间的关系，在对分类和回归问题的研究中发现，噪声严重阻碍从数据中提取知识，并破坏了使用该噪声数据获得的模型对问题的隐形认识[25]。一直以来，研究人员都在探索在未知噪声的情况下，如何识别和处理噪声数据，从而提高算法或模型的准确率和鲁棒性。

识别和消除一般数据噪声的技术很早就被应用于数据预处理中，如称之为 Robust learner [25]，典型代表包括 C4.5 算法 [26] 和模糊决策树 [27]，算法本身受噪声数据的影响比较小，但噪声水平较高时其会表现得比较差。参考文献 [28] 则在训练学习器之前消除噪声，因为这类算法通常很复杂、很耗时，所以只有在数据集较小时才适用。噪声过滤器 [29-31] 可以从训练数据中识别和消除噪声数据，通常与对噪声数据敏感的学习者一起使用。

3. 离群点

国家安全和社会稳定是经济持续发展的重要保障，公共安全作为社会稳定的重要部分，一直以来都受到各个国家的重视。然而近年来，随着公共安全事故急剧增加，恐怖活动日益猖獗，对人、财、物造成了重大损失，公共安全成为世界性的热点问题，成为政府和社会的关注焦点。

安防监控作为保障公共安全的重要环节，涉及人们日常生产活动的各个方面，特别是在人流大、流动人员复杂、秩序维持困难的公共场所，出入口控制、入侵检测、防爆安检和事故预警等用传统的方法已经无法正常完成，急需智能化安防系统的支持。

在上述环境中，对安防系统的功能需求越来越高，而现有的安防系统功能较为单一，智能化不足，例如当系统遭到入侵时不能判断受到的是何种入侵，具体的事件响应需要安防人员的主动参与，或者派人赴报警点查看，又或者启用预警设备或其他侦测设备才能应对。人机多次交互不可避免地加大安防系统响应延时，增加不确定性，而人力成本也成为安全防护系统的实施成本，成为安防系统规模化的障碍。

如图 2-5 所示，在新一代安防监控系统中，物联网技术得到了广泛应用，诸如实时监控、人员定位、身份识别、人员异常行为判断和预测、智能分析判断、人机智能对话等都可以高效完成。在诸多物联网设备和技术的支持下，具有自感应、自适应和自学习能力的安防监控系统能够结合多种传感器信息，从多维度快速分析判断，实现事故目标的识别追踪，甚至在没有人工干预的情况下启动各项应急设施。

图 2-5　安防监控

（1）技术挑战

在安防监控系统中，通常需要在本地节点或后方监控中心对收集到的各类海量数据进行分析处理，提取各类潜在的威胁并实现预警。合理的数据预处理技术，如离群点识别，可以极大地提高系统的运行效率。离群点又称为异常点，通常是指数据集中所观测到的异常观测值。离群点产生的原因有很多，如系统行为的不可测变换、人为错误、欺诈行为，或是数据采集设备异常、机械错误等。虽然在有的数据分析任务中可能会将离群点和噪声数据都视作噪声数据，但是实际上离群点并不是噪声，因为离群点的产生机制和其他数据的产生机制不同。一般而言，可以把离群点分为全局离群点、情景离群点和集体离群点三大类[25]：全局离群点指数据集中显著偏离其他数据对象的点，是最简单的一类离群点；情景离群点指在某种情景下偏离其他数据对象的点，判断某数据对象是否为离群点依赖于所处的情景，如时间、地点等，也就是说判断时不仅需要考虑数据对象的行为属性，还需考虑情景属性；集体离群点指数据集中的某个数据子集明显偏离其他数据对象从而形成（集体）离群点，而数据子集中的单独数据对象并不一定是离群点。总之，一个数据集中可能存在多种类型的离群点，而不同的离群点可能用于不同的应用或目的。

离群点检测虽然应用广泛，但同时也面临着不少的挑战。一方面，某个数据对象是否为离群点实际上依赖于对正常数据对象和离群点的建模，然而一般离群点与正常数据类型之间并没有明显的边界；另一方面，离群点检测也面临处理其他数据异常（如噪声）的问题，属性噪声可能导致算法将正常的数据对象判别为离群点，从而降低离群点检测的有效性。此外解释离群点因何成为离群点也十分重要，但通常比较困难。

（2）技术方案

在大量的文献和实践中，把离群点检测方法大致分为基于统计学的方法、基于近邻性的方法和基于分类 / 聚类的方法 3 种。基于统计学的方法假设正常的数据集满足某个统计模型，显然离群点不满足该统计模型；基于近邻性的方法则判断数据对象之间的距离，通过某种距离度量方法，将偏离数据集中其他数据对象的数据对象视为离群点；基于分类 / 聚类的方法考虑将数据集划分为簇，那些属于小的偏远簇或不属于簇的数据对象即为离群点。

1）基于统计学的方法。在基于统计学的方法中，通常假设数据集中的正常样本是通过某个统计模型生成出来的，因此正常的数据对象出现在高概率区域而离群点出现在低概率区域。基于统计学的方法可分为参数化方法和非参数化方法。参数化方法假设数据对象由某参数的分布生成，在实际中通常可以用固定数量的参数对数据进行建模，计算速度相对较快。常用的参数化方法包括 GMM[17]、PPCA[32] 和 LSA[33]。然而参数化方法需要预先假设有关数据的分布，如果假设从一开始就是错误的，那么将获得错误的模型。非参数化方法不需要预先假定数据分布，而是根据数据确定统计模型，这也就意味着统计模型的复杂性会随着数据的复杂性的增加而增加，最后的参数数量可能是无限的。常见的非参数化方法包括 DPMM[34]、KDE[35] 和 RKDE[36]，相对于参数化方法而言，非参数化方法对数据分布的假设更少，需要更少的数据知识，可以更好地推广。

2）基于近邻性的方法。基于近邻性的方法相比基于统计学的方法而言更加直观，它在特征空间中使用距离来度量数据对象之间的相似性，远离其他数据对象的数据点被视为离群点。基于近邻性的方法假定离群点与它最近邻的数据对象的近邻性明显偏离数据集中其他数据对象与它们近邻之间的近邻性。近邻性方法又可分为基于距离的方法（如 ABOD[37]、SOD[38]），以及基于密度的 LOF 方法[39]。基于距离的方法考虑数据对象给定半径的近邻，距离可以是马氏距离、欧拉距离等。而基于密度的 LOF 方法则考虑所考察数据对象与近邻的密度。

3）基于分类 / 聚类的方法。基于分类的方法，如 SVM[40] 和 One-class SVM[41]，将离群点检测看作分类问题，一般可以训练一个区分离群点和正常数据对象的模型，然而这种方法存在一个问题，即训练数据是高度不平衡的，通常离群点所占的比例远远低于正常数据对象所占的比例，在实际训练过程中可能需要采用诸如对正常数据对象进行欠采样，或者对离群点进行过采样的方法，以获得相对平衡的训练数据，模型的评价指标更加侧重于考虑召回率，而不单单是分类准确率。

基于聚类的方法则将训练数据划分为簇，通过考察数据对象与簇之间的关系来检测离群点。直观地，不属于任何一个簇的数据对象是离群点；与距离最近的簇之间距离较大的数据对象是离群点；数据对象是小簇或稀疏簇的一部分，那么整个簇中的数据对象都是离群点。典型的基于聚类的方法包括 K-Means[42]、K-Medoids[43] 和动态聚类[44]。相对于基于分类的方法而言，基于聚类的方法是无监督的，不需要对数据对象进行标注，并且通常可适用于多种数据类型。然而基于聚类的方法也有明显的缺陷，即离群点检测的有效性高度依赖于所采用的聚类方法，聚类方法通常具有很高的复杂度，不适用于数据维度特别高或者大型的数据集。

参考文献［45］对典型的离群点检测技术进行了概述，审查了各个方法的动机以及优缺点，发现由于不同的数据特征以及不同场景下的数据应用具有各不相同的需求，事实上并不存在单一的普遍适用或通用的离群点检测方法。在不同的情景下，使用者需要根据自己的需求，从各方面考虑并选取合适的方法，考量主要包括数据类型、数据是否有标记且标记结果是否可信以及如何处理离群点。参考文献［46］全面概述了用于无线传感器网络的离群点处理技术，并提供了基于技术的分类方法和比较表，为数据类型、离群点类型、离群点标识和离群点特征选取提供了参考。参考文献［47］则专门讨论时间序列数据的离群点检测，针对各种形式的时态数据，根据应用场景，概述了相关的离群点检测技术。参考文献［48］面向大规模物联网传感器网络，基于张量塔克因式分解和遗传算法，将支持向量机（SVM）扩展到张量空间，提出了用于大规模传感器数据离群点检测的 OCSTum 和 GA0OCSTuM 算法，提高了离群点检测的准确性和效率。

2.2.4　数据集成

随着社会经济的持续发展，人们的出行和物流运输需求越来越多，交通工具的种类和数量也不断增加，从而带来了巨大的交通压力，以及交通拥堵、交通事故频发和大量汽车尾气等一系列问题，传统的交通系统已经无法满足需求。随着物联网技术的不断突破，建设现代化的智能交通系统成为可能。在物联网平台上，通过结合先进的传感器技术、通信技术和数据分析处理技术，把出行者、车辆、道路、各类基础交通设施和相关管理部门整合在一起，形成安全、畅通和环保的智能交通运输系统，以有效提高交通网络的运行效率，减少交通阻塞和各类交通安全事故的发生，继而大幅减少车辆在道路上的停滞和行驶时间，减少燃料的消耗和尾气排放。

实现智能交通系统的准确而高效运行的前提是实时、准确地获取各类交通信息，并实时、高效地分析处理相关信息，以支持智能决策和预测。交通信息主要包括：静态的基础地理信息，道路交通地理信息（如路网分布），停车场信息，交通管理设施信息，交通管制信息车辆、出行者等出行统计信息，动态变化的时间和空间交通流信息，车辆位置和标识，停车位状态，交通网络状态（如行程时间、交通流量和速度）等。

如图 2-6 所示，智能交通物联网可以通过多种传感器（网络）、RFID、二维码、定位、地理信息系统等数据采集技术，实现车辆、道路和出行者等多方面交通信息的采集。其中不仅包括传统智能交通系统中的交通流量感知，也包括车辆标识感知、车辆位置感知等一系列对交通系统的全面感知功能。具体地，磁频感知技术可以检测车辆的流量、车道占有率以及停车位是否空闲等交通参数。视频采集技术通过分析捕捉到的图像或视频数据，可以得到车牌号码、车型等信息，进而计算出交通流量、车速、车头时距、道路占有率等交通参数。具有车辆跟踪功能时还可以确认车辆的转向及变车道动作。视频检测器能采集的交通参数最多，采集的图像可重复使用，能为事故处理提供可视图像。位置感知技术可以获取精确的位置信息，目前的位置感知技术主要分为两类。一类是基于卫星通信定位，如全球定位系统（GPS）和北斗定位系统，利用绕地运行的卫星发射基准信号，接收机通过同时接收 4 颗以上的卫星信号，用三角测量的方法确定当前位置的经纬度。通过在专门的车辆上部署该接收机，并以一定的时间间隔记录车辆的三维位置坐标（经度坐标、纬度坐标、高度坐标）和时间信息，辅以电子地图数据，可以计算出道路行驶速度等交通数据。另一类位置感知技术是基于蜂窝网基站，它的基本原理是利用移动通信网络的蜂窝结构，通过定位移动终端来获取相应的交通信息。

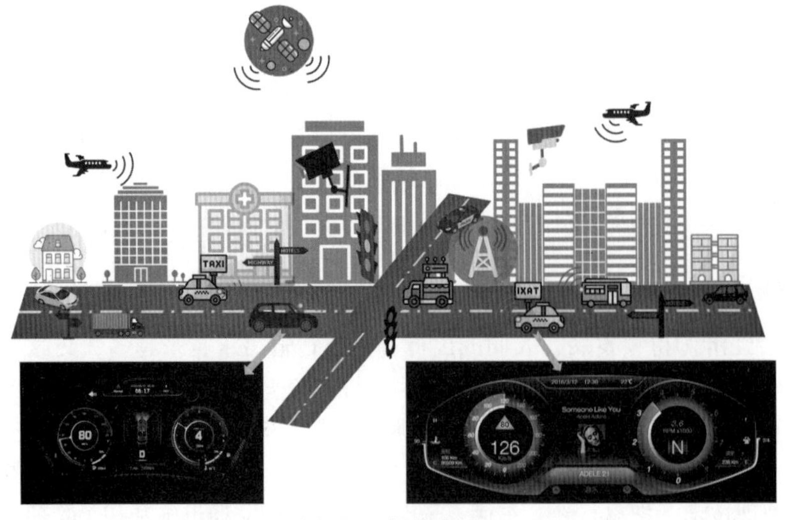

图 2-6　智能交通

通过各种设备或方式采集到的原始交通信息需要在本地或者控制中心进行进一步的分析处理，从而提取出有效的信息，继而为交管部门、大众等提供决策依据。

（1）技术挑战

由于交通信息的采集源多种多样，例如磁力传感器、车载雷达、红外传感器、监控摄像头、GPS、蜂窝网络等，所得到的数据不仅数据量大、数据产生速率快，而且格式也各不相同。在智能交通控制中心，在进行数据的分析处理之前，必须要对从各个数据源获取的数据进行集成，获得统一的数据视图，以支持利用多种数据源相互检验、互相补充、综合处理，产生高精度的实时交通信息，进行实时、准确、高效的智能决策和预测。

（2）解决方案

数据集成合并来自多个数据存储的数据并为用户提供统一的数据视图[49]。在数据挖掘中经常需要合并来自多个数据源的数据，以便获得数据的规范视图，然而实际上由于数据语义的多样性和结构多样性，数据集成往往面临巨大的挑战。

早期的数据库主要以关系型数据库为主，后来又出现了其他类型的数据库，如文本数据库、键值对数据库、视频数据库等，数据库中的数据通常是由预定义的数据结构（表）来进行组织的。有时候进行查询或处理数据时需要同时用到多个数据库中的数据，为了方便数据查询和分析，往往需要将多个数据库的数据共同组织起来，以便为数据应用提供统一的视图。随着理论和技术的不断发展，将这类集成多个数据源的技术称为数据集成。数据集成在数据仓库、物联网等领域也有重要应用。

在数据集成过程中，需要考虑诸多问题，如：怎么识别不同数据源中的对象实体或对象属性，通常来说，各个数据源对数据实体的命名、属性命名与组织等都可能存在较大的差异，在集成过程中不仅需要识别出相同的命名实体，还需要重新组织它的属性；怎么解决冗余问题，集成后的数据集可能存在属性冗余，例如某些属性可能由其他属性推导出来（例如月薪与年薪），那么这些属性可能是冗余的，去除冗余的数据可以明显降低数据对存储的需求，同时还能减少对数据分析的干扰，其他的冗余可能需要通过相关性分析才能识别出来。

总的来说，数据集成的主要任务是提供数据的统一全局视图，目前主要有两种解决方案：GAV（Global-As-View）和LAV（Local-As-View）[50]。在GAV中，全局视图与数据源之间相关，全局视图可以表示为局部数据源上的视图，需要在映射中直接定义数据元素的访问方式。因此，当数据源不断变化时，GAV的效率会显著降低，当需要加入新的数据源时整个全局视图都需要进行更新。但由于GAV直接在数据源上访问数据，因此在查询时十分高效。相比之下，LAV的全局视图与局部数据源是分离的，全局视图通过中间映射与局部数据源联系，当有新的数据源加入时，只需要建立新加入的数据源相对于全局视图的中间映射即可，而不用更改其他数据源的中间映射。

总之，无论是GAV还是LAV都可以获得全局视图查询的基本特征，都必须根据中间映射来从局部数据源获取查询的结果。在LAV方法中添加新数据源很容易，因为描述新数据源并不取决于其他来源，也不需要对这些数据源之间存在的关联有任何了解。在GAV

中，添加另一个数据源很困难，因为需要更新视图。

然而数据集成过程中多个数据源间的数据可能存在冲突，特别是异构数据源间的集成，数据源之间的架构存在较大的差异，如实体的命令方式、属性值的数据类型和度量单位等互不相同。另外，冗余在结构集成过程中应尽可能避免，它通常会导致数据集大小增加，从而增加数据挖掘算法的建模时间，导致最终模型过度拟合。当一个属性可以从另一个属性或一组属性派生时，它就是冗余的。此外，属性名称的不一致也可能导致冗余。常用的属性冗余检测算法包括卡方检验[51]、相关性系数和协方差。

此外，重复的数据对象不仅浪费存储空间和计算时间，而且还可能导致不一致。由于某些原因，某些属性值的差异可能产生相同的重复数据实例，并且有些情况下可能难以被检测到。例如数据来自不同的数据源，其测量系统也可能不同，从而导致某些情况实际上是相同的，但并非如此。数据对象中最常见的不匹配来源是标称属性[52]，分析标称属性之间的相似性很困难，不能直接应用距离函数，并且还可能存在多种选择。大体上，可以将判断重复数据对象的方法称为概率方法，参考文献［53］将重复数据对象检测归纳为贝叶斯推理问题，数据对象的密度函数在它是唯一记录时与重复时是不同的，如果已知密度函数，则可以使用贝叶斯推理。另外，算法还有几种将误差和开销最小化的变体，包括：期望最大化，使用期望最大化算法来估计所需的条件概率[54]；监督和半监督方法，使用机器学习算法来检测冗余的数据对象，例如使用SVM来合并数据对象不同属性的匹配结果，使用图划分技术[55]建立相似且适合删除的冗余数据；基于距离的技术，使用距离来度量数据对象间的相似性[56]；聚类算法，当数据不能使用监督方法时，聚类或层次图模型可以将属性编码，从而生成观测值的概率方法[57]。

语义集成是数据集成中需要解决的另一个问题。语义可以理解为某个单词或句子的含义，数据集成中的语义集成特指处理数据源中的异构语义问题，即某些数据构造的含义可能不明确或具有不同的含义。不同数据源之间进行集成时，可能无法确定两个具有相同名称的关系是否表示同一事物，因此在集成时有必要确保要集成的数据在语义上是正确的。语义集成被定义为“通过考虑显式和精确的数据语义来分组，组合或完成来自不同来源的数据的任务，以避免语义上不兼容的数据在结构上合并”[48]。因此，仅被认为与同一真实世界对象相关的数据可以进行组合。然而，事实上并没有适用于每个真实世界对象的语义规则。语义异质性可以借助本体来克服，本体被定义为“共享概念化的正式的、明确的规范”[58]。

2.2.5 数据归约

IBM公司在2010年提出建设面向未来的先进、互连和智能的智慧供应链系统，通过传感器网络、RFID、GPS和其他设备，实现供应链的实时信息共享、追踪、溯源。智慧物流是一个更宽泛的概念，它将物联网、传感网和互联网整合起来，打造自动化、网络化、可视化、实时化、跟踪与智能控制的现代化物流系统，从而提高资源利用率和生产力水平。智慧物流具有创造更丰富社会价值的综合内涵。

近年来，随着电商经济的不断增长，我国物流业务规模快速增长，然而现有的物流系统还存在一些突出问题。具体地，从总体来看物流运行效率偏低，社会物流总费用与 GDP 的比例较高；“大而全”“小而全”的企业物流运作模式相对普遍，造成社会化物流需求不足和专业化物流供给能力不足；物流基础设施建设不足，尚未建立布局合理、衔接充分、高效便捷的综合物流运输体系，地方封锁和行业垄断对资源整合与一体化运作造成障碍；物流市场规范化不足，物流技术、人才培养和物流标准不能满足需求。因此，建立高度信息化、自动化、智能化的现代物流系统，降低物流运输成本，提高物流服务水平，已成为亟待完成的任务。

如图 2-7 所示的智慧物流建立在物联网和现有互联网网络平台之上，具有实时信息共享、资源整合等能力，可以大大降低制造业、物流业等各行业的成本，提高企业的利润，促进生产商、批发商、零售商三方的相互协作和信息共享，从而更节省成本。利用智慧物流的关键技术，如物体标识及标识追踪、无线定位等新型信息技术，能够有效实现物流的智能调度管理，整合物流核心业务流程，加强物流管理的合理化，降低物流消耗，从而降低物流成本，减少流通费用，增加利润。智慧物流还集仓储、运输、配送、信息服务等多功能于一体，打破了行业限制，可协调多部门利益，实现集约化高效经营，优化社会物流资源配置。物流企业的整合还将分散于多处的物流资源进行集中处理，发挥整体优势和规模优势，实现传统物流企业的现代化、专业化和互补性。此外，企业之间共享基础设施、配套服务和信息，可降低运营成本和费用支出，获得规模效益。

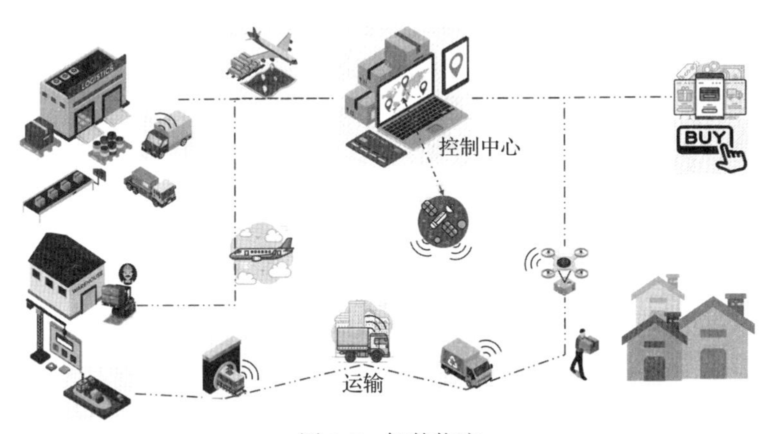

图 2-7　智慧物流

（1）技术挑战

智慧物流在实施的过程中强调的是物流过程数据智慧化、网络协同化和决策智慧化，而这依赖于各种物联网技术、数据挖掘技术和人工智能技术的支持。底层物联网设备利用各种传感器从环境中感知并收集各种信息，然后通过有线或无线通信网络将数据发送到相关节点进行分析处理。信息的采集和融合依赖于自动识别技术，它通过应用一定的识别装置，自动地获取被识别物体的相关信息，并提供给后台的处理系统来完成相关后续处理，以帮助系统快速而又准确地进行海量数据的自动采集和输入。自动识别技术在运输、仓储、配送等方面已得到广泛的应用。如今自动识别技术已经发展成为条码识别技术、智能卡识别技术、光字符识别技术、

RFID技术、生物识别技术等组成的综合技术。智慧物流利用数据挖掘技术支持全面的、大量的复杂数据分析处理和高层次决策。数据挖掘算法需要从大量的、不完全的、有噪声的、模糊的和随机的实际数据中，挖掘出隐含的、未知的、对决策有潜在价值的知识和规则。数据挖掘一般分为描述型数据挖掘和预测型数据挖掘：描述型数据挖掘包括数据总结、聚类及关联分析等；预测型数据挖掘包括分类、回归及时间序列分析，目的是通过对数据的统计、分析、综合、归纳和推理，揭示事件间的相互关系，预测未来的发展趋势，为企业的决策者提供决策依据。人工智能技术探索用机器模拟人类智能，用数学语言抽象描述知识，模仿生物体系和人类的智能机制，主要方法包括神经网络、粒度计算和进化计算。神经网络是根据生物神经元的特点，简化、归纳和提炼出来的并行处理网络，主要功能包括联想记忆、分类聚类和优化计算等。神经网络具有结构复杂、可解释性差、训练时间长等缺点，但它对噪声数据的承受能力强、错误率低，通过应用各种数据预处理技术（如数据归约）和网络训练算法（如网络剪枝和规则提取算法），可以显著提高效率，因此能够用来解决那些传统方法无法解决的复杂问题。

（2）解决方案

对动辄需要处理数百万样本、数千个属性和具有复杂域的数据集，很长时间才能得到结果，甚至因时间太长而得不到结果或者无法执行数据分析方案的数据挖掘或机器学习任务。在早期仅使用CPU来进行模型训练基本上是不可能实现的，虽然如今GPU、TPU（Tensor Processing Unit）得到广泛的使用，通过增强计算能力缓解了此问题，但并不意味着就可以毫无顾忌地进行模型训练。通常的解决方案是对数据集进行归约，即使用保持原始数据集大部分完整性的小数据集来进行数据挖掘分析和机器学习任务。

维度诅咒是数据挖掘领域中影响绝大部分数据挖掘算法的因素，随着维数的增加，算法的计算复杂度呈灾难性增长[59]。高维度的数据不仅增加了搜索空间的大小，还增加了获得无效模型的可能性。参考文献［60］指出，在数据挖掘中高质量的模型需要的训练样本数量与维数之间存在线性关系，而在非参数学习算法（如决策树）中，随着维数的增加，样本的数量需要随维数以指数关系增长，才能实现对多元密度进行有效估计[61]。另外，过大的维数还可能无法提供有意义的学习，造成模型过拟合或者得到错误的结果。

目前，已经有许多数据归约技术，包括PCA[62]、因子分析[63]、LLE[64]、ISOMAP[65]及其扩展，它们可以消除不相关或冗余的特征，从而加快数据挖掘算法的处理速度并提高执行性能。PCA（主成分分析）是最经典的数据降维算法之一，它的基本思想是将N维特征映射到K维利用原始N维特征重新构造出来的特征上，这K维全新的正交向量也被称为主成分[66]。PCA从原始的空间中顺序地找出一组正交向量作为坐标轴，而新的坐标轴的选取与数据本身密切相关。第一个新坐标轴是原始数据中方差最大的方向，第二个新坐标轴是与第一个新坐标轴正交的平面中使得方差最大的，第三个新坐标轴是与第一个和第二个新坐标轴正交的平面中使得方差最大的，依此类推，可以得到N个这样的坐标轴。但是，实际上大部分的方差都包含在最前面的K个坐标轴中，因此可以忽略后面的坐标轴，而只选取前面的K个坐标轴。通常选取的是仅保留包含原始数据集方差的95%或以上的前几个主要坐标轴。当自变量过多且显示高度相关时，PCA 尤其有用。

PCA 的最终结果是代表原始数据集的一组新属性，仅使用这些新坐标轴的前几个，是因为它们包含原始数据中表示的大多数信息。PCA 可以应用于任何类型的数据。

由于 PCA 的每个主成分都是原始变量的线性组合，因此通常对结果不具有好的解释性。参考文献 [67] 通过对基本的主成分的回归系数施加套索（弹性网）约束，提出了稀疏主成分分析（SPCA），以使用具有稀疏载荷的主成分来显著改善结果。

随机森林[68]是另一种广泛采用的数据降维算法，它可以自动计算各个特征的重要性，然后根据重要性选择较小的特征子集。由于随机森林中引入了随机性，使得它的结果具有极高的准确率，不容易发生过拟合现象，并且具有很好的抗噪声能力。然而当随机森林中的决策树个数很多时，训练过程中需要很大的空间和时间开销，且随机森林的解释性较差。

降低数据特征的维数可以显著减少假设空间的规模，从而提高算法的运行效率和结果的可解释性。许多特征选择算法已得到了广泛的应用，参考文献 [69] 中把常用的特征选择算法分为两大类：包装器方法[70]和过滤器方法。包装器方法采用类似于交叉验证的方式，与后续数据分析算法一起迭代，通过多次运行数据分析算法去识别和移除无用特征。过滤器算法则在运行数据分析算法之前通过某些规则将无用的特征过滤掉，此类算法通常需要使用所有的训练数据，然后从中选取特征子集。

此外，数据离散化也可以视为一种数据归约方法，它可以有效减少数据的值域范围，从而提高算法的运行效率。参考文献 [12] 中指出，排名前十的数据挖掘算法中 C4.5[26]、Apriori[71]和贝叶斯算法[72]需要使用外部离散化数据。即便算法能够处理连续数据，算法的学习效率也会越来越低[73]。离散化后的数据相比于未经离散化的数据，数量“范围”更小，数据量也得到减少，使得学习更快，结果也更准确、更紧凑，并且离散化还可以减少数据中可能存在的噪声。此外，离散化的数据对人类更友好，利于理解、使用和解释[74]。

不过，任何的数据离散化过程必然伴随着信息的丢失，各种离散化技术的目标是使得丢失的信息最小化。经过几十年的研究，目前已经有很多离散化技术被提出和应用，典型的方法包括 EqualWidth、EqualFrequence、MDLP[75]、ID3[26]、ChiMerge[76]、1R[77]、D2[78]和 Chi2[51]。此外，还有很多基于统计卡方检验、似然估计、模糊集等的启发式离散技术。典型的离散化流程如图 2-8 所示。

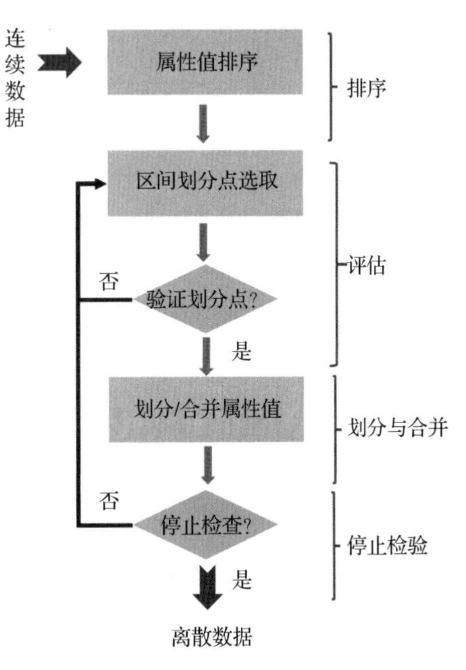

图 2-8　离散化流程

2.2.6 数据预处理小结

本节首先概述了从数据库时代到云边协同环境下数据预处理技术在数据查询、数据分析和数据处理中的重要作用。然后介绍了数据质量，数据的质量是基于数据的应用进行评估的，高质量的决策必然依赖于高质量的数据，一般数据质量可以从准确性、完整性、一致性、时效性、可信性和可解释性 6 个方面来评估。接着，介绍了在具体的云边协同应用场景下数据预处理的技术挑战和相关解决方案。

在智能电网、智能家居和安防监控中，数据源主要是下层物联网中的传感器、智能终端、电子眼和智能移动设备，它具有海量、实时、异构等特点。数据应用层采用各种数据查询、数据挖掘、机器学习和人工智能算法，通常需要具备实时分析处理、智能决策支持的能力。然而由于系统存储能力和计算能力与海量异构数据之间的不匹配，给数据分析处理和决策制定带来了严重影响。因此在数据分析处理前，应对异构的、不完整的、不一致的和不准确的数据，使用缺失值填充、噪声数据识别和平滑、离群点检测等数据清理方法，获得相对准确、一致和完整的数据。

在智能交通的场景下，由于交通信息的采集源多种多样，包括磁力传感器、车载雷达、红外传感器、监控摄像头、GPS、蜂窝网络、路边单元等，交通数据的数据量大、产生速率快。智能交通控制中心在进行数据的分析处理前，必须要对各个数据源的数据进行集成，获得统一的数据视图，以支持后续利用多种数据源相互检验、互相补充、综合处理，产生高精度的实时交通信息，进行实时、准确、高效的智能决策和预测。

最后介绍了在智慧物流场景中，为实现集仓储、运输、配送、信息服务等多功能于一体，具有实时信息共享、资源整合、数据智慧化、网络协同化和决策智慧化能力的现代物流系统，应基于物联网设备和平台，利用各种物联网技术、数据挖掘技术和人工智能技术。对使用底层物联网设备从物流系统和互联网中采集到的数据，应利用数据预处理技术，从大量的、不完全的、有噪声的、模糊的和随机的数据中获得高质量的数据。特别是，针对数据挖掘算法和人工智能算法处理海量的高维度数据运行效率低、训练时间长、模型容易过拟合等问题，应对输入数据进行数据归约，利用数据降维、特征选取、子集搜索和评估以及数据离散化技术，减少训练数据的规模、维度和值域范围。

2.3 批流融合处理架构与系统

正如 2.1 节所述，随着应用需求的不断发展，数据处理系统的能力也亟待提高。其中最为迫切的，便是如何利用云边协同计算平台的环境优势，实现高效的批流融合处理系统，从而低延迟、高吞吐地对全量历史数据与实时的流数据进行融合计算，为各行业的新型应用提供有力支撑。

在本节中，首先结合云边协同平台的特点，介绍作为基础的两种典型批流处理架构，之后将介绍具体批流处理系统的发展，并以表 2-2、表 2-3 的形式对当下已有的开源及商用系统进行总结。

2.3.1　批流融合处理架构

1. Lambda 架构

对于在云端的数据中心实现针对海量历史数据的批量计算（及优化），同时需要分别在云端、边缘端实现针对流数据的实时处理的场景。换言之，为了达到全量数据批处理的准确性与实时数据流处理的低延迟的兼具，Nathan Marz 基于他在 Backtype 和 Twitter 公司中对大数据处理系统的设计、开发经验，于 2013 年提出了批流处理系统架构——Lambda[79]。

Lambda 架构是当前大数据中批流处理方向影响最为深刻、应用最为广泛的架构，主要分为以下 3 个组成部分：

（1）批处理层（batch layer）

该层负责两方面的内容：1）管理“主数据库”，即保存有完整的历史数据、持久化存储的、不可变的、仅支持追加的数据仓库；2）计算批处理视图，即通过批处理的方式对全量数据进行分析所得出的视图。

可见，批处理部分类似于其他专用批处理系统，对大规模的数据在保证准确性和完整性的前提下，利用批处理优化技术进行全局分析。

（2）服务层（serving layer）

该层与批处理层一同工作，功能上作为应用程序进行查询的服务器，负责对批处理层中产生的批处理视图建立索引，以便应用程序能够根据用户的指定进行低延迟的、点对点（ad-hoc）的查询。需要注意的是，这里的“低延迟”指的是用于进行查询（query）时系统响应结果的延迟，这个时间会因为索引的建立而大大降低，但并不会改变批处理层中对全量数据进行计算更新的时间开销。

（3）流处理层（speed layer）

上述由批处理层与服务层组成的批处理部分能够对离线的历史数据进行完整的分析，但如同传统的批处理专用系统，这个处理过程将会遍历所有已存在的数据，将不可避免地造成较大的计算开销，并占用较长的处理时间。那么为了实现对实时数据的流式处理，便需要“流处理层”与它相结合。流处理层即基于流式处理建立的数据处理模块，弥补了批处理部分的高延迟更新缺陷，仅用于接收最近产生的流数据，并根据它进行计算得出即时结果。这里的“计算”更准确而言应是“近似计算”，因为流处理部分并不能够获知全局的数据，而仅仅能够获取刚刚发生的事件及最近的状态信息，但同时也由于这个原因，流处理层具备批处理模块无法达到的视图更新速度，能够以高出数个数量级的响应效率，支撑用户对于最新数据的分析要求。

在上述批处理层、服务层和流处理层的基础上，Lambda 架构的核心思想便是将数据输入到了批处理、流处理两个数据链路中，分别并行地进行计算，并在用户进行查询的阶段，将两个数据链路产生的结果（视图）进行融合，返回给用户。这样，一方面，批处理模块基于全量数据计算得出的结果保证了最终响应结果的完整性与准确性；另一方面，流处理模块基于实时数据进行流处理获得的即时更新保证了用户查询的极低延迟。

缺陷：设计和实现该架构的过程中，存在一些无法避免的问题，其中最为主要的便是开发和维护的复杂性。对于开发人员而言，实现一个较为完善的分布式处理系统需要付出很大的精力，这不仅表现在设计、编码的过程中，更表现在效率优化、后期维护升级等方面，每一个细节的调整都可能会导致设计思路的转变，从而造成较大的更新代价。

那么，是否能够在尽量避免同时开发批、流两个系统的复杂性的同时，实现基于云边协同平台的批流融合处理呢？换言之，能否改进批处理或流处理其中一个，以使它不足的方面达到或接近另一模块的水平？

2. Kappa 架构

Kappa 架构由来自于 LinkedIn 公司的 Jay Kreps 在 2014 年提出，这一架构不仅大大降低了开发人员的负担，而且更为重要的是，使得在更高程度边缘化的云边协同平台上，利用边缘端的计算，使得批流一体化处理成为可能。

该架构提出输入数据只通过流计算一条链路进行处理，并生成待查询的视图。它的核心是数据以日志（log）的形式，以追加（append-only）且不可变的方式，存储在数据仓库中。换句话说，它要求长期存储的历史数据能够以有序日志流重新流入计算引擎，以备需要重新计算全局视图时，从数据仓库中取出这些数据进行全量计算，直到该数据副本的进度赶上当前事件发生的进度，丢弃原有视图，将新的副本视图作为主要结果。

利用这一架构，不仅能够在边缘端实现低延迟的流处理，同时也能够实现历史数据的批量处理。这为主要依赖于边缘计算能力的诸多应用场景提供了有力的技术支撑。

3. 其他技术

在对基于云边协同环境下数据处理方案以及数据系统架构的研究外，相关的其他研究也在不断尝试、探索。其中，一个方向便是将传统系统（例如 MapReduce）中基于硬盘的存储改进为基于内存的存储。一方面，借助内存在硬件上天生具有的低延迟、高吞吐等特性，不论是实时的自动驾驶行车数据，还是短时高密度的健康行为统计数据，都能够避免大量的 I/O（输入 / 输出）开销，支撑批流数据处理的速度要求；另一方面，通过检查点（checkpoint）备份算法、自动恢复（recovery）机制等补充，实现硬盘持久化存储的稳定性，保证了数据的可追溯、可恢复。目前，相关的研究人员已经在该研究方向上进行了长久的探索，并取得了较好的成效，实现了包括 Spark 在内的多个系统。

2.3.2 批流处理系统的发展

自从 20 世纪 90 年代“大数据（Big Data）”的概念被提出以来，相关技术领域的研究人员和开发人员就已经在面对数据规模日益增大的问题上进行了许多探索，并取得了一些卓有成效的结果。例如，2002 年起源于 Apache Nutch 项目的 Hadoop 分布式文件系统（HDFS）能够为海量数据提供大规模分布式存储的能力，2011 年年初开源的 Kafka[80] 能够提供一个可靠的、高吞吐的、低延迟的基于分布式事务日志架构的大规模发布 / 订阅消息队列等。但同样需要认识到，当前大数据技术的发展相较于“成熟”的水平还具有一定差距，批流处理便是其中一个方面。图 2-9 显示了批流处理系统发布的时间轴。

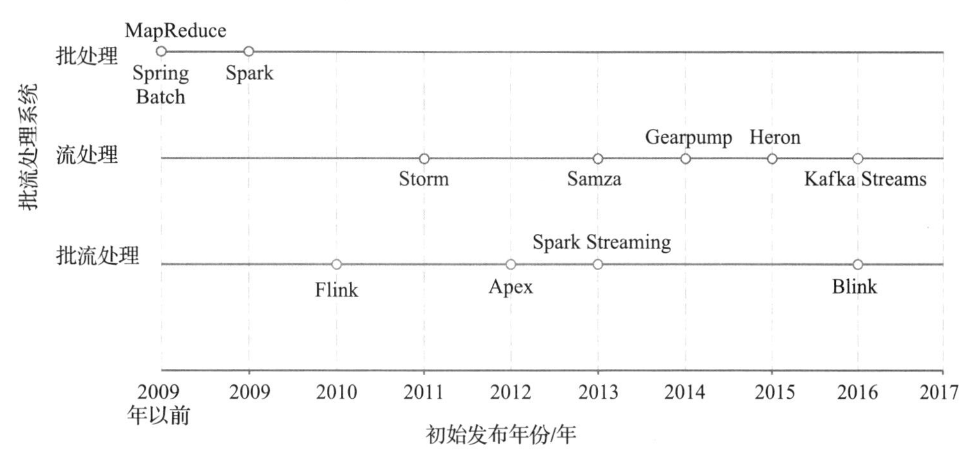

图 2-9　批流处理系统发布时间轴

1. 批处理

当今，批处理系统已经在几乎所有行业中发挥着重要作用。

2006 年，Hadoop MapReduce 框架完成了基于谷歌公司提出的 MapReduce 编程模型的开源版本。但随着应用对于数据处理能力的要求不断提高，MapReduce 模型逐渐显露出了固有的弊端——通过 MapReduce 框架，一个数据处理程序的执行需要经过：

1）从基于磁盘存储的 Hadoop HDFS 中读取数据；

2）在 Map 阶段由用户定义的 Mapper 方法进行数据计算；

3）在 Reduce 阶段等待上一阶段完成，读取中间结果，再由 Reducer 方法进行归并处理。

这样一系列步骤，不仅需要在开发阶段完成复杂的编码工作，而且在运行阶段需要多次的磁盘读写（即外设 I/O）过程，造成了较大的开发成本以及较高的数据访问开销，使得整体性能大大降低，这使得包括智慧健康模型优化、自动驾驶环境感知数据更新等 I/O 密集型、迭代式处理的场景几乎无法实现。

因此，为了进一步提高计算性能，来自伯克利大学 AMPLab 的 Matei Zaharia 于 2009 年提出了 Spark 框架，并带来了先进的分布式内存抽象 RDD（弹性分布式数据集）的概念。该框架基于内存存储实现数据计算，能够节省大量的磁盘访问的 I/O 开销，大大降低了数据处理延迟，提高了迭代式数据处理能力，为计算密集型的新型应用场景提供了可靠方案。

2. 流处理及批流融合处理

虽然基于内存的 Spark 框架相对传统的基于硬盘的计算，实现了数据访问性能上的巨大进步，但面对行车过程中持续输入的行驶数据、机床钻头工作温度的连续变化、人体生理指数的不断波动，将数据“成批”进行处理的方式显然会造成很大的时间开销，不足以应对低延迟的应用场景。因此，还需对具备“逐项”快速处理的“流”数据系统进行探索。

就流处理而言，第一代广泛使用的流处理引擎是由来自 BackType 公司的 Nathan Marz 等人在 2011 年开发的 Storm[81]。Storm 框架认为一个应用由一个基于有向无环图（DAG）的拓扑（topology）构成，该拓扑的元素分为源头（spout）和处理单元（bolt），由一个一个的事件抽象出的元组（tuple）在拓扑中流动，从而形成了应用的数据处理链路。作为流处理引擎，Storm 以逐项处理的原生流处理理念，达到了极低的延迟水准，在 Twitter 公司等大型企业中广泛应用。

但随着时间发展，越来越多的开发人员发现 Storm 在吞吐量上的表现逐渐难以满足数据产生速度愈发加快的应用需求，换言之，Storm 虽然能够为自动驾驶、生产监控、健康监测等应用提供流数据的处理能力，但这些应用爆发式的数据规模使得 Storm 不堪重负。另一方面，Storm 仅能够保证至少一次（at-least-once）的数据处理语义，无法确保可以按照特定顺序处理消息，这无疑对生理数据等敏感型应用带来了巨大潜在风险。

随后，Trident 的出现为 Storm 的发展产生了巨大影响。Trident 作为 Core Storm 的补充，为 Storm 提供了一个更高层次的抽象，使用“微批（micro-batch）模式”代替原生的逐项处理模式，实现了状态管理，提供了精确一次（exactly-once）的语义保证，但另一方面，也对 Storm 的处理效率造成了较大的影响。

第二代较为流行的批处理框架便是基于 Spark 实现的 Spark Streaming。与 Storm 不同的是，Spark Streaming 由于 Spark 核心的优势，并未选择原生流处理（逐项处理）的模式，而是将数据“流”同样看作数据“批”（batch）来处理，即实现了“微批模式”。在此基础上，Dazhao Cheng 等人对 Spark Streaming 的微批作业调度实现加以改进[82]，提出了一种新的动态调度并行微批作业、自动化调整调度参数的自适应调度方法 A-scheduler，并集成了动态调整微批间隔技术，能够使用基于数据依赖性的不同策略来并发地动态调度多个作业，基于负载属性自动调整作业并行度、资源共享情况。

Spark Streaming 借助核心 Spark 在批处理上的巨大优势，以及较低的开发迁移成本，被广泛使用。但与此同时，微批处理模式导致了原本以流的形态存在的事件被刻意划分为了一段一段的微批，而微批又需要以类似于批处理的方式进行后续的处理，因此，如果需要更低的事件处理延迟，就需要设置更小的微批间隔，那么生成的微批就会更多，无法避免的额外开销就会越大。这样矛盾的存在使得 Spark Streaming 很难做到秒级甚至亚秒级的延迟，也从而导致了不适用于类似于自动驾驶这样的需要极低延迟的应用处理逻辑。

2010 年，“Stratosphere: Information Management on the Cloud”研究项目启动，新一代批流处理系统 Flink 也从此诞生。在 Flink 框架发展之初，就考虑到了批处理、流处理的融合，但并未实现API层面的一体——在上层应用库Table API和SQL之下，基于不同的任务类型（Stream Task/Batch Task）和UDF接口（Transformation/Operator）的DataStream API负责流处理，而DataSet API负责批处理，这使得流处理时能够应用watermark、checkpoint等特性，而批处理时能够继续使用传统的批量计算优化技术。之后，两者的API再通过底层统一流处理运行时（runtime）进行分布式流计算。这样，虽然Flink同时支持了流处理和批处理，并获得了不错的效果，面对较高需求的新型应用显得“胸有成竹”，但在开发层面，距离完善的“流批一体”架构仍然有一段距离。

在之后的2015年，谷歌公司的Tyler Akidau等人提出了Dataflow模型[83]。该模型旨在提供一种流批一体的数据处理系统，并包含了窗口模型（windowing model）、触发模型（triggering model）、增量处理模型（incremental processing model）、可扩展的底层实现（scalable implementation）、核心原则（core principle）等关键点，分别用来处理数据窗口、事件发生、状态更新等功能，并且实现无须用户感知的底层运行、总结该模型的理念原则。此外，谷歌公司还提出了Beam模型，这一模型的设计思路即使用一种接口覆盖多种计算引擎。该模型与Dataflow相辅相成，不仅在谷歌公司内部发挥了重要影响力，也对开源社区中关于批流融合处理的发展产生了巨大影响，其中之一便是促进了Flink的快速发展——Tyler Akidau在*Streaming Systems*一书中写道，最近几年，Flink在经过最初一段时间的发展后，快速采用了Dataflow/Beam模型，并在框架中进行了实现，推动它进行了跨越式的迭代，使它在批流融合处理方向上获得了很大进步。

随后，在2016年，阿里巴巴公司上线了Blink计算框架，这一框架并不是一个独立的系统，而是基于Flink 1.5分支出来，在阿里巴巴公司内部进行了高度优化、大量重构而成。如今，具有多种先进特性的Blink已经开源并重新注入Flink社区，为Flink的发展提供了强大动力。

目前，Flink在流批一体方向上的努力已经取得瞩目的成效，在包括交通运输、生产制造、医疗等多个行业在内的新型应用方面展现出了不错的前景，并将在未来向着更加完善、更加成熟的流批一体处理引擎前进。

3. 边缘环境下的数据处理

随着版本不断更迭，上述批流融合数据处理系统在资源充足的环境下的性能表现也愈发优良。但对于更加复杂的云边协同计算环境，不仅包含规模化的服务器集群，同时也包含大量资源受限的边缘节点。因此，对于计算、存储等资源并不充裕的后者而言，如何更好地发挥数据处理，尤其是流处理带来的低延迟、高吞吐的优势，也是人们面临的一大挑战。

2019年，Xinwei Fu等人针对边缘端的环境特点，提出了EdgeWise流式计算引擎[84]。不同于上述流数据处理引擎需要依赖操作系统对执行每个操作（operation）的执行器（worker）进行调度，该引擎重新设计了运行时，引入了引擎级别的、基于固定容量执行器池的、高效的操作调度器。该调度器可以使用新的基于队列长度的拥塞感知算法，监控队列中的等待数据，决定下一步处理的最高优先级操作，减少了不必要的操作系统调度开销，优化了“操作执行器多于处理器核心”以及“内存受限”情况下的数据拓扑流程，避免了传统流数据引擎中“背压”(backpressure)机制带来的严重延迟。

此外，针对特定负载，例如：

1）对于物联网中集成分布式数据流的指标监控任务，研究人员提出了轻量级的流数据处理方法[85]，能有效降低计算、网络、电力等资源的开销；

2）对于患者生理参数等敏感度较高的异常检测任务，研究人员实现了一种保护隐私的流数据处理框架[86]，基于经过聚合优化的轻量加密方法 Trident，在数据卸载到不可信的边缘服务器之前，由边缘传感器设备对它进行加密，实现了语义安全，支持在大规模流数据中进行点、上下文以及整体异常检测，是对边缘端资源受限条件下数据处理方案的可行尝试。

但同时，对于云边协同环境下的高性能、高能效、大规模通用数据处理系统的最终实现与落地，还有包括 2.1.5 节所述在内的诸多问题亟待解决，仍需不断研究，克服挑战。

表 2-2 给出了开源批流处理系统的对比，表 2-3 给出了商用批流处理平台的对比。

表 2-2 开源批流处理系统对比

系统	流处理模型	是否支持批处理	语义保证	是否支持状态管理	其他特点
Spark & Streaming	微批模式	是	精确一次	是	与原生 Spark 集成简便
Flink	原生模式	是	精确一次	是	支持事件时间和处理时间语义
Apex	原生模式	是	精确一次	是	支持运算库 Malhar，包含多种数据连接器
Storm	原生模式（Trident：微批模式）	否	至少一次（Trident：精确一次）	否（Trident：是）	可用多种语言来定义拓扑
Kafka Streams	原生模式	否	精确一次	是	轻量；易于编程
Samza	原生模式	是	至少一次	是	支持以相同的代码实现批处理和流处理逻辑
Heron	原生模式	否	至少一次	是	具有背压机制，能够动态调整数据流
Gearpump	原生模式	否	精确一次	是	基于 Gossip 的 HA 设计，无中心节点

表 2-3 商用批流处理平台对比

系统	数据源兼容性	部署及扩展	其他特点
Transwarp FIDE	支持实时连机接口、通用消息队列、数据库	低成本接入；支持服务集群快速部署、横向动态扩展	高性能分布式流处理架构；支持第三方系统指标；有效实现专家 +AI 双轨决策
Amazon Kinesis	支持 SQL 等传统数据源、IoT 设备等新型数据源	Amazon Kinesis 完全托管，无须管理任何基础设计	可以实时处理来自几十万个来源的任意数量的流数据，极低延迟

（续）

系统	数据源兼容性	部署及扩展	其他特点
Azure Stream Analytics	支持 SQL 等传统数据源、IoT 设备等新型数据源	具备从云到边缘端混合结构；具备快速扩展能力	内建机器学习工具；轻松构建端到端无服务器流处理管道；企业级安全性
TIBCO Streaming	提供超过 150 种数据输入源适配器	基于容器架构，支持上云；弹性、容错、可扩展性高	提供基于 Eclipse 的 IDE，以及基于事件流的图形语言

2.3.3　批流融合处理前沿技术

对于先进的云边协同计算平台，目前最大的挑战主要集中在两个方面：

1）云、边、设备三端之间的数据通信问题。随着物联网相关技术的不断发展，边缘设备的数量增长呈现出了指数级的态势，这无疑使得从设备传感器、视频采集器等数据源头，到边缘服务器，再到云端中心的数据流产生巨大的网络传输开销。该开销不仅表现在网络带宽资源占用所产生的极高费用，也体现在边缘端的计算请求无法实现极低延迟的响应，从而导致一些延迟高度敏感的新型应用无法最终落地。

2）边缘端资源问题。不同于云端中心化的服务器集群拥有的“无限”且统一协调的资源，网络边缘端的用户设备，甚至边缘服务器，都面临着计算、存储等需求的严重挑战。该挑战主要表现在“资源异构”和“资源受限”两方面。前者是由于网络边缘端的用于数据采集、处理、存储等硬件设备和软件架构并没有一个统一的规范，小到 Raspberry Pi、嵌入式传感器，大到微型云、移动边缘服务器、网关、路边单元等小规模服务器，都可能穿插于复杂的边缘环境中，这为开发者的应用运行带来了极大不确定性与复杂性。而后者“资源受限”问题更加严重，面对远不如数据中心的计算、存储等水平，如何在边缘端低资源设备上更加高效地运行数据处理任务，正是亟待解决的问题。

面对这些诸多的问题，不同的研究者从不同方面给出了自己的看法。这里将它主要分类为两个子类来分别介绍，即“面向通用的数据处理”研究与“面向特殊负载的数据处理”研究。

1. 面向通用的数据处理

本部分的研究者针对云边环境下通用目的的数据处理任务，从不同的切入点开展探索，给出了一些可行的方案。

（1）资源受限条件下的调度问题

针对流计算引擎（Stream Processing Engines，SPE）中的 Operation 调度问题，研究人员发现目前主流的 SPE 具有严重缺陷[84]。Operation 指的是开发者定义的针对数据流拓扑中的一个数据处理操作，包括 Apache Storm 在内的大多 SPE 中，每个操作实例将与一个工作线程绑定，从而将 Operation 的调度工作直接交由操作系统（OS）的线程管理模块进行处理。但在边缘端资源短缺（尤其是 CPU 核心较少）的情况下，OS 将无法对不同需求的 Operation 进行有效调度。作者针对该问题，实现了引擎层的 Operation 调度器，监控每个 Operation 的等待数据队列长度，决定下一步处理的最高优先级，优化了复用工作线程（Operation 多于处理器核心以及内存受限）时的 Dataflow 性能；并采用了固定尺寸的工作线程池，解耦了数据平面（data plane）的 Operation 和控制平面（control plane）的工作线程之间的绑定，降低了不必要的线程开销。结果显示，该方法与 Storm 对比测试，在保持低延迟的情况下，提升了 3 倍吞吐。

（2）任务卸载问题

关于具有多个串行组件的应用如何进行组件级任务卸载（到边缘端服务器）的问题，研究人员基于化学反应优化算法（CRO），将它的分子模型、操作算子函数等部分分别对应边缘应用任务调度场景进行建模，将任务完成时间、电力消耗两个目标通过归一化，线性加权为单目标优化问题，并建立了 CRO 适应度函数，使用化学反应优化算法，计算得出最优的组件任务调度及卸载策略[87]。同样针对这个问题，有研究人员在深度神经网络（DNN）层面进行了探索[88]，基于回归模型，对不同应用中 DNN 模型中类型不同、参数不同的每一层进行建模（包括数据量、计算量等方面），以评估不同层的性能（例如延迟及电力消耗等），并基于此结果，对 DNN 模型以层为粒度，结合移动端网络状况、数据中心负载情况进行最优划分，在边缘移动设备和数据中心两者上进行计算编排调度（即将数据量、计算量不同的网络层放置于不同的移动设备或数据中心上运行），以实现响应延迟及能源效率两方面的提升。

（3）隐私和安全问题

隐私和安全一直以来都是数据处理任务中重要的方面，对于云边协同环境，还需考虑隐私与计算开销的权衡，使得该问题更加具有挑战。目前，包括 SMC（Secure Multi-party Computation）在内的加密方法过于复杂，大大提高了任务响应的延迟，与边缘低延迟的初衷背道而驰。正如上面所提及的，有研究人员提出轻量级 Trident 技术[86]：向边缘节点发送数据前，利用该技术对数据进行快速加密，保证语义安全，同时对延迟影响很小，该技术的核心是作者设计的数据加密模式。由于在边缘端的计算都是基于加密的，因此无法直接访问原始数据，仅在设备端的计算能够访问原始数据。

（4）开发框架

面对跨云边协同的分布式应用、共享分布式数据的问题，Firework 云边协同开发框架[89]将多方数据抽象为分布式共享数据（distributed shared data）对象，提供全局数据的虚拟视图，利于多方（在预设隐私保护前提下）共享数据；将应用分解为多个子服务的形式，利于多方复用；实现了高度封装的 Firework.View、Firework.Node，后者支持集群服务器、边缘网关、低资源设备等异构节点，提供了方便易用的跨云边应用开发接口。在底层实现中，Firework 将 I/O 管理器单独分离出来实现，大大提高了数据流复用的效率。而 Nebula 框架[90]专注于数据密集型的应用开发过程，能够使 MapReduce 等数据处理应用方便地注入其中并运行，并结合计算任务放置、副本及恢复等多个方面的优化，实现了支持地理位置感知的高效数据访问，以大大节省应用内部数据传输的网络开销。

2. 面向特殊负载的数据处理

不同于通用目的的数据处理任务，不同的负载通常具有不同方面的特性，因此针对各负载特点研究特定的优化方法很有必要。

（1）物体检测

针对云边协同环境下的物体检测场景，研究人员提出了边缘压缩、云端反馈的协同方法[91]。即在云端将关键物体的坐标（ROI）反馈至边缘端，边缘端基于对 ROI 和非 ROI 区域进行不同程度的质量压缩，并将压缩后的视频帧发送回云端，进行物体检测。此外，作者对物体检测模型使用多个质量等级的增强图像进行训练，避免非 ROI 区域无法识别新目标的问题，并为每个检测物体构建一个行为预测模型，以抵偿边 - 云 - 边这一反馈过程的延迟。从而权衡视频质量压缩导致的模型检测准确率下降与不压缩时占用极高的带宽之间的矛盾。

（2）图像识别

有研究人员构建了能够将图像依据复杂度进行分类的模型[92]，并在图像简单时直接使用设备端轻量但准确率稍低的模型推断，图像复杂时使用边缘服务器大规模但准确率更高的模型推断，以此权衡响应延迟与识别精度的问题。

（3）数据流监控

针对数据监控过程中的通信开销过大的问题，研究人员提出用本地条件（local condition）来替代全局条件（global condition）的计算，即将（基于条件的）阈值计算放到各节点上各自执行，而不再将原始数据直接发送到中心节点计算[93]。大致而言，对于需要多节点数据汇聚后再进行计算的函数 f（包括复杂的非线性函数），例如 PCC（Pearson Correlation Coefficient），作者提出 CB（Convex/Concave Bounds）方法，该方法搜寻一个用于限界的凸 / 凹函数 c，使得目标函数 $f \leqslant T$ 阈值的条件可以转换为 $c \leqslant T$，并在分布的节点上直接使用函数 c 进行本地条件的计算。同样针对该问题，有研究人员从对分布式传感器数据轮询的角度，提出了 RT-IFTTT 框架[94]，包含两个核心组件：

1）应用管理器：对应用（例如传感器监控应用）中动作触发器的潜在关联进行分析，例如 A 是 B 的预设条件，从而在 A 未触发时将 B 置为不活跃（inactive）状态，减少对 B 中其他条件的轮询。

2）传感器轮询调度器：提出 MNSVG 模型，使传感器值预测器基于历史数据预测该传感器的值范围，提出条件评估间隔算法计算每个触发器条件的预估间隔，提出传感器轮询间隔算法动态计算每个传感器的轮询间隔。基于此，在保证用户通过框架设置的延迟标准下，实现更低的轮询次数以及数据传输开销。

（4）GPU 应用

针对 GPU 类型的任务负载，研究人员提出了一个协同智能边缘计算框架[95]，基于经济学中供应链模型进行建模，实现了全局的不对称信息条件下的最优协议，可以使任务卸载到边缘环境中闲置的 GPU 上，并设计了集成的离线 – 在线最小化后悔值框架（integrated offline-online regret minimization framework）来动态确定本地 GPU 任务批调度的随机最优任务批。

此外，针对资源受限环境下的机器学习推断过程，有研究人员改进了 Caffe 框架的内部实现，剔除了部分冗余代码，以提高推断计算速度[96]。

3. 其他

在数据处理系统中，作业调度及任务调度向来是系统性能的重要影响因素。在这部分中，将介绍不同的研究者如何从不同的角度对数据处理过程中的调度问题进行研究与优化。

正如前面所提及的，为了提升并行作业运行效率、动态调整配置，A-scheduler 调度器[82]针对现有 Spark Streaming 框架，基于 DAG 分析，将微批作业分为独立、非独立两类，以权重公平策略、FIFO 策略分别调度前者和后者。并将参数调优问题建模为马尔科夫决策过程，基于在线强化学习和专家模糊控制（expert fuzzy control）方法，通过比较已完成的、不同配置的作业的吞吐和延迟，自动、自适应地调整调度参数（作业并行度、并发作业的资源共享、微批间隔等）。

为了对异构分布式平台下通用目的的流式应用拓扑进行高效划分，KLA 算法[97]基于 Kernighan-Lin 实现，并提出了新的避免拥塞方案，能够检测拥塞的节点并针对性地尝试优化操作，以快速寻找最优划分结构，实现不同节点任务之间通信开销的大大降低。

为了应对系统条件、数据流负载的动态变化问题，研究人员提出了“预测环”模型[98]以量化服务器节点上的扰动（扰动包括但不限于由资源竞争引起的性能降低），并实现了在线流调度算法，基于预测环模型持续追踪流处理计算任务情况，增量地将重负载的节点上的计算任务迁移至扰动较低的、负载较轻的节点上，实现了较好的负载平衡。有研究人员进一步地利用在线调度算法对系统性能加以改进，将多数据流的调度问题建模为阶段决策问题，利用在线自适应学习技术，基于窗口化的多臂老虎机模型，提出并实现了能源高效的流处理调度算法和资源分配算法[99]。此外，该作者还在操作系统层面，结合了软件上的优化算法以及硬件上（基于 C-states 技术）的资源调度（例如，在不同的计算阶段之间的处理器空闲时间中，关闭部分 CPU 核心），以软硬结合的方式优化能源效率。

此外，在数据处理系统落地实现的过程中，实际服务器费用以及网络开销不容忽视。研究人员针对此问题，在原有数据流拓扑基础上，构建了扩展流处理工作流图（Extended Streaming Workflow Graph，ESWG）模型，包含了计算任务语义以及地理分布的数据中心价格等信息，将流处理中的工作流分配问题建模为混合整数线性规划问题，并提出了两种启发式算法以更快地迭代找出开销最优的部署方案[93]。

Caladrius 性能模型[100]针对现有框架在配置调整后的性能预测方面的缺失，能够基于流量负载和拓扑配置两方面预测拓扑性能以及未来流量水平，适用于具有基于图的数据流以及背压机制的流计算引擎。核心是预测模型的构建，使用了线性关系建模、Facebook 公司的

Prophet 通用时间序列建模框架等技术。这两项研究针对性能调整、性能预测的成果将有助于在不同资源规模的环境下优化运行性能，为云边协同环境下的高效数据处理创造有利条件。

此外，有研究人员使用 Unikernel 技术实现了高性能实时数据分析计算引擎 Hummer[101]，使它能够直接运行于裸机或虚拟化层，减少 OS、容器中无关组件的开销，减少了主流计算引擎中关于操作系统和 JVM 的大量非必要资源开销。此外，该引擎支持异构网络部署、网络资源隔离；使用分布式全局一致性快照算法，支持精确一次（exactly-once）语义；并同时支持批流两种数据处理模式。该引擎轻量、系统资源开销降低等特点使它有可能更加适合边缘环境，实现更低延迟、更加轻量的流式计算，为边缘数据处理带来新的解法。

2.4　典型技术案例 SlimML

2.4.1　背景

近年来，随着海量数据的不断累积和计算机存储、计算等能力的提升，人工智能在许多领域都得到了广泛的应用并且取得了毋庸置疑的成功，这些领域包括互联网服务，如搜索引擎、社交网络、多媒体和电子商务等领域，如视频、照片和音乐流等以及科学研究，如生物信息学、天文学和高能物理等。机器学习作为人工智能的核心驱动技术，它的成功可以归功于它从数据集中提取有效信息并构建决策模型的能力。迭代优化是当前训练机器学习模型的主要方式，通过多次迭代训练机器学习模型以最小化对输入数据的估计值和实际值之间直接的损失（误差）。机器学习模型通常用（模型）参数来描述，模型的好坏通过它在测试集上的精度指标（如分类准确率、回归分析误差）来衡量。

与传统的机器学习算法只注重于最终模型精度不同，大数据系统中往往需要考虑模型精度和系统性能双重属性。通常在当前的大数据系统中，机器学习应用需要在训练中处理海量的输入数据实例从而获得好的模型精度。然而，这往往导致很长的训练时间，而成为当前大数据机器学习的一个瓶颈。在很多场景中，更多的处理时间意味着更高的时延，同时也意味着更差的用户体验。例如在视频目标检测中，通常要求系统能实时地从视频流中识别出需要检测的目标；在电商推荐系统中，需要根据客户当前浏览的内容及时推荐相关的商品，从而提高客户下单的可能性以获取广告利润；在股票交易系统中，模型需要能及时预测股票交易的趋势等。在这些场景中，系统需要面临的共同问题是平衡处理海量实时输入数据与低时延需求之间的矛盾。因此，怎么有效地处理海量的输入数据，依然是当前机器学习系统的一个突出挑战。

特别是随着大数据的兴起，机器学习模型的训练集规模也在不断增长，当下已经有许多公认的大规模数据集，例如包含约 1400 万张图像、2 万多个类别的 ImageNet 图像数据集和包含约 3600 万双语句对的 WMT2014 数据集等。超大数据集一方面满足了训练模型的数据需求；另一方面庞大的训练数据需要消耗大量的计算资源和训练时间，从而对计算机硬件和软件都提出了更高的要求。在这样的背景下，越来越多新的软、硬件技术涌现出来。典型的硬件是 GPU，与 CPU 相比，GPU 具有更强大的并行处理能力和计算能力。GPU 拥有更高效的大规模并行计算框架，通常由很多个可以并行运算的核心组成，通过在多个核心上执行相同的指令，可以极大地提高并行度并获得大幅加速，非常便于海量数据的快速并行处理。除了 GPU，FPGA（Field Programmable Gate Array）、ASIC（Application Specific Integrated Circuit）和谷歌公司的 TPU 等也得到了发展，它们为大规模机器学习提供强大的硬件支持。软件方面，人们提出来许多面向海量数据的新技术，为探索大规模机器学习迈出了关键一步。面向海量数据的机器学习技术主要可以分为精确处理和近似处理两大类：

1）精确处理：一方面，以 MapReduce 为主导的数据并行化技术，通过划分和并发数据以及分布式处理来缩短训练时间，并专注于解决并行化中的问题，如数据局部性（data locality）和落伍子任务（straggling task）等。另一方面，旨在降低大规模分布式机器学习中的局部变量传输和同步开销的参数服务器技术也正在快速发展。但是精确处理技术需要消耗大量资源，因而非常容易超出用户可接受的预算。

2）近似处理：这类技术对输入数据或者模型参数进行压缩和删除，常用的近似技术有略图（sketch）、摘要（summary）、采样（sampling），或者采取近似的代码，从而加快训练速度。但是经过压缩或删除的输入数据以及近似的代码都可能对模型最后的准确率有影响，在资源有限的情况下往往可能导致较大的准确率损失。

对于迭代机器学习算法，为了能够快速处理大型数据集，一类主要技术是利用数据并行性来提高每次迭代时的数据处理能力，或对重要数据进行采样以提高迭代训练的收敛速度。在数据并行环境中，大型数据集在模型训练期间还会存在大量局部变量（例如用于计算梯度的中间结果），特别是对于深度神经网络［例如卷积神经网络（CNN）］等可能有数百万个模型参数的模型。因此，另一类技术可提高访问（存储和检索）、同步局部变量和全局参数的性能或应用压缩方法（例如矢量量化和权重剪枝）以减少模型尺寸。在模型训练的每次迭代中，这些技术通常使用随机优化方法来选择用于模型训练的输入数据的子集 / 小批量。特别是，最新的批次大小控制技术可解决较大的小批次训练不稳定性，并通过使用较大的批次显著提高训练速度。这些技术中的大多数均平等地对待每个批次中的选定数据点，并且隐式地假定对模型参数更新具有相同的效果。

但是，在实际数据集中应用机器学习时，存在相当一部分非关键输入数据，即在迭代训练过程中对模型参数更新影响很小的数据。例如，图 2-10 说明了 3 种典型的迭代机器学习算法中的关键和非关键数据点：神经网络（NN）回归，SVM（支持向量机）分类器和 CNN。可以看到临界点是那些梯度大于 0（NN 回归）、被错误分类（在 SVM 分类器的两个超平面内）并且具有最大误差信号（CNN）的那些点。其余点不重要，因为它们不影响模型参数更新。通过对大量的真实数据集的经验评估可知（见 2.4.2 节），在这 3 种机器学习算法及其训练迭代中，非关键输入数据的百分比范围为 48.77% 到 93.59%（平均为 75.27%）。基于对非关键数据的存在的观察，核心集和重要性采样技术选择了一些重要的输入数据点用于模型训练。但是，前者使用输入数据的固定子集，无法反映模型参数的变化，而后者使用计算成本昂贵的方法来计算所有输入数据点的梯度范数以进行采样。

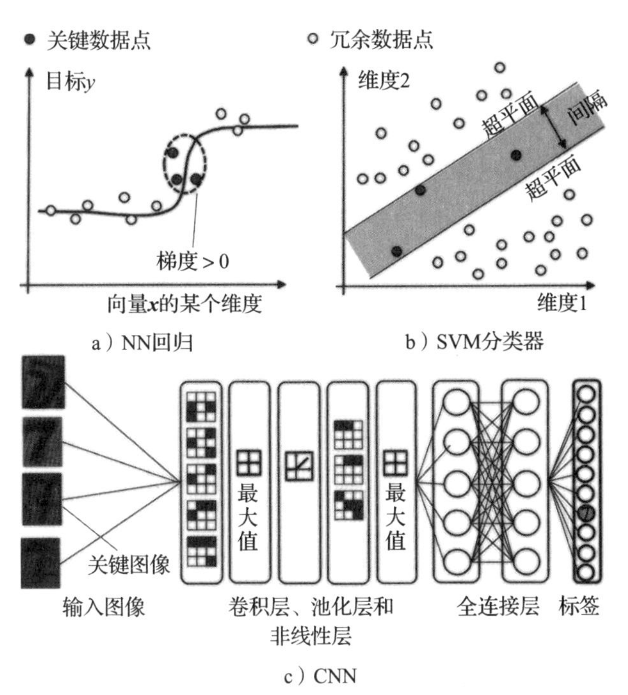

图 2-10　机器学习中的关键点和非关键点示例

受这些问题的影响，本书提出的 SlimML 用于迭代和大规模机器学习中的非关键输入数据删除。SlimML 采取的基本方法是在预训练阶段生成少量聚合数据点，其中每个点都保留相似原始输入数据点子集中的平均属性值。在模型训练阶段的每次迭代中，SlimML 使用聚合的数据点来估计输入数据的不同部分和模型参数更新之间的影响，从而在训练之前除去非关键部分。

2.4.2　非关键点验证

为了验证在迭代训练过程中专注于删除非关键输入数据的正确性，SlimML 在 3 种流行的迭代机器学习算法中证明了它的普遍性：NN 回归、SVM 分类器和 CNN。本节首先以它的工作为背景说明它的模型更新过程，然后正式定义数据点对模型参数更新和非关键数据的影响，并介绍使用具体案例和实际数据集对非关键输入数据进行测量研究的结果。

SlimML 研究了基于梯度下降的监督机器学习算法（例如回归或分类），梯度下降代表了机器学习中占主导地位的迭代优化技术。在给定的机器学习模型后，使用梯度下降算法对它进行训练，以使训练数据集上的指定成本函数（也称为损失或误差函数）最小化。成本函数实质上代表了未知样本误差的替代，即测试数据集的模型准确性，例如回归问题中的预测误差或识别分类问题中正确类别的准确性。在典型的训练过程中，该算法从随机生成的模型初始参数开始，并迭代更新它们，直到收敛为止。在迭代时，算法将一组数据点（一个批量）和上一次迭代的参数作为输入，并按对应规则更新每个参数。

在使用随机梯度下降算法训练以上 3 种算法或模型时存在一个共同点，那就是每次随机选取一个批量作为输入数据来进行模型参数更新。在每次迭代中，训练算法都将从先前的迭代中获得的模型参数开始，并根据使用输入数据计算出的梯度来调整它们。因此，如果处理某个数据点触发模型参数的更新，则可以认为该点很关键，SlimML 引入了一个标准来衡量处理数据点对模型参数更新的影响，显然参数的梯度的计算取决于输入数据点和从上一次迭代获得的参数。在 CNN 中，SlimML 仅在估计输入数据点的效果时才考虑第一层（输入层）中的参数，因为只有这一层才将这一点作为输入。

以 CNN（AlexNet 体系结构）为例，并在具有 6000 个数据点和 10 个对象类别的 32 × 32 × 3 Cifar10 数据集上使用随机梯度下降算法训练该模型。整个训练过程需要进行 10 000 次迭代。图 2-11 说明了 5 个不同迭代中输入数据点对参数更新的影响的概率分布。可以观察到：

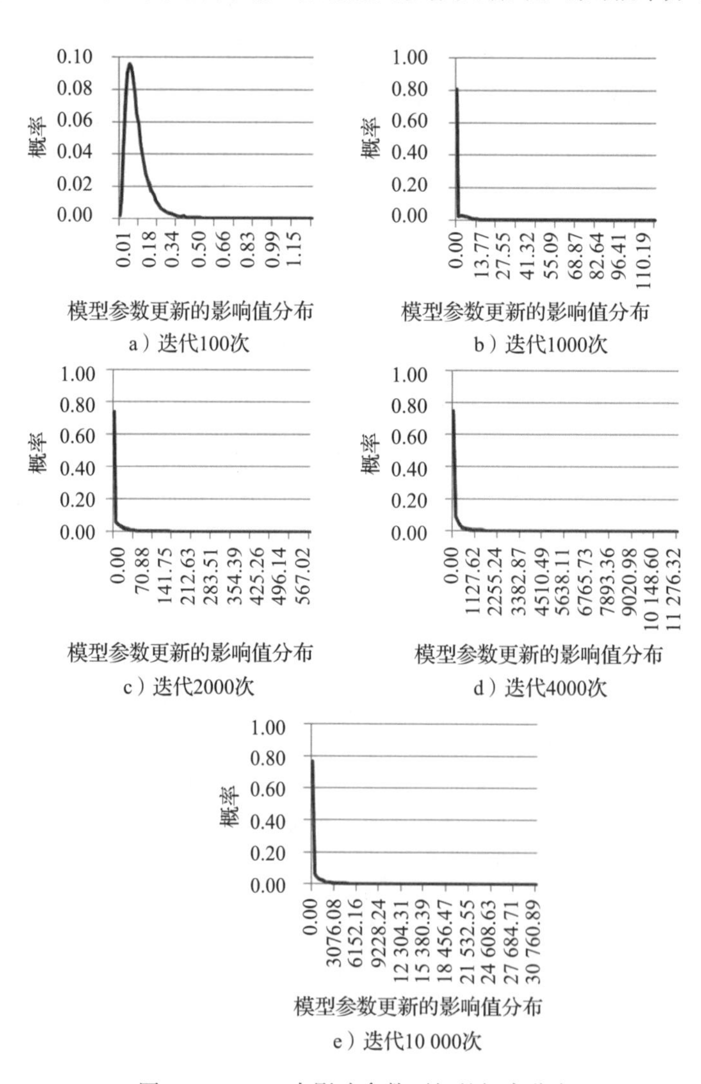

图 2-11 CNN 中影响参数更新的概率分布

1）在所有迭代中，输入数据点在分布中都有一条长尾，因此大多数数据点的效果值要比一小部分具有较大效果的数据点小得多；

2）数据点的效果值在迭代过程中增加。例如，迭代10 000次的最大效果值比迭代1000次的最大效果值大300倍。

基于观察到的长尾效应值，可以设置一个阈值，将输入数据点分为关键点和非关键点。进一步将阈值设置为0.01（即累积效应小于总效应的1%的数据点对模型参数更新的影响可忽略不计），并将评估扩展到NN回归、SVM分类器，其中NN回归使用具有1211万个样本的NEX（NASA Earth Exchange）数据集对回归进行训练；SVM分类器使用气体传感器阵列（GSA）数据集（具有839万个样本）进行训练；CNN（AlexNet体系结构）使用Cifar10数据集进行训练。

图2-12 a、c和e显示了模型训练时间（x轴）和NN回归（隐藏层中的神经元数为50）、SVM分类器（使用RBF高斯核，并且γ设置为1）和CNN（AlexNet）的测试集精度（y轴）。可以观察到，完成训练过程需要几个小时到几十个小时，在此期间，模型精度在迭代过程中不断提高。在此迭代训练过程中，图2-12 b、d和f表明，每次迭代中都存在相当比例的非关键输入数据：NN回归、SVM和CNN的非关键输入数据的平均百分比分别为55.57%、86.71%和81.70%。此外，可以观察到，在所有3种算法中，这些比例在迭代过程中逐渐增加。这表明当进行更多的迭代时，数据点之间的效果差异变得更大。换句话说，当训练过程接近收敛时，更多数据点对模型参数更新的影响可忽略不计。例如，在SVM分类器中，更多数据点落在两个超平面之间，因此不影响模型参数的更新。

从这3种机器算法中可得出的普遍观察结果是，删除大量非关键输入数据可以显著减少模型训练时间（无论是在计算还是在通信时间方面），而且正确地删除非关键数据对模型最终的准确性的影响可忽略不计。为了使用少量的关键数据来简化训练过程，与模型训练时间相比，在短得多的时间内估算输入数据的效果至关重要。但是，直接计算所有数据点的效果要花费非常长的时间。因此，这些潜在的好处和挑战激发了SlimML的设计，这将在随后的内容中进行解释。

讨论：

1）输入数据选择/采样。非关键输入数据的识别和删除（对模型参数更新影响很小）并不是要替代，而是要补充现有的输入数据选择/采样技术。也就是说，仅考虑训练算法在每次迭代中使用的输入数据点。例如，基于随机梯度下降算法的训练技术在每次迭代时都使用一小批采样的输入数据点（随机或重要性采样，SlimML的工作重点是从这些点上去除非关键点）。

2）过拟合。现有的监督学习算法通常采用正则化参数来防止过拟合。例如，NN回归和SVM分类器在成本函数中使用其他参数来避免过拟合或基于具有正则化参数的代价函数，从而保持训练算法的正则化目标。

3）其他迭代优化技术。SlimML对参数更新的影响的定义基于梯度的优化技术，并且可以扩展到其他迭代优化技术（例如，Newton 和 BFGS）。

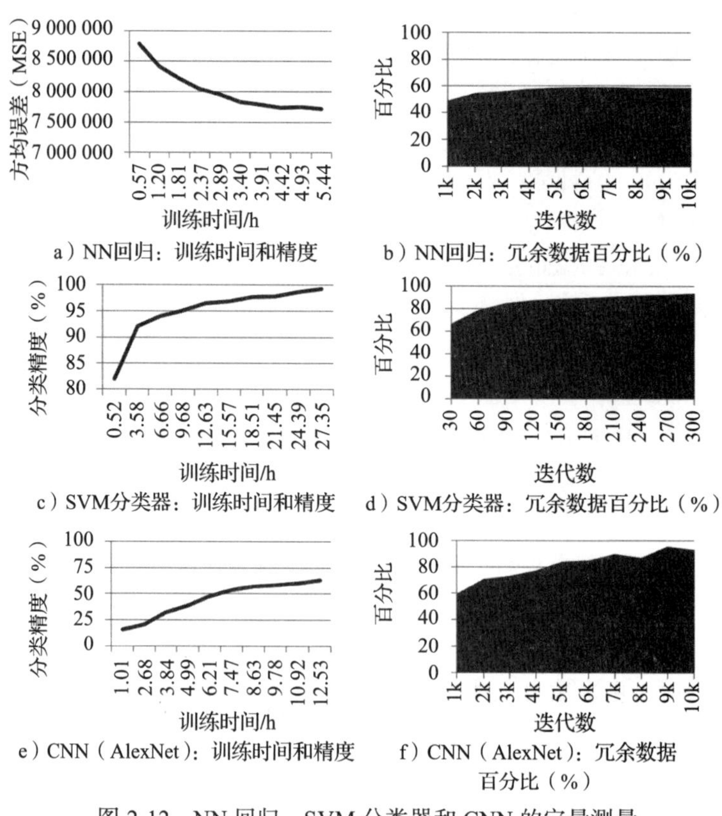

图 2-12 NN 回归、SVM 分类器和 CNN 的定量测量

2.4.3 总体思想

在大规模机器学习系统中，训练性能通常是由模型复杂度、训练数据集的大小和通信开销等共同决定的。通过调研 Mahout 和 MLLib 这两个库中的机器学习算法发现 96.57% 的算法的计算时间与输入数据的规模有关，只有 3.43% 的算法如分层抽样和随机数据生成与输入数据无关；57.43% 的算法，如 K-Means、高斯混合模型的通信成本与数据相关；73.15% 的算法如分类、聚类、回归分析算法，结果精度极大地跟数据相关。为了提高性能，针对不同的方面，可以采用不同的方法，一方面可以对模型做优化，如模型剪枝、模型压缩等；另一方面可以对训练集进行处理（如对较大的图片进行裁剪，不过有时候为了得到更高的模型准确率，需要人为扩充数据集，即数据增强），又或者对通信进行优化（如采用更合理的通信拓扑）。通常情况下，直接修改模型不太现实，因此输入数据的规模大小成为关键，考虑在训练过程中移除冗余数据来避免不必要的计算和通信代价来提高性能。显然，如何判断关键数据和冗余数据是最基本的问题，其次是怎么从训练数据中高效地移除冗余数据。

SlimML就是为在大规模迭代式机器学习训练过程中的自动识别并移除冗余数据而设计的。通常机器学习应用需要在训练中处理的海量输入数据具有两个重要特征：一是数据样本数特别多；二是每个数据样本包含的特征个数多（高维数据样本，如高清视频或多像素图像）。这两个特征往往是导致机器学习模型训练需要占用很多存储和计算资源以及需要很长的训练时间的关键因素。

SlimML的基本思想是在训练开始前基于训练集生成一定数量的聚合点，每个聚合点的属性由它所代表的所有原始数据点对应属性得到。在每轮迭代中，它首先计算聚合点对模型参数更新的影响，用于评估该聚合点所对应的原始数据点对模型参数更新的影响，然后选择对模型参数更新影响较大的聚合点所对应的原始样本进行模型的训练。需要注意的是，SlimML与预先计算非迭代机器学习算法的输入数据概要并根据要查询的类型来选择最重要的数据的技术不同。相反的，SlimML关注迭代式机器学习的训练过程并且不需要对输入数据集有预先的了解。

SlimML解决两个主要问题：一是如何选择一个合适的量化标准，能够有效评估输入数据点是否冗余；二是在迭代机器学习中，如何在迭代训练过程中高效地删除冗余数据，从而提高训练的性能。基于此，SlimML需要设计合适的量化标准，有效评估数据样本对模型参数更新的影响；设计有效的聚合算法快速处理海量高维数据，保证聚合点能够有效估计它对应的原始点在迭代训练过程中对参数更新的影响。

2.4.4 架构

基于SlimML需要解决的两个主要问题，即如何选择一个合适的量化标准来评估输入数据是否冗余和在迭代训练过程中高效地删除冗余数据以提高训练的性能，主要应用快速信息聚合和精度感知的冗余数据移除两个关键技术，对应于整体架构中的输入数据聚合模块和冗余数据移除模块。其中输入数据聚合模块负责在训练开始之前生成聚合数据点，这里的聚合数据点跟通常意义上的聚合数据点不同，此处每一个聚合数据点代表并聚集了多个相似的原始数据点，是输入数据的近似表示。通过对原始输入数据进行聚合，然后利用聚合后的近似表示是SlimML高效完成冗余数据的识别和移除的基础。冗余数据移除模块应用于机器学习模型的迭代训练过程，基本思想是使用聚合数据点快速计算不同输入数据对结果精度的影响，从而在时间约束的情况下，移除不重要的冗余数据，保留重要的数据进行处理。图2-13所示是SlimML整体架构的示意图。

1. 输入数据聚合模块

输入数据聚合模块主要是为了将具有相似特征的原始数据点聚集在一起，然后使用某个可以代替这些原始数据点的“聚合数据点”来估计它们对模型参数更新的影响。通过这样的近似，可以在训练过程中显著减少计算和估计原始数据点对模型参数更新的影响的时间，从而大大提高效率。另外，采用一个聚合数据点对应多个原始数据点也可以大大提高移除冗余数据的效率。只需要记录下哪些数据聚合点的影响值超过阈值，然后将它加入有效点数据集中，在训练的时候直接选择有效点数据集聚合点对应的原始数据点进行模型的训练即可。

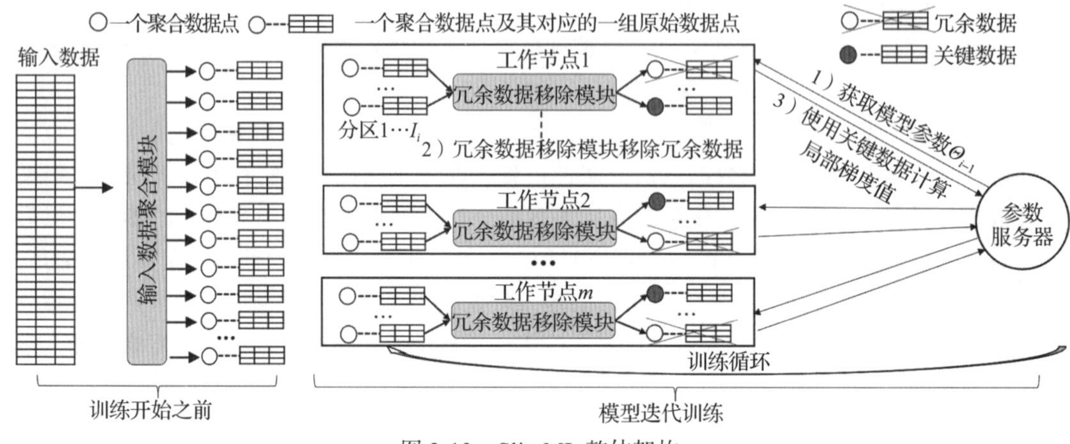

图 2-13 SlimML 整体架构

对于给定输入数据集，输入数据聚合模块会将特征相似的一系列原始数据点聚合在一起，然后生成一系列聚合数据点，每个聚合数据点代表一部分具有相似特征值的原始输入数据（原始输入数据的一个子集）。注意，聚合点只需要在训练开始之前生成一次，以后每个迭代不需要重新生成。

在进行聚合点生成时需要解决两个关键问题：一是能有效地处理高维度的数据，减少生成聚合点的时间；二是要保证每个聚合数据点对应的原始数据点的个数尽可能相同，这样才能平衡训练过程中的负载。对于第一个问题，先把高维度的数据降维成低维度的数据，然后再根据降维后的数据进行输入数据样本的划分。对于第二个问题，选择使用局部数据感知对原始数据点进行划分，基于二分的思想，递归地选择一个属性，然后将当前数据划分为两部分，直到划分完成。

输入数据聚合模块出于两个目的生成聚合数据点：

1）数据相似性保留：它将输入数据的相似数据点分组，并存储它们的平均属性信息以保留数据相似性。这试图保证在聚合数据点与它表示的原始数据点之间建立模型参数更新的相似相关性。

2）快速生成：即使处理大型数据集，它也可以快速完成生成过程。

为此，在输入数据聚合中使用了 3 个步骤：

1）步骤 1：降维。此步骤对输入数据的属性部分进行操作。为了有效处理高维数据，此步骤采用增量 SVD 方法将数据集（稀疏或稠密）转换为稠密的简化数据集，简化数据集的特征个数远小于原数据集。此方法是标准 SVD 的近似方法，它首先最小化了转换中两个数据集之间的差异。其次，其执行时间与数据维数无关，因此在处理高维数据集时可以快速完成转换。

2）步骤 2：局部感知划分。此步骤对简化数据集进行操作，具体来说，该划分从整个数据集开始，然后根据特征递归划分原数据集。每次划分首先根据特定维度中的属性值以升序对每个部分中的所有数据点进行排序，然后将排序的点分为两个相等的部分，以确保具有相似属性的点值分组在同一部分中。

请注意，与其他分组方法（例如散列、聚类和索引树）相比，此方法是直截了当的，并且对划分相关数据点的保证较弱。另一方面，采用此方法有两个原因：

①统一数据划分。为了公平地比较聚合数据点对模型参数更新的影响，这些点以相同的粒度级别生成。聚合数据点的粒度级别表示输入数据点的数量，这些输入数据点的属性信息已被该点汇总。诸如位置敏感哈希（LSH）之类的哈希方法提供了数据点的非统一分组：一个组中的数据点数可以比另一组数据点数大 100 倍。

②快速数据分割。与过渡数据分组方法（例如聚类和索引树）相比，此方法完成划分要快得多。

3）步骤 3：信息聚合。根据结果可知，最后一步汇总了每个部分中原始输入数据点的信息，并生成一个聚合数据点和一个索引文件，该文件记录了它与原始数据点的映射关系。请注意，步骤 2 在缩小的属性空间中划分数据点，而步骤 3 计算原始数据点的属性和类别值的平均值。

通常，有两种方法可以计算机器学习算法中的特征重要性：首先，一种简单的方法是在根据数据集本身的特征进行训练之前，估计特征的重要性；另一种可能的方法是使用决策树来计算与信息增益相关的每个特征。此外，在许多迭代机器学习算法中，当模型在训练迭代过程中发生变化时，功能的重要性也会发生变化。置换特征重要性方法通常用于计算特征的重要性，即不变特征和具有该组值的特征之间的模型误差之差。

图 2-14 给出了输入数据聚合处理的示例。步骤 1 将 12×5 数据集转换为 12×2 简化数据集。可以看到，具有相似属性值的数据点仍然具有相似的属性。步骤 2 根据简化后的数据集进行操作，并将 12 个数据点划分为 4 个相等的部分（子集），其中每个部分具有 3 个相似的数据点。

2. 冗余数据移除模块

冗余数据移除模块根据输入数据聚合模块生成的聚合点在训练过程中移除冗余数据。在每轮迭代中，冗余数据移除模块计算聚合点对模型参数更新的影响（为该聚合数据点对应的原始数据点对模型参数更新的估计），然后移除冗余数据，输出关键数据。注意，在每次迭代中计算的聚合点的数量需要设置一个合理的范围以使得处理聚合点的时间只占用训练总时间的一小部分。

输入数据删除器模块是为参数服务器和 MapReduce 体系结构设计的。如图 2-15 所示，每个 Map 任务都会处理输入数据点的一个分区，以使用两个步骤为模型参数的一个分区计算梯度：首先，该模块根据先前迭代中获得的模型参数删除非关键输入数据点；其次，它使用剩余的输入数据来更新这些参数。

数据集X

	i_1	i_2	i_3	i_4	i_5
$\vec{x}^{(1)}$	5	4	5	5	5
$\vec{x}^{(2)}$	5	4	5	4	5
$\vec{x}^{(3)}$	5	5	5	4	5
$\vec{x}^{(4)}$	3	2	5	5	5
$\vec{x}^{(5)}$	3	2	3	4	4
$\vec{x}^{(6)}$	3	3	3	4	4
$\vec{x}^{(7)}$	3	4	3	3	2
$\vec{x}^{(8)}$	3	4	1	2	3
$\vec{x}^{(9)}$	4	4	1	2	3
$\vec{x}^{(10)}$	1	1	2	4	2
$\vec{x}^{(11)}$	1	1	3	3	3
$\vec{x}^{(12)}$	2	2	3	3	3

步骤1 降维

降维数据集X'

	i_1	i_2
$\vec{x}'^{(1)}$	1.47	2.60
$\vec{x}'^{(2)}$	1.47	2.20
$\vec{x}'^{(3)}$	2.07	2.20
$\vec{x}'^{(4)}$	0.76	2.60
$\vec{x}'^{(5)}$	0.76	1.80
$\vec{x}'^{(6)}$	0.85	1.80
$\vec{x}'^{(7)}$	0.88	0.70
$\vec{x}'^{(8)}$	0.88	0.20
$\vec{x}'^{(9)}$	1.45	0.20
$\vec{x}'^{(10)}$	0.15	1.18
$\vec{x}'^{(11)}$	0.15	0.78
$\vec{x}'^{(12)}$	0.44	0.78

步骤2 局部感知划分

维度i_2

维度i_1

步骤3 信息聚合

4个聚合数据点

	i_1	i_2	i_3	i_4	i_5
$\vec{a}^{(1)}$	5.00	4.33	5.00	4.33	5.00
$\vec{a}^{(2)}$	3.00	2.33	3.67	4.33	4.33
$\vec{a}^{(3)}$	3.33	4.00	1.67	2.33	2.67
$\vec{a}^{(4)}$	1.33	1.33	2.67	3.33	2.67

图 2-14 输入数据聚合处理的示例

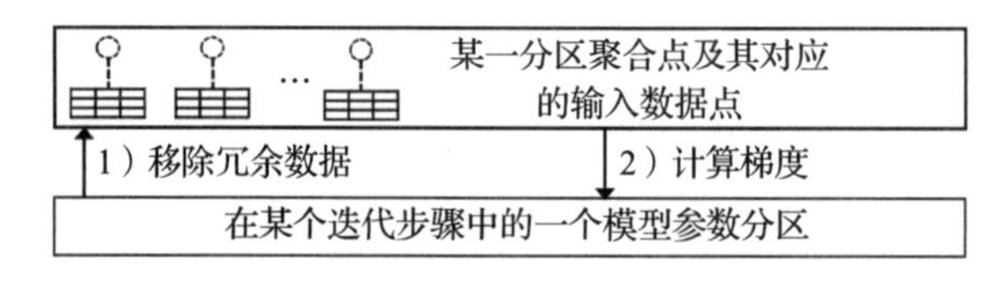

图 2-15 Map 任务中的冗余数据移除

具体来说，此模块使用汇总的数据点作为输入数据的近似值，并估算这些点对模型参数更新的影响。如果汇总数据点的效果低于删除阈值，则会根据索引文件删除它对应的输入数据点。因此，聚合数据点的数量决定了输入数据删除的开销和有效性。一方面，使用聚合数据点删除非关键输入数据需要对这些数据点进行额外的处理。因此，聚合数据点的数量应比原始输入数据点的数量小得多（例如小 9/10 或 99/100），从而确保此处理时间仅占模型训练时间的一小部分。另一方面，足够数量的聚合数据点可以对这些点代表的输入数据的不同部分进行细粒度地区分，从而可以精确计算这些部分的效果。

基于这些聚合数据点，算法 1 中详细介绍了并行工作程序中输入数据删除的步骤。在模型训练的每次迭代中，该模块首先计算所有 m 个聚合数据点（第 1 ～ 3 行）的效果。然后，采用排序方法，根据所有聚合点对模型参数更新的影响（第 4 行），以升序对所有聚合点进行排序，并将它们添加到集合 C（第 5 行）中。随后，如果前 i 个点的累加效果除以所有 m 个点的累加效果小于冗余数据判别阈值 ε，则将它标识为非关键点，并将它们从集合 C 中删除（第 6 ～ 10 行）。最后，算法根据 C 中的聚合数据点返回关键输入数据（第 11 行）。

算法 1　一个并行工作节点中冗余数据的删除

输入：$(\vec{a}, y)$：一个聚合数据点及其对应的一组原始数据点

$\{(\vec{a}^{(1)}, y^{(1)}), (\vec{a}^{(2)}, y^{(2)}), \cdots, (\vec{a}^{(m)}, y^{(m)})\}$：任务中的一组聚合数据点

e: 一个聚合点对模型参数更新的影响值

Θ：任务对应的模型参数

ε：冗余数据判断阈值

C：一组关键数据点

1. for $i = 1$ to m do
2. 计算 $(\vec{a}^{(i)}, y^{(i)})$ 对应的影响值 $e^{(i)}$
3. end for
4. 根据各聚合数据点的影响值给 m 个聚合数据点排序
5. $C = \{\vec{a}^{(1)}, \vec{a}^{(2)}, \cdots, \vec{a}^{(m)}\}$
6. for $i = 1$ to m do
7. 　　if $\left(\dfrac{\sum_{j=1}^{i} e^{(j)}}{\sum_{j=1}^{m} e^{(j)}} \leqslant \varepsilon \right)$ then
8. 　　　　$C = C\{(\vec{a}^{(i)}, y^{(i)})\}$
9. 　　end if
10. end for
11. 返回关键数据点集合 C

2.4.5 评测

1. 评测说明

SlimML 在 Spark 集群上对 3 个机器学习算法（NN 回归、SVM 分类器和 CNN）进行测试，集群资源管理由 YARN 完成。对于每种机器学习算法，测试了不同的模型复杂性：

1）NN 回归：隐藏层中的神经元数量设置为 50 或 100。

2）SVM 分类器：使用 RBF 高斯核，参数 γ 设置为 $\frac{1}{18}$ 或 $\frac{1}{9}$（代表更复杂的模型）。

3）CNN：使用 LeNet-5 和 AlexNet 体系结构，使用的数据集为 NEX、可穿戴压力和影响检测（WESAD）、GSA、MNIST、TinyImages 以及 Cifar10 数据集。

对比实验中，比较了标准 SGD 方法和当今大规模机器学习中广泛使用的两种采样技术：

1）核心集。该技术构造了仅包含原始输入数据 25% 的输入数据的加权子集（称为核心集），并在模型训练中使用了该核心集。当前的核心集构建算法是为 NN 回归开发的。

2）重要性抽样。该技术根据损失的分布使采样偏向重要的输入数据点，从而减小了梯度估计的方差。它可以应用于 NN 回归和 CNN。

实验中的训练参数根据当前机器学习库和 BigDL 中的常用参数或默认值设置。详细地，小批量梯度下降法用于训练 NN 回归和 CNN。每个时期将输入数据分为 100 个子集，学习率设置为 0.01，正则化参数 $\lambda = 0.1$。SGD 方法用于训练 SVM。每次迭代获取 1 万个训练样

本，学习率设置为 1.49×10^{-7}（即 1 除以训练实例数），并且正则化参数 $\lambda = 1$。对于所有比较技术，在比较评估中使用相同的超参数、批处理大小和初始模型参数。

2. 性能和精度指标

性能和精度指标均用于评估多次迭代训练，在特定迭代中，性能指标是模型训练时间。在 SlimML 中，该时间是聚合数据点的生成和处理时间与关键输入数据上的模型训练时间之和。此外，精度度量 MSE 用于 NN 回归的测试集，分类精度用于 SVM 分类器和 CNN 的测试集。

输入数据删除的有效性取决于快速生成聚合数据点，并使用它们来计算输入数据不同部分的影响。测试 SlimML 中生成聚合数据点的 3 个步骤：在步骤 1，使用增量 SVD 将输入数据集转换为低维数据集。在转换中，每个维的迭代数为 10，而每个迭代的属性数为数据属性的 5%；在步骤 2，根据聚集率将数据集划分为不同的子集；在步骤 3，汇总每个子集的信息以生成汇总的数据点。步骤 1 占用了大多数（超过 95%）的生成时间，因此生成时间主要由增量 SVD 的运行时间而不是聚集率决定。

处理聚合的数据点。为了评估处理点的计算成本，将每次迭代的模型训练过程分为两部分：处理集合数据点并删除非关键输入数据（第 1 部分），以及使用关键输入数据进行模型训练（第 2 部分）。对于其他部分，仅报告它的百分比计算时间，这表示该部分的执行时间除以总执行时间。对于每种机器学习算法和数据集，测试输入数据聚合的 3 种情况，用 3 种聚合率（原始输入数据点数除以聚合数据点数）表示，如图 2-16 所示。SlimML 在较大的数据集上测试了不同的聚合比率（50、100 和 200）。可以看到，第 1 部分的执行时间

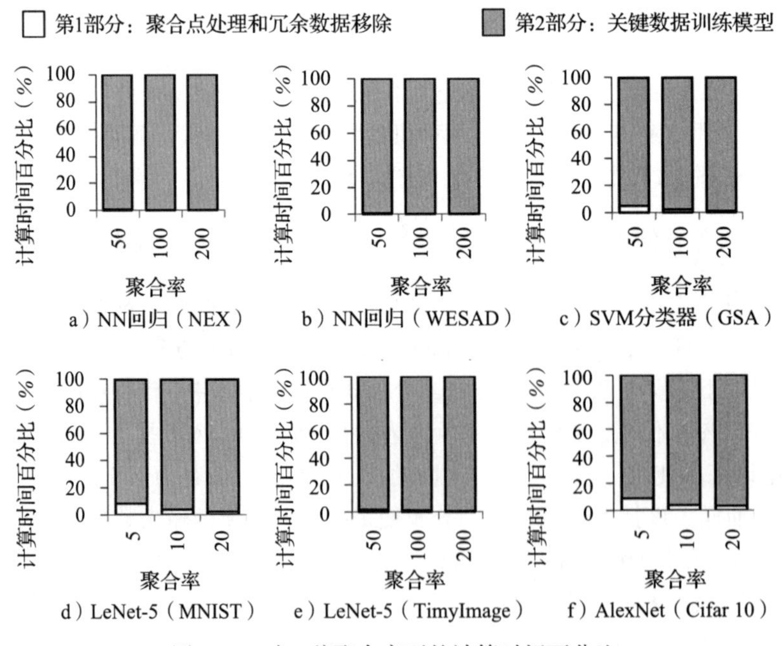

图 2-16　在 3种聚合率下的计算时间百分比

与聚合率成反比。也就是说，较大的聚合率（例如 200）意味着第 1 部分执行时间更短。总体而言，SlimML 快速处理聚合的数据点，因此平均要花费总模型训练时间的 2.46%。

删除非关键输入数据的有效性。按照先前的评估设置（NN 回归、SVM 分类器和 CNN 的聚合率分别为 100、100 和 10），在模型训练的每次迭代中评估输入数据删除的有效性。非关键输入数据的阈值为总效果的 1%，并测试了 NEX、GAS、MNIST 和 Cifar10 数据集。在评估中，报告输入数据删除的百分比，表示通过应用 SlimML 除以该数量得出的工作节点中已删除输入数据的数量。图 2-17 a ～ c 首先显示了迭代训练过程的执行时间。对于 NN 回归和 SVM 分类器，训练过程分别需要 10k 次和 300 次迭代才能收敛。对于 CNN 的 LeNet-5 和 AlexNet 架构，训练过程分别需要 100k 次和 10k 次迭代来收敛。图 2-17 d ～ f 显示了每个模型在迭代训练过程中的百分比。使用 SilmML，在 NN 回归、SVM 分类器和 CNN 模型中分别减少了 55.33%、74.14% 和 84.45% 的输入数据。这种减少主要由以下 3 个因素决定：

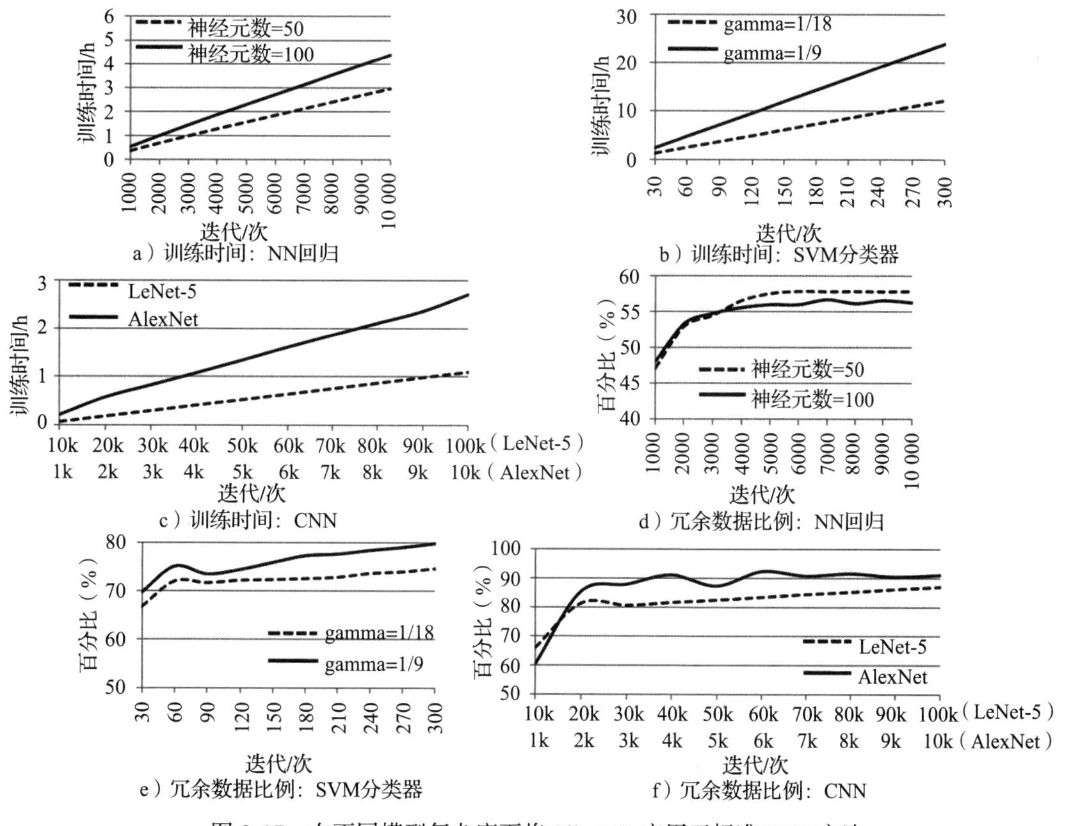

图 2-17　在不同模型复杂度下将 SlimML 应用于标准 SGD 方法

1）输入数据的特性：NN 回归中的 NEX 数据集包含非关键输入数据的比例最小，因此该算法中的减少百分比也是最低的；

2）当前的模型参数：模型参数的值在迭代过程中不断变化，这导致更多的输入数据点变得非关键，从而可以节省更多的计算成本；

3）汇总数据点：SlimML 使用汇总数据点的效果来近似表示输入数据点的效果，并决定删除非关键数据点。

3. 模型加速

根据之前内容的实验设置，首先评估 SlimML 在加速标准 SGD 训练方法方面的有效性。图 2-18 显示了在训练时间（x 轴）和测试集精度（y 轴）方面的比较结果。首先，图 2-18 a ～ c 示出了当训练复杂度较低时模型的比较结果。可以看到，在迭代训练过程中，应用 SlimML 删除非关键输入数据可以在获得相同精度的情况下大大减少训练时间。因此，使用 SlimML 的训练算法收敛速度更快，同时在大多数情况下获得非常相似的精度。这些结果证明，SlimML 正确地删除了对模型参数更新的影响程度低于保留的输入数据的输入数据，从而导致精度损失可忽略不计。

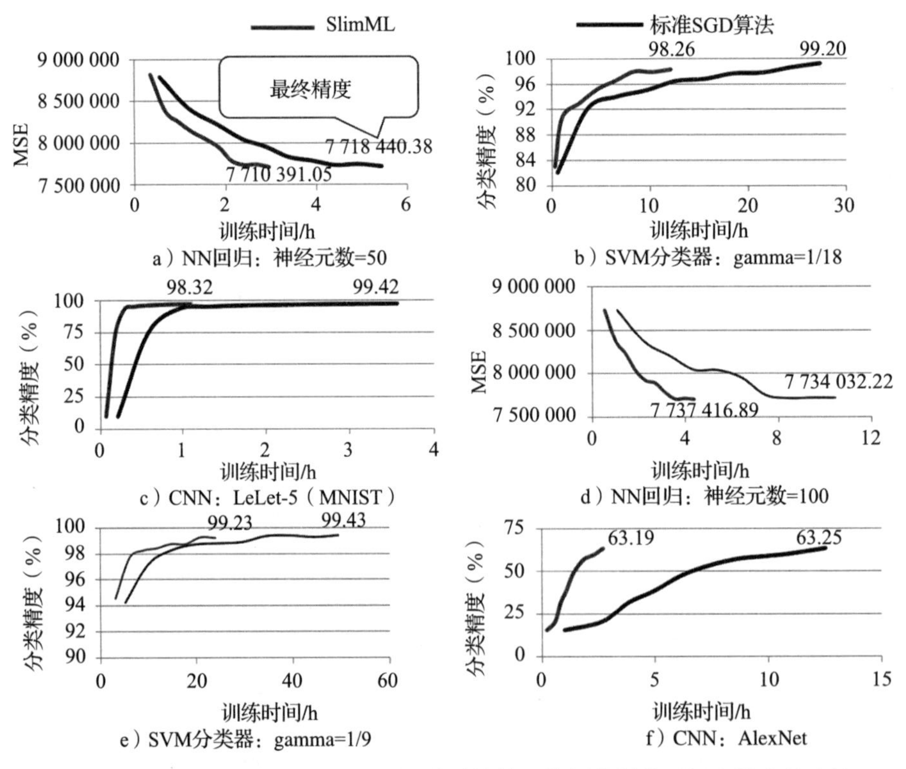

图 2-18 标准 SGD 方法中是否删除非关键输入数据的训练时间和精度的比较

图 2-18 d ～ f 示出了训练复杂度较高时模型的结果。可以观察到，通过减少模型训练至平均 1/3.72（对于复杂度较低的模型，减少至 1/2.45），SlimML 在不去除输入数据的情况下显示出比算法更明显的优势。特别是，对于具有最多模型参数的 AlexNet，SlimML 将模型训练时间减少至 1/4.63，而精度损失可忽略不计（0.10%）。以上结果验证了 SlimML 在不

同 ML 算法中的适用性，并表明它在复杂模型中具有更多优势。

在对比核心集和重要性采样的实验中，使用大型数据集（WESAS 和 TinyImage）。图 2-19 a 和 c 展示了这 4 种技术的训练时间（x 轴）和精度（y 轴）。对于 SlimML（核心集），训练时间包括聚合数据点（核心集）的生成时间和迭代模型训练时间。可以看到，重要性抽样方法需要最长的训练时间。这表明，尽管该方法收敛所需的迭代次数较少，但也需要不断计算所有数据点的损耗以更新分布。因此，每次迭代所花的时间比标准 SGD 方法要长得多（例如，在 CNN 中要长 40%）。相反，核心集方法大大减少了训练时间，因为它仅使用较小的输入数据子集进行训练。但是，此技术也会导致最大的精度损失：比 SlimML 和重要性采样方法大 2.64 倍。结果表明，SlimML 可以同时实现最短的训练时间和较小的精度损失，这是因为 SlimML 的输入数据移除依赖于根据最新模型参数和数量对聚合数据点的处理。聚合数据点的数量远小于输入数据点的数量。

最终结果表明应用 SlimML 删除非关键输入数据时，在 NN 回归、SVM 分类器和 CNN 工作负载评估中，模型训练平均可加速 3.61 倍，而精度损失为 0.37%。

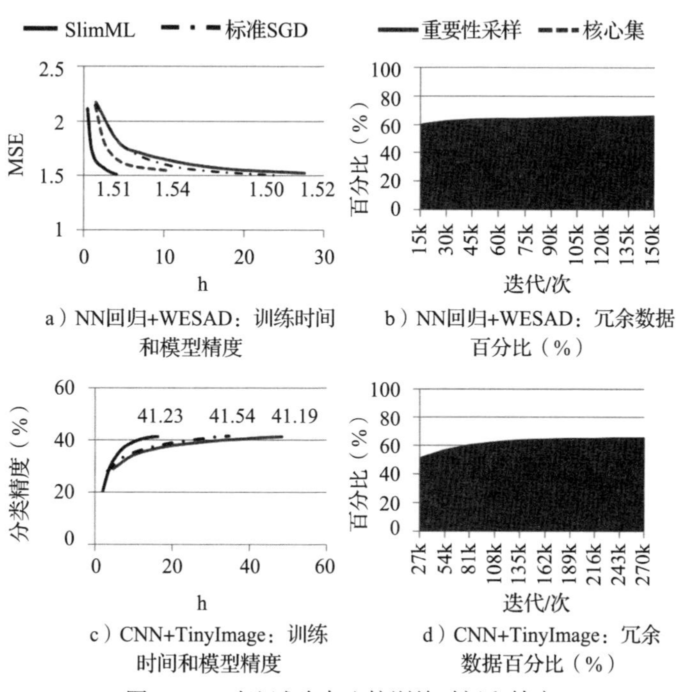

图 2-19　对比试验中比较训练时间和精度

4. 讨论

（1）讨论 1：优化方法

以 AlexNet 和 Cifar-10 数据集为例，并设计两个实验来证明 SlimML 与除先前评估中所述的 SGD 方法的其他优化方法的适用性。考虑的两种方法是 Adam（基于梯度的一阶优化方法）和 Adadelta（自适应学习率技术）。

图 2-20 a 和 c 显示了两种标准优化方法（不删除输入数据）和使用 SlimML 进行删除的模型训练时间及其测试精度。可以观察到，与 SGD 相比，这两种优化方法都使用更少的训练时间来实现更好的模型精度。这是因为它们优化了模型参数更新过程，在训练中需要较少的迭代（Adam 中为 2k 次迭代，Adadelta 中为 6k 次迭代，见图 2-20 b 和 d）。通过针对所有 3 种优化方法删除非关键输入数据来减少每次迭代的训练时间。评估结果表明，SlimML 可以将训练时间进一步减少一半，同时达到相同的模型精度（见图 2-20 a 和 c），因为它减少了大量输入数据（Adam 为 72.75%，Adadelta 为 64.78%），如图 2-20 b 和 d 所示。

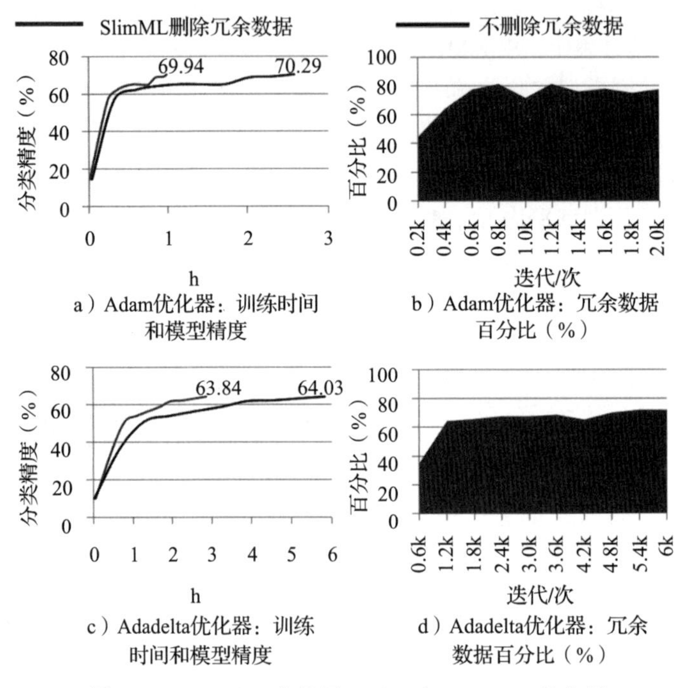

图 2-20　SlimML 中使用 Adam 和 Adadelta 优化器

（2）讨论 2：与重要性抽样集成

重要性抽样方法使用输入数据点的损失创建了多项分布。在每次迭代中，首先根据分布对训练点进行抽样，并使用 SlimML 删除非关键输入数据。在评估中，与前面的部分使用相同的小批量，并且在每个时期计算数据点的损失。

评价结果。如图 2-21 a 所示，与随机抽样的 SGD 相比，基本重要性抽样方法（不删除）通过减少训练中梯度估计的方差将模型精度提高了约 5%。但是，这种方法还需要 19.95% 的时间才能完成训练过程，因为这种方法需要昂贵的输入数据点损失计算。相反，SlimML 仅通过计算聚合点的数量（用于数据采样）来减少这种现象，聚合点的数量远小于输入数据点的数量。此外，这里的方法从采样点中去除了平均 77.00% 的非关键点（见图 2-21 b），并且将模型训练时间平均缩短至 1/4.83，而精度损失小于 1%（见图 2-21 a）。

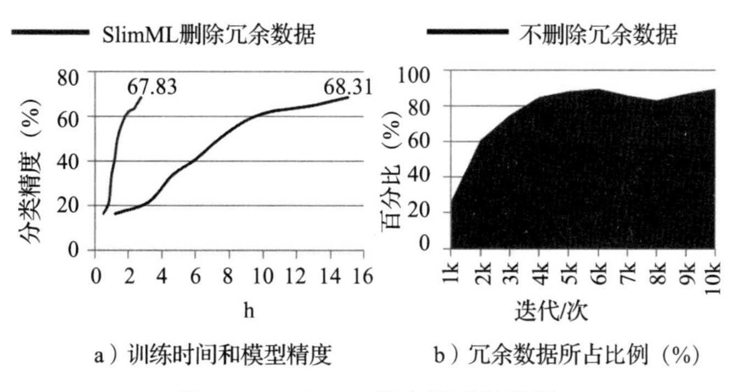

a）训练时间和模型精度　b）冗余数据所占比例（%）

图 2-21　SlimML结合重要性采样

（3）讨论 3：删除阈值

在 SlimML 中，删除阈值是确定要从模型训练中删除的原始数据点数量的关键参数。因此，阈值的变化会影响训练时间和模型精度。在 CNN 工作负载的先前评估中，阈值设置为 1%，这允许删除累积影响小于所有点的总影响的 1% 的数据点。在此评估中，首先测试了 3 个阈值：0.8%、1% 和 1.25%，这导致在迭代训练过程中删除的输入数据的百分比存在显著差异，如图 2-22 a 所示。进一步测试两个不同工作负载和数据集的 6 个阈值，图 2-22 b 显示了模型训练结束时输入数据删除的百分比。在这两个评估中，可以看到较低的阈值总是带来较少数量的输入数据点被删除，从而导致更长的训练时间。另一方面，较大的阈值可以实现更多的性能改进，但同时也会导致较大的精度损失（例如，如果阈值为 1.25%，则精度损失为 7.49%）。还可以观察到当阈值较小时（例如 0.6% 和 0.8%），阈值的增加会带来可观的改善。但是，当阈值大于某个值（例如，TinyImage 中为 1.5%，Cifar10 中为 1.25%）时，改进变得可以忽略不计。这是因为输入数据点对模型参数更新的影响在分布中具有较长的尾巴，并且当阈值大于该值时，大多数输入数据点被标识为非关键数据。总之，SlimML 可以在训练时间和模型精度之间使用阈值进行折衷，并且有可能引入一种自动方法来在迭代训练过程中动态调整去除阈值，同时将精度损失保持在用户指定的值以下。

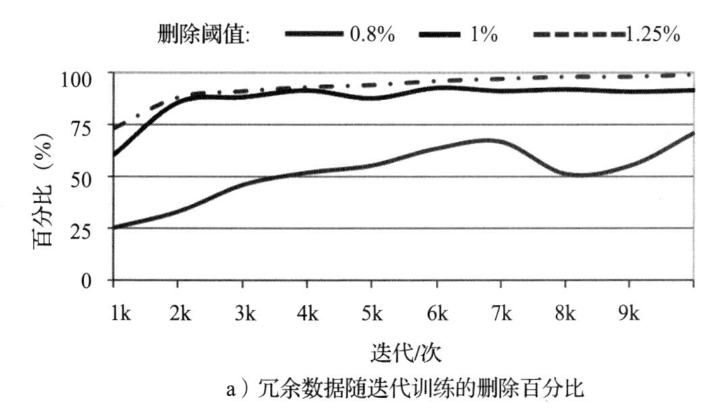

a）冗余数据随迭代训练的删除百分比

图 2-22　不同删除阈值下输入数据删除的百分比

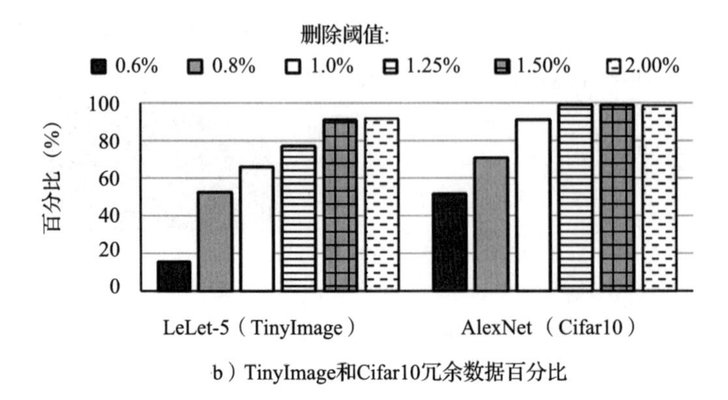

b）TinyImage和Cifar10冗余数据百分比

图 2-22 （续）

2.5 本章小结

从对传统批流数据处理过程的优化，到对云边协同环境下数据处理的探索，随着越来越多的研究从想法变为现实，人们将能够在不久的未来实现云边协同环境下的，具备低延迟、高吞吐、低能耗等优势的数据处理系统。

参考文献

[1] M CHEN, J WAN, F LI. Machine-to-machine communications: Architectures, standards and applications [J]. Ksii transactions on internet & information systems, 2012, 6(2).

[2] S LIU, L LIU, J TANG, et al. Edge computing for autonomous driving: Opportunities and challenges [J]. Proceedings of the IEEE, 2019, 107(8): 1697-1716.

[3] 邱宇，等 . 智慧健康研究综述：从云端到边缘的系统 [J]. 计算机研究与发展，2020, 57(1): 53.

[4] K SHVACHKO, H KUANG, S RADIA, et al. The hadoop distributed file system [C]. 2010 IEEE 26th symposium on mass storage systems and technologies (MSST), 2010: 1-10.

[5] J HAN, E HAIHONG, G LE, et al. Survey on NoSQL database [C]. 2011 6th international conference on pervasive computing and applications, 2011: 363-366.

[6] J DEAN, S GHEMAWAT. MapReduce: simplified data processing on large clusters [J]. Communications of the ACM, 2008, 51(1): 107-113.

[7] M ZAHARIA, M CHOWDHURY, M J FRANKLIN, et al. Spark: Cluster computing with working sets [J]. HotCloud, 2010, 10(10): 95.

[8] L GEORGE. HBase: the definitive guide: random access to your planet-size data [M]. O'Reilly Media, Inc., 2011.

[9] A THUSOO, et al. Hive: a warehousing solution over a map-reduce framework [J]. Proceedings of

the VLDB Endowment, 2009, 2(2): 1626-1629.

[10] F CHANG, et al. Bigtable: A distributed storage system for structured data [J]. ACM Transactions on Computer Systems (TOCS), 2008, 26(2): 1-26.

[11] J GUBBI, R BUYYA, S MARUSIC, et al. Internet of Things: A vision, architectural elements, and future directions [J]. Future Gen. Comp. Syst. J, 2012, 29(7): 1645.

[12] J HAN, M KAMBER, J PEI. Data Mining: Concepts and Techniques [J/OL]. http://eecs.csuohio.edu/~sschung/CIS660/chapter_10_JHan_Clustering.pdf.

[13] D B RUBIN. Inference and missing data [J]. Biometrika, 1976, 63(3): 581-592.

[14] M G GibSon. Review of Statistical Analysis with Missing Data [J]. Journal of the Royal Statistical Society. Series D (The Statistician), 1989, 38(1): 82-83.

[15] A FARHANGFAR, L A KURGAN, W PEDRYCZ. A novel framework for imputation of missing values in databases [J]. IEEE Transactions on Systems, Man, and Cybernetics-Part A: Systems and Humans, 2007, 37(5): 692-709.

[16] C K ENDERS. Applied missing data analysis [M]. Guilford press, 2010.

[17] A P DEMPSTER, N M LAIRD, D B RUBIN. Maximum likelihood from incomplete data via the EM algorithm [J]. Journal of the Royal Statistical Society: Series B (Methodological), 1977, 39(1): 1-22.

[18] T W ANDERSON. Maximum likelihood estimates for a multivariate normal distribution when some observations are missing [J]. Journal of the american Statistical Association, 1957, 52(278): 200-203.

[19] D B RUBIN. Multiple imputation for nonresponse in surveys, vol. 81 [M]. John Wiley & Sons, 2004.

[20] X FENG, S WU, J SRIVASTAVA, et al. Automatic instance selection via locality constrained sparse representation for missing value estimation [J]. Knowledge-Based Systems, 2015, 85: 210-223.

[21] L I RUDIN, S OSHER, E FATEMI. Nonlinear total variation based noise removal algorithms [J]. Physica D: nonlinear phenomena, 1992, 60(1-4): 259-268.

[22] P E NG, K K MA. A switching median filter with boundary discriminative noise detection for extremely corrupted images [J]. IEEE Transactions on image processing, 2006, 15(6): 1506-1516.

[23] S SCHULTE, M NACHTEGAEL, V DE WITTE, , et al. A fuzzy impulse noise detection and reduction method [J]. IEEE Transactions on Image Processing, 2006, 15(5): 1153-1162.

[24] C ZHOU, R C PAFFENROTH. Anomaly detection with robust deep autoencoders [C]. Proceedings of the 23rd ACM SIGKDD international conference on knowledge discovery and data mining, 2017: 665-674.

[25] S GARCÍA, J LUENGO, F HERRERA. Data preprocessing in data mining [J]. Springer, 2015, 72.

[26] J R QUINLAN. C4.5: programs for machine learning [M]. Elsevier, 2014.

[27] P BONISSONE, J M CADENAS, M C GARRIDO, et al. A fuzzy random forest [J]. International Journal of Approximate Reasoning, 2010, 51(7): 729-747.

[28] C M TENG. Correcting Noisy Data [M]. ICML, 1999: 239-248.

[29] C E BRODLEY, M A FRIEDL. Identifying mislabeled training data [J]. Journal of artificial intelligence research, 1999, 11: 131-167.

[30] T M KHOSHGOFTAAR, P REBOURS. Improving software quality prediction by noise filtering techniques [J]. Journal of Computer Science and Technology, 2007, 22(3): 387-396.

[31] S VERBAETEN, A VAN ASSCHE. Ensemble methods for noise elimination in classification problems [C]. International Workshop on Multiple classifier systems, 2003: 317-325.

[32] M E TIPPING, C M BISHOP. Probabilistic principal component analysis [J]. Journal of the Royal Statistical Society: Series B (Statistical Methodology), 1999, 61(3): 611-622.

[33] J A QUINN, M SUGIYAMA. A least-squares approach to anomaly detection in static and sequential data [J]. Pattern Recognition Letters, 2014, 40: 36-40.

[34] D M BLEI, M I JORDAN. Variational inference for Dirichlet process mixtures [J]. Bayesian analysis2006, 1(1): 121-143.

[35] B W SILVERMAN. Density estimation for statistics and data analysis [M]. CRC press, 1986.

[36] J KIM, C D SCOTT. Robust kernel density estimation [J]. The Journal of Machine Learning Research, 2012, 13(1): 2529-2565.

[37] H P KRIEGEL, M SCHUBERT, A ZIMEK. Angle-based outlier detection in high-dimensional data [C]. Proceedings of the 14th ACM SIGKDD international conference on Knowledge discovery and data mining, 2008: 444-452.

[38] H P KRIEGEL, P KRÖGER, E SCHUBERT, et al. Outlier detection in axis-parallel subspaces of high dimensional data [C]. Pacific-asia conference on knowledge discovery and data mining, 2009: 831-838.

[39] M M BREUNIG, H P KRIEGEL, R T NG, et al. LOF: identifying density-based local outliers [C]. Proceedings of the 2000 ACM SIGMOD international conference on Management of data, 2000: 93-104.

[40] E ESKIN, A ARNOLD, M PRERAU, et al. A geometric framework for unsupervised anomaly detection [J]. Applications of data mining in computer security, Springer, 2002: 77-101.

[41] B SCHÖLKOPF, R C WILLIAMSON, A J SMOLA, et al. Support vector method for novelty detection [J]. NIPS, 1999, 12: 582-588.

[42] A NAIRAC, N TOWNSEND, R CARR, et al. A system for the analysis of jet engine vibration data [J]. Integrated Computer-Aided Engineering, 1999, 6(1): 53-66.

[43] S BUDALAKOTI, A N SRIVASTAVA, R AKELLA, et al. Anomaly detection in large sets of high-dimensional symbol sequences [DB]. NASA/TM [2006-214553], 2006.

[44] K SEQUEIRA, M ZAKI. Admit: anomaly-based data mining for intrusions [C]. Proceedings of the eighth ACM SIGKDD international conference on Knowledge discovery and data mining, 2002: 386-395.

[45] V HODGE, J AUSTIN. A survey of outlier detection methodologies [J]. Artificial intelligence review, 2004, 22(2): 85-126.

[46] Y ZHANG, N MERATNIA, P HAVINGA. Outlier detection techniques for wireless sensor networks: A survey [J]. IEEE communications surveys & tutorials, 2010, 12(2): 159-170.

[47] M GUPTA, J GAO, C C AGGARWAL, et al. Outlier detection for temporal data: A survey [J]. IEEE Transactions on Knowledge and data Engineering, 2013, 26(9): 2250-2267.

[48] X DENG, P JIANG, X PENG, et al. An intelligent outlier detection method with one class support tucker machine and genetic algorithm toward big sensor data in internet of things [J]. IEEE Transactions on Industrial Electronics, 2018, 66(6): 4672-4683.

[49] V K VAVILAPALLI, et al. Apache hadoop yarn: Yet another resource negotiator [C]. Proceedings of the 4th annual Symposium on Cloud Computing, 2013: 1-16.

[50] S TSIERKEZOS. Comparing Data Integration Algorithms [J/OL]. https://studentnet.cs.manchester.ac.uk/resources/library/thesis_abstracts/BkgdReportsMSc10/Tsierkezos-Sebastian.pdf.

[51] H LIU, R SETIONO. Chi2: Feature selection and discretization of numeric attributes [C]. Proceedings of 7th IEEE International Conference on Tools with Artificial Intelligence, 1995: 388-391.

[52] A K ELMAGARMID, P G IPEIROTIS, V S VERYKIOS. Duplicate record detection: A survey [J]. IEEE Transactions on knowledge and data engineering, 2006, 19(1): 1-16.

[53] I P FELLEGI, A B SUNTER. A theory for record linkage [J]. Journal of the American Statistical Association, 1969, 64(328): 1183-1210.

[54] W E WINKLER. Improved decision rules in the fellegi-sunter model of record linkage [J]. Citeseer, 1993, 56.

[55] A MCCALLUM, B WELLNER. Conditional models of identity uncertainty with application to noun coreference [J]. Advances in neural information processing systems, 2004, 17: 905-912.

[56] S GUHA, N KOUDAS, A MARATHE, et al. Merging the results of approximate match operations [C]. Proceedings of the Thirtieth international conference on Very large data bases-Volume 30, 2004: 636-647.

[57] P RAVIKUMAR, W COHEN. A hierarchical graphical model for record linkage [DB/OL]. arXiv preprint arXiv: 1207.4180, 2012.

[58] T R GRUBER. A translation approach to portable ontology specifications [J]. Knowledge acquisition, 1993, 5(2): 199-220.

[59] R E BELLMAN. Adaptive control processes: a guided tour [M]. Princeton university press, 2015.

[60] K FUKUNAGA. Introduction to statistical pattern recognition [M]. Elsevier, 2013.
[61] J N HWANG, S R LAY, A LIPPMAN. Nonparametric multivariate density estimation: a comparative study [J]. IEEE Transactions on Signal Processing, 1994, 42(10): 2795-2810.
[62] G H DUNTEMAN. Principal components analysis [M]. Sage, 1989.
[63] J O KIM, C W MUELLER. Factor analysis: Statistical methods and practical issues [M]. Sage, 1978.
[64] S T ROWEIS, L K SAUL. Nonlinear dimensionality reduction by locally linear embedding [J]. Science, 2000, 290(5500): 2323-2326.
[65] J B TENENBAUM, V DE SILVA, J C LANGFORD. A global geometric framework for nonlinear dimensionality reduction [J]. Science, 2000, 290(5500): 2319-2323.
[66] R A JOHNSON, D W WICHERN. Applied multivariate statistical analysis [M]. Prentice-Hall, 1988.
[67] H ZOU, T HASTIE, R TIBSHIRANI. Sparse principal component analysis [J]. Journal of computational and graphical statistics, 2006, 15(2): 265-286.
[68] L BREIMAN. Random forests [J]. Machine learning, 2001, 45(1): 5-32.
[69] M A HALL. Correlation-based feature selection of discrete and numeric class machine learning [C]. ICML, 2000: 359-366.
[70] R KOHAVI, G H JOHN. Wrappers for feature subset selection [J]. Artificial intelligence, 1997, 97(1-2): 273-324.
[71] R AGRAWAL, R SRIKANT. Fast algorithms for mining association rules [C]. Proc. 20th int. conf. very large data bases, VLDB, 1994, 1215: 487-499.
[72] Y YANG, G I WEBB. Discretization for naive-Bayes learning: managing discretization bias and variance [J]. Machine learning, 2009, 74(1): 39-74.
[73] RASHMI. Data Mining: A Knowledge Discovery Approach [J]. International Journal of Engineering, Science and Metallurgy, 2012, 2(3): 810-815.
[74] H LIU, F HUSSAIN, C L TAN, et al. Discretization: An enabling technique [J]. Data mining and knowledge discovery, 2002, 6(4): 393-423.
[75] U FAYYAD, K IRANI. Multi-interval discretization of continuous-valued attributes for classification learning [C]. 13th International Joint Conference on Artificial Intelligence, 1993, 2: 1022-1027.
[76] R KERBER.Chimerge: Discretization of numeric attributes [C]. Proceedings of the tenth national conference on Artificial intelligence, 1992: 123-128.
[77] R C HOLTE. Very simple classification rules perform well on most commonly used datasets [J]. Machine learning, 1993, 11(1): 63-90.
[78] J CATLETT. On changing continuous attributes into ordered discrete attributes [C]. European working session on learning, 1991: 164-178.

[79] M KIRAN, P MURPHY, I MONGA, et al. Lambda architecture for cost-effective batch and speed big data processing [C]. 2015 IEEE International Conference on Big Data (Big Data), 2015: 2785-2792.

[80] J KREPS, N NARKHEDE, J RAO. Kafka: A distributed messaging system for log processing [C]. Proceedings of the NetDB, 2011, 11: 1-7.

[81] A TOSHNIWAL, et al. Storm@ twitter [C]. Proceedings of the 2014 ACM SIGMOD international conference on Management of data, 2014: 147-156.

[82] D CHENG, X ZHOU, Y WANG, et al. Adaptive scheduling parallel jobs with dynamic batching in spark streaming [J]. IEEE Transactions on Parallel and Distributed Systems, 2018, 29(12): 2672-2685.

[83] T AKIDAU, et al. The dataflow model: a practical approach to balancing correctness, latency, and cost in massive-scale, unbounded, out-of-order data processing [C]. Proceedings of the VLDB Endowment, 2015, 8(12): 1792-1803.

[84] X FU, T GHAFFAR, J C DAVIS, et al. Edgewise: a better stream processing engine for the edge [C]. 2019 USENIX Annual Technical Conference, 2019: 929-946.

[85] A LAZERSON, D KEREN, A SCHUSTER. Lightweight monitoring of distributed streams [J]. ACM Transactions on Database Systems (TODS), 2018, 43(2): 1-37.

[86] S MEHNAZ, E BERTINO. Privacy-preserving Real-time Anomaly Detection Using Edge Computing [C]. 2020 IEEE 36th International Conference on Data Engineering (ICDE), 2020: 469-480.

[87] 刘伟，黄宇成，杜薇，王伟 . 移动边缘计算中资源受限的串行任务卸载策略 [J]. 软件学报，2020, 6: 1889-1908.

[88] Y KANG, et al. Neurosurgeon: Collaborative intelligence between the cloud and mobile edge [J]. ACM SIGARCH Computer Architecture News, 2017, 45(1): 615-629.

[89] Q ZHANG, Q ZHANG, W SHI, et al. Firework: Data processing and sharing for hybrid cloud-edge analytics [J]. IEEE Transactions on Parallel and Distributed Systems, 2018, 29(9): 2004-2017.

[90] A JONATHAN, M RYDEN, K OH, et al. Nebula: Distributed edge cloud for data intensive computing [J]. IEEE Transactions on Parallel and Distributed Systems, 2017, 28(11): 3229-3242.

[91] B A MUDASSAR, J H KO, S MUKHOPADHYAY. Edge-cloud collaborative processing for intelligent internet of things: A case study on smart surveillance [C]. 2018 55th ACM/ESDA/IEEE Design Automation Conference (DAC), 2018: 1-6.

[92] 任杰，高岭，于佳龙，等 . 面向边缘设备的高能效深度学习任务调度策略 [J]. 计算机学报，2019: 1-14.

[93] W CHEN, I PAIK, Z LI. Cost-aware streaming workflow allocation on geo-distributed data centers [J]. IEEE Transactions on Computers, 2016, 66(2): 256-271.

[94] S HEO, S SONG, J KIM, et al. Rt-ifttt: Real-time iot framework with trigger condition-aware

flexible polling intervals [C]. 2017 IEEE Real-Time Systems Symposium (RTSS), 2017: 266-276.

[95] D ZHANG, N VANCE, Y ZHANG, et al. EdgeBatch: Towards AI-empowered optimal task batching in intelligent edge systems [C]. 2019 IEEE Real-Time Systems Symposium (RTSS), 2019: 366-379.

[96] H XU, F MUELLER. Work-in-progress: Making machine learning real-time predictable [C]. 2018 IEEE Real-Time Systems Symposium (RTSS), 2018: 157-160.

[97] V T N NGUYEN, R KIRNER. Throughput-driven partitioning of stream programs on heterogeneous distributed systems [J]. IEEE Transactions on Parallel and Distributed Systems, 2015, 27(3): 913-926.

[98] T BUDDHIKA, R STERN, K LINDBURG, et al. Online scheduling and interference alleviation for low-latency, high-throughput processing of data streams [J]. IEEE Transactions on Parallel and Distributed Systems, 2017, 28(12): 3553-3569.

[99] K KANOUN, C TEKIN, D ATIENZA, et al. Big-data streaming applications scheduling based on staged multi-armed bandits [J]. IEEE Transactions on Computers, 2016, 65(12): 3591-3605.

[100] F KALIM, et al. Caladrius: A performance modelling service for distributed stream processing systems [C]. 2019 IEEE 35th International Conference on Data Engineering (ICDE), 2019: 1886-1897.

[101] 李冰，张志斌，钟巧灵，等. 支持Unikernel的流式计算引擎：Hummer [J]. 计算机学报，2019, 8.

[102] R Han, et al. SlimML: Removing Non-Critical Input Data in Large-Scale Iterative Machine Learning [C]. IEEE Transactions on Knowledge and Data Engineering, 2021, 5(33): 2223-2236.

第 3 章　Chapter 3

边缘智能

3.1　背景

3.1.1　边缘计算

正如前面所提及的，根据 Cisco 公司的预计，到 2023 年，全球将会有 53 亿互联网用户，平均每个用户将会持有 3.6 台设备，其中包括 1.6 台移动设备，而物联网设备将占全球所有联网设备的 50%[1]。这些设备不仅需要各种实时服务，并且还会产生大量的数据，传统的云计算中心的计算模式会将所有数据的计算和存储都放到云端，这种模式虽然能够充分利用云计算中心的算力优势，但是随着用户对服务质量要求的提升，云计算模式目前已经出现了实时性不够、隐私无法得到有效保护、能源消耗较大、传输带宽受限等各种问题。

为了解决以上问题，面向边缘设备所产生海量数据的边缘计算模型应运而生。边缘设备包括路由器、路由交换机、集成接入设备、多路复用器以及各种城域网和广域网接入设备等。边缘计算是在网络边缘执行计算的一种新型计算模型，在边缘计算中，边缘设备处理了部分临时数据，因此不再需要将全部数据上传至云端，而只需要传输有价值的数据，这极大地减轻了网络带宽的压力，且减少了对计算存储资源的需求，在靠近数据源端进行数据处理，能够大大减少系统时延，提高服务的响应时间。

3.1.2　边缘智能

边缘智能是边缘计算和人工智能结合后产生的研究领域，边缘智能在网络边缘侧支撑人工智能应用，它是融合网络、计算、存储、应用核心能力的开放平台，并提供边缘智能服务，满足行业数字化在敏捷连接、实时业务、数据优化、应用智能、安全与隐私保护等方面的关键需求。将人工智能部署在边缘设备上，可以使智能更贴近用户，更快、更好地为用户提供智能服务。

随着移动计算的飞速发展，在边缘端将会产生海量的数据，边缘智能将会是对这些数据进行充分利用的最好手段。在边缘环境中，设备不断感知周围物理环境中的数据，例如音频、图片、视频等各种维度的数据，在这种环境下，需要人工智能来快速分析这些规模庞大的数据，并从中提取出见解，从而做出高质量的决策，也就是说，人工智能能够最大限度地释放边缘端产生的海量数据。

另外，边缘计算能够通过更丰富的数据和应用场景来赋能人工智能。在人工智能中，为了提高模型的性能，一个直观的思路就是增加神经元的个数，而边缘环境中海量的数据能够帮助模型学习更多参数，进而细化模型并提高模型性能。从数据来源的角度看，传统的人工智能需要的数据都产生并存储在云数据中心，然而随着移动计算和物联网的飞速发展，更多的数据将会从边缘终端中产生，如果这些数据在云数据中心由人工智能算法处理，将会消耗大量的带宽，给云数据中心带来巨大的压力，而边缘智能则很好地解决了这些问题。也就是说，边缘计算和人工智能互补互利，并在这种场景下提出了边缘智能来更方便地解决问题。

边缘智能相比于传统基于云的人工智能，最大的特点就是利用了边缘环境中各种边缘设备提供的各方面数据资源，目前边缘智能已经能够广泛应用于智能电网、智能交通、智慧物流、精细农业、公共安全、智慧医疗、智能环保、智能家居、智能城市、智能校园等方面。具体来说，网上购物、视频监控、智能家居等边缘智能应用在人们的日常生活中发挥着重大的作用，同时自动驾驶、智能医学等边缘智能应用也在新兴的科技前沿取得了巨大的成功，边缘智能相比于人工智能，在物理距离上更接近用户端，并且边缘计算的访问也更廉价和快捷。另外，边缘计算也可以通过人工智能应用来进行推广，例如 Siri 等语音命令识别、增强现实（AR）和虚拟现实（VR）、实时视频分析等应用都已经从云端移动到了边缘端，这些应用需要不断地从边缘设备获取实时的数据信息，并对这些数据信息进行实时分析，这些分析计算有高计算量、高带宽、高隐私性和低延迟等严格要求，而能满足这些严格要求的一种可行方法就是边缘计算。总之，各种新型的人工智能应用推动了边缘计算的普及和发展，边缘计算也同时为各种新兴的人工智能应用提供了更多样的应用场景，推动了人工智能的发展。

人工智能方法主要包括训练和推断两部分，对于边缘智能来说则可以划分为边缘训练和边缘推断两部分。传统的训练主要是利用已知结果的大量数据来训练模型，即根据已有的大量数据来拟合模型及参数，而边缘训练即利用边缘终端设备收集的物理环境中各维度的数据，如音频、图片、视频等，在边缘终端、边缘服务器、云服务器相结合的场景中对模型进行训练；传统的推断主要是用拟合好的模型对未知结果的数据结果进行预测，也就是说，推断是一个前馈过程，即现实世界的输入通过整个神经网络，模型输出预测，而边缘推断将模型部署到边缘计算服务器或是终端设备上进行推断，处理物联网数据并提供各种智能服务。

3.2 挑战

人工智能面临的一个最大的问题就是数据处理，一般来说，人工智能需要海量的数据支撑才能训练出足够精确的模型，进而将模型应用到各种服务中。然而，这些海量数据的来源正在发生颠覆性的改变，传统的人工智能从超大规模的云数据中心获取数据并进行模型的训练和推断，这种数据一般包括网上购物记录、社交内容的浏览信息等，其主要在数据中心内部产生和存储，并直接在数据中心内部进一步训练和推理，但是由于数据中心通常距离终端设备较远，所以这种模式可能会带来延迟、能源效率、隐私保护、带宽消耗等方面的问题。目前随着移动计算和物联网的发展，人工智能的数据来源正在从大规模的云数据中心转移到越来越多的终端设备，例如物联网设备的感知数据、摄像头等终端设备拍摄的图像数据等，这些数据在边缘终端中产生和存储，将这些数据通过 WAN 传输到云数据中心进一步训练和推理可能需要消耗巨额的能量和产生大的传输延迟，并且可能会暴露一些比较敏感的隐私数据；而如果仅在本地进行数据训练和推理，则容易受到边缘设备异构性的影响，不同边缘终端的性能不同，大部分边缘终端可能都无法提供满足数据训练和推理所需要的计算能力。为了解决在边缘生态中面临的这些问题，边缘计算利用边缘节点为设备提供物理距离更近的服务，边缘节点可以包括经 D2D（Device to Device）通信连接的设备、连接到接入点（如 Wi-Fi、路由器、基站等）的服务器、网络网关等，边缘计算强调与数据源的物理距离更接近，因此可以提供延迟更小的服务。

然而不管是通过边缘端进行深度学习的训练还是在边缘端进行推断都面临各方面的挑战，随着用户数量和边缘设备的急剧增长，不可避免地会在边缘端产生海量的数据，如何对这些海量的数据进行充分利用是边缘智能最关注的问题。虽然目前硬件设备的提升减轻了一部分运算和传输压力，但是边缘智能在延迟、精度、能量、隐私等方面仍然面临巨大的挑战[2]。

不管是边缘训练还是边缘推断都面临着延迟方面的挑战，对于边缘训练来说，延迟决定了何时能训练出模型并将其投入使用，如果因为延迟较高无法及时获得需要的数据或是梯度，可能会导致训练的模型无法收敛；对于边缘推断来说，一些对实时性要求比较高的程序对延迟有很严格的要求，如果输出延迟较高，则可能会导致输出结果没有任何意义。例如，在智能交通中，需要智能车辆在行驶过程中对路况进行实时判断，这对边缘推断的延迟提出了极高的要求，而如果将智能车辆的数据传送至云计算中心进行推断，虽然能保证精度，但将产生极高的延迟，这显然是不现实的，存在巨大的安全隐患。

精度反映了 DNN 模型的性能，一般来说，对精度有更高的要求就意味着需要提供更先进的硬件设备，并进行更复杂的模型计算，这通常会消耗更多的资源，并产生更高的时延，因此大部分应用都会在精度与资源消耗、时延之间进行权衡。对于一些对可靠性要求很高的应用，同样以智能交通为例，智能车辆在行驶过程中必须对路况进行准确判断才能保证行驶准确无误，而如何在精度与计算资源之间进行权衡是目前的一个重要挑战。

在边缘端进行训练、传输、推断等产生的能源消耗同样不可忽略。在训练过程中进行梯度计算、在推断过程中进行模型计算以及大量数据的传输过程都会消耗巨大的能量。例如，智能电网中的智能输电、智能变电、配电自动化以及智能用电等方面都是为了对能源进行更精细的控制优化，但是目前都还不够完善。智能输电目前面临输电可靠性、设备检修模式以及设备状态自动诊断技术等各方面的问题；智能变电目前面临设备水平较差、自动化技术不成熟、运行管理系统不够完善等问题；配电自动化目前面临检修方式落后等问题；智能用电目前面临覆盖率、可靠性不够，能效检测管理未落实应用等问题。

隐私问题也同样面临训练和推断两方面的挑战，当使用来自大量终端设备的数据来训练 DNN 模型，或使用边缘端本地的原始数据进行推断时，都可能会面临隐私保护的问题。一般为了保护隐私，会选择在终端设备中进行简单的预处理，降低数据的隐私敏感性之后再从终端设备中传输出去。例如，联邦学习技术不会将原始数据聚合到集中的数据中心进行训练，而是让边缘设备在本地训练原始数据，并通过聚合本地计算的更新在服务器上训练共享模型。边缘推断方面，在智慧医疗中，病人的病历信息通常具有极强的隐私性，因此如何智能化地使用病人的身份信息、化验结果、症状描述、B 超成像等各种数据对病人进行智能化诊疗，同时对病人的这些隐私数据进行保护，是关键问题。

3.3 边缘训练前沿技术

3.3.1 边缘训练简介

人工智能模型通常需要大量的训练样本数据来训练出符合要求的模型网络，在传统的云中心模式的集中式训练中，模型训练过程完全在云服务器中完成，虽然在云服务器中产生并存储的数据可以很方便地用于模型训练，但是边缘环境中产生的数据则无法得到充分利用，对这部分数据的传输和存储将会消耗大量的网络带宽。而在边缘智能环境中，模型训练所需的数据更多地在网络边缘端产生并存储，模型训练过程也从云端移动到了边缘端，进行模型训练的地点在物理距离上更接近边缘设备。边缘智能模型训练，即边缘训练，将深度学习模型的训练从数据中心移至边缘端，但是这也同时带来了通信开销、计算能力和隐私保护等多方面的问题，因此，如何以较低的通信开销、较好的收敛性以及更安全的隐私保护在边缘端进行人工智能模型的训练就显得尤为重要。

针对以上在模型训练过程中存在的问题，从隐私保护的角度进行优化的技术包括 DNN 分割、联邦学习等；从降低通信开销的角度进行优化的技术包括聚合控制优化、梯度压缩等，并在联邦学习中进行了综合应用；从优化梯度计算的角度进行优化的技术包括 DNN 分割、迁移学习、联邦学习等。边缘训练相关的各种技术总结如图 3-1 所示。

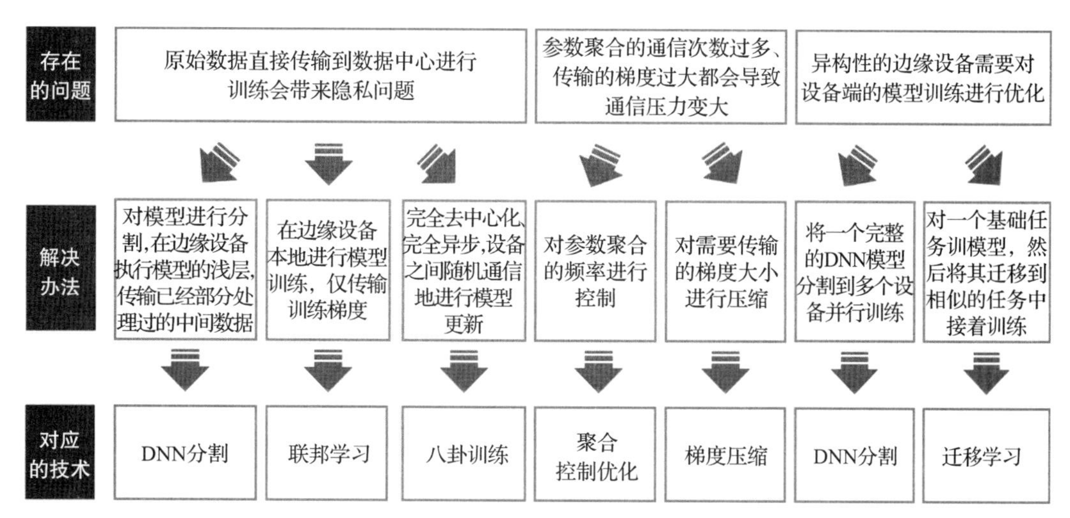

图 3-1　边缘训练相关技术总结

边缘训练相关技术分类见表 3-1。

表 3-1　边缘训练相关技术分类

优化角度	技术	特点	相关工作
隐私保护	DNN 分割	在设备端执行 DNN 模型的浅层，以保证在进行数据传输时传输的是已经部分处理过的数据而不是原始数据	参考文献［3, 4］
	联邦学习	在设备本地进行模型训练，仅传输训练梯度	参考文献［5-8］
	八卦训练	设备之间随机通信，完全异步、完全去中心化	参考文献［9-11］
通信开销优化	聚合控制优化	通过减少参数聚合的频率来减小通信开销	参考文献［12-15］
	梯度压缩	对需要传输的梯度大小进行压缩	参考文献［16-20］
	联邦学习中的通信开销优化	综合各种技术减少通信开销	参考文献［5, 21-24］
梯度计算优化	DNN 分割	将一个完整的 DNN 模型分割到多个设备并行训练	参考文献［25, 26］
	迁移学习	对一个基础任务训练模型，然后将其迁移到相似的任务中接着训练	参考文献［3, 4, 27, 28］
	联邦学习	工作机在给共享虚拟模型提供更新之前，本地的模型也可以立即生效；通过各种途径解决 Non-IID 数据集问题	参考文献［5, 29, 30］

3.3.2　中心化 / 去中心化训练简介

根据训练时是否有中心化的服务器参与又可以将边缘训练分为中心化的和去中心化的。中心化的模型训练通常基于参数服务器框架，参数服务器框架由一个逻辑服务器和许多工作机组成，工作机一般指的是能够在本地进行模型训练的异构边缘终端设备，工作机都连接到参数服务器，参数服务器通过聚合来自工作机的权重更新，然后更新全局共享的权重，为工作机提供了一个中央存储，以便它们上传计算的更新（通过推操作）和下载最新的全局权重

（通过拉操作）。在实际的边缘训练中，工作机通常具有异构性，不同的边缘设备硬件条件不同，计算能力也千差万别，因此在中心化训练时采取的同步方式会对模型训练的结果产生明显的影响，根据同步方式的不同可以将基于参数服务器框架的参数聚合模式分为批量同步并行（Bulk Synchronous Parallel，BSP）、完全异步并行（ASynchronous Parallel，ASP）、延迟异步并行（Stale Synchronous Parallel，SSP）3 种。3 种聚合模式的区别如图 3-2 所示。

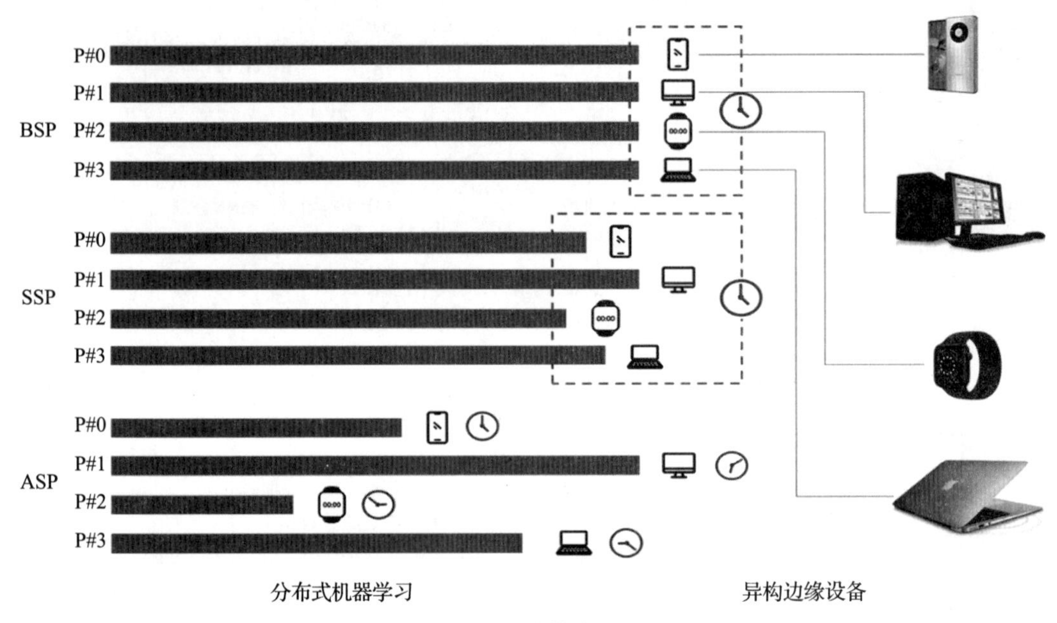

图 3-2　3 种模式对比

在 BSP 模式中，对所有的工作机都完全同步，所有工作机在每次迭代结束时都会与参数服务器同步，直到模型参数完全更新之后才会继续。BSP 模式的工作流程如下：首先所有的工作机都完成一轮模型迭代，在这个过程中模型迭代速度较快的工作机需要等待模型迭代速度较慢的工作机；所有的工作机全都迭代完成后，将全部权重更新同步传输给参数服务器；参数服务器收到所有工作机的权重更新后会更新全局的权重，并将这个最新的全局权重发送给所有的工作机；然后所有的工作机开始新一轮迭代，并重复以上过程。这种同步方式确保了工作机在每次迭代时都会进行高质量的模型训练，因为工作机总是会获得最新的模型参数。

但是 BSP 模式存在等待时间过久的问题，在工作机端可能很快就把每次迭代的训练完成了，但是会等待很长的时间才能将更新传输到参数服务器并从参数服务器下载优化的参数，这会显著地影响模型训练的收敛速度。例如，有实验表明，使用 10Gbit/s 链路的 EC2 集群训练 VGG16 模型时，超过 90% 的迭代时间都用于通信[31]。出现通信瓶颈的原因主要包括两点：一是因为边缘设备存在异构性，不同的边缘设备完成一次训练迭代的时间可能存在差异，计算能力较强的边缘设备可能需要等待计算能力弱的边缘设备完成迭代训练之后再一起进行同步；二是因为工作机进行同步时会出现网络竞争，同时有多台工作机进行同步就会竞争参数服务器的网络带宽，每个工作机都以较低的带宽进行传输，从而延迟整个迭代。

为了缓解BSP模式面临的异构性和网络竞争的问题，一个简单的想法就是消除同步障碍，这样每台工作机都可以在不同的时间与参数服务器进行通信，从而避免了异构性导致高算力边缘设备的等待以及网络竞争。因此在ASP模式中，所有的工作机与参数服务器的数据通信完全异步，ASP模式的工作流程如下：每个工作机完成一次迭代之后不需要等待其他工作机，直接向服务器传输自己的权重更新；服务器获取该工作机的梯度更新之后更新全局的权重，并将更新后的全局权重发送给该工作机；该工作机获得新的全局权重后开始新一轮的迭代。

但是ASP模式仍然存在两方面的问题：第一个问题是如果不对ASP的同步进行协调，那么来自不同工作机的网络传输可能会随机地相互碰撞，导致出现网络竞争的情况；第二个问题是在没有同步的情况下，一些计算能力较弱的工作机就会把延迟或过时的梯度更新上传给服务器，全局共享权重就会对过时的模型参数进行迭代，出现延迟梯度的问题，这可能会导致模型训练的更新偏离最佳值，因此可能会需要更多的迭代才能使模型收敛。与BSP模式相比，ASP模式需要更少的训练时间，但是由于工作机之间缺少同步的步骤，所以训练的模型通常具有较低的精度，甚至可能会导致模型不收敛的情况。

而SSP模式则是BSP和ASP两种模式的结合，SSP模式在训练过程中动态地在ASP模式和BSP模式之间切换，SSP模式限制训练最快的工作机和训练最慢的工作机之间的迭代次数不超过用户指定的一个阈值，也就是说，迭代速度最快的工作机和迭代速度最慢的工作机的迭代次数差不会超过这个阈值。SSP模式的工作流程如下：首先所有的工作机都按照ASP模式进行梯度更新，并记录所有工作机的迭代次数；当某两台工作机的迭代次数之差超过设定的阈值时，训练速度最快的工作机将被强制要求等待最慢的工作机，但同时允许其他工作机进行它们的迭代，也就是说此时对训练速度最快的工作机来说是按照BSP模式进行梯度更新，对其他的工作机依然按照ASP模式进行梯度更新；直到迭代次数差小于阈值后，再重新恢复训练速度最快的工作机的迭代。

SSP模式不是完全同步，因此也可能出现全局模型在不同工作机中不一致的情况，也就是梯度延迟问题，但是由于受到了阈值的限制，所以这个问题能够得到很好的缓解，SSP模式能够保证接近最优地进行收敛。SSP模式是BSP模式和ASP模式之间的中间解决方案，它能够比BSP模式的训练速度更快，并能保证收敛性，能够训练出比ASP模式更精确的模型。

中心化的模型训练通常会受到中心节点的通信阻塞限制，因为所有节点都需要与中心节点并行迭代通信，当网络带宽下降时，模型训练性能会明显下降，为此提出了去中心化的模型训练。在去中心化的模型训练中，不需要数据中心参与训练，每个计算节点用本地数据在本地训练自己的DNN模型，网络中的节点相互通信，通过节点之间共享和交换本地模型更新获得全局的DNN模型。

相较于中心化的模型训练需要将所有数据统一汇总至中心节点，去中心化的模型训练节点之间随机通信的模式减少了数据传输时对带宽的依赖，另外每个节点都在本地训练自己的模型，仅将权重更新进行传输和同步，从而有效地避免了隐私泄露的问题，也就是说去中心化的模型训练自然能比中心化的模型训练达到更好的隐私保护功能。实验表明，在低带宽或者高延迟的网络环境中，去中心化的模型训练效果会高于中心化的模型训练效果[32]。图 3-3 所示是中心化的模型训练与去中心化的模型训练的对比。

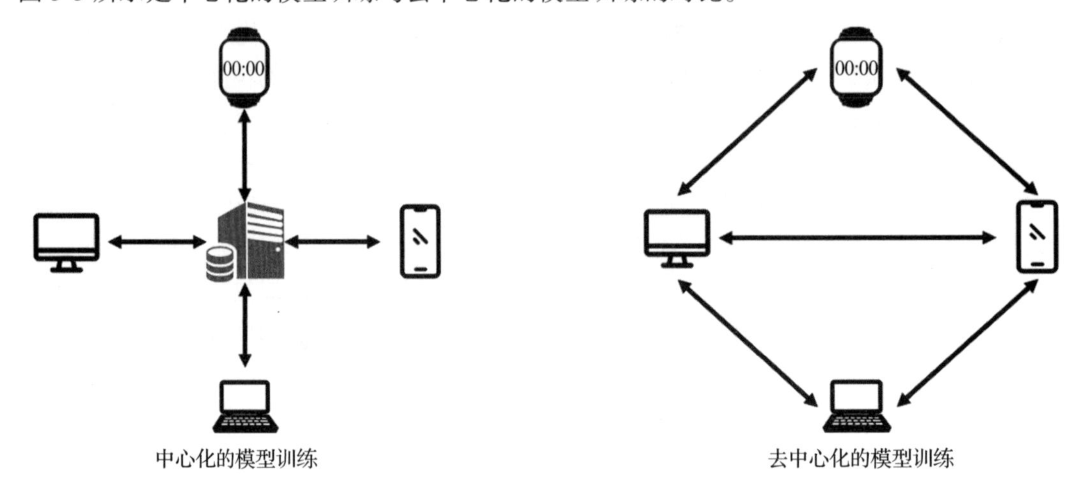

图 3-3 中心化的模型训练与去中心化的模型训练对比

3.3.3 隐私保护

基于云框架的模型训练数据主要来源于云服务器本身，与之相比，基于边缘框架下的模型训练的数据主要来源于边缘设备，因此边缘模型训练更注重用户隐私的保护。在使用大量边缘设备的数据训练 DNN 模型时，原始数据或经部分处理的中间数据会被传输出终端设备，这种情况下会不可避免地带来隐私保护的问题，一旦边缘设备将数据传输给云数据中心，边缘设备就无法控制数据的使用了，这就可能会导致敏感信息的泄露。最典型的案例就是 Facebook 公司的剑桥门事件，双方按照协议：Facebook 公司将千万级别的用户数据转交给剑桥分析公司用于学术研究，但 Facebook 公司的原始数据一经出库后就完全失控，被用于学术之外的用途，导致 Facebook 公司面临巨额的罚金。

通常为了保护隐私，会在传输时传输一些对隐私不太敏感的数据，例如 DNN 分割技术为了保护隐私，会在数据传输时仅传输已经经过 DNN 浅层或者其他轻量级的 DNN 模型处理过的脱敏数据；联邦学习技术为了保护隐私，会直接在边缘端进行完整的 DNN 模型训练，仅对梯度更新进行传输，然后聚合本地计算的更新在服务器上训练共享模型；八卦（gossip）训练为了避免隐私泄露，抛弃了中心服务器，采用异步和完全分散的方式训练 DNN 模型，在每个节点训练一个托管的 DNN 模型，然后与相邻节点共享信息进行模型更新。

1. DNN 分割

DNN 分割的目的是保护隐私，实验表明，DNN 模型可以在两个连续的层之间进行内部拆分，将两个分区部署在不同的位置训练，而不会损失精度，因此可以在设备端执行部分DNN，在边缘服务器执行剩下的DNN，以保证在进行传输时传输的是已经部分处理过的数据而不是原始数据，从而保护原始数据的隐私安全。

为了利用DNN分割技术进行隐私保护，国防科技大学的研究团队利用DNN分割技术设计并实现了一个基于云的框架Arden[3]，为了在利用云数据中心的高计算能力的同时避免隐私风险，将DNN在移动设备和云数据中心之间进行划分，Arden是基于深度神经网络的隐私推理框架，使用轻量级隐私保护机制分割DNN模型，仅在移动设备上进行简单的数据转换，而资源训练和复杂推理依赖于云数据中心。Arden实现隐私保护的技术包括任意数据消除和随机噪声添加。任意数据消除在敏感数据进入神经网络进行特征提取之前，会消除部分数据项；而随机噪声添加则是在神经网络特定的某一层输出中，加入噪声以保护隐私。另外考虑到数据消除和噪声添加会不可避免地对模型训练的最终性能产生负面影响，为了减轻这种影响，Arden采用了一种噪声训练的方法来增强模型对扰动数据的鲁棒性。

更进一步，伊朗的研究团队为了进行隐私保护，提出了一个混合用户云框架[4]，该框架将私有特征提取模块作为核心组件，并分解了大型、复杂的深层模型，以便进行协作、隐私保护分析。在这个框架中，边缘设备运行神经网络的初始层，然后将输出发送到云，为其余层提供数据并生成最终结果。为了进行隐私保护，服务提供商将会向所有设备发布一个特征提取模块，设备使用该特征提取模块后，不需要发送本地数据，而是执行简单的分析，并从本地数据中提取出仅适用于本次训练的特征信息，然后将它发送给服务提供商进行后续分析，避免了敏感信息的传输。特征提取模块中采用了3种不同的技术来保证敏感数据的隐私安全：降维、噪声添加和Siamese微调。降维的主要目的是尽可能保留数据的主要结构，并去除所有其他不必要的细节；噪声添加的主要目的是增加未授权任务进行反向推理的难度，防止隐私数据泄露；Siamese微调用来保证用户的设备中不包含除主要任务所需的信息的任何额外信息，并能防止对数据进行二次推断。

2. 联邦学习

联邦学习最早由谷歌公司提出[5]，是一种分布式加密机器学习，为了保护原始数据的隐私安全，联邦学习不会将原始数据聚合到集中的数据中心进行训练，而是直接在产生原始数据的工作机上进行训练，并通过聚合本地计算的更新在服务器上训练共享模型。

如图3-4所示，联邦学习的一般运行流程如下：首先一个工作机下载当前模型，然后使用本机的数据对模型进行本地模型更新，并把本地的模型更新汇总成一个精简的更新通过加密方式上传到云端，接着这个工作机的更新会和其他工作机的更新一起进行加权平均；最后，这个加权平均后的更新会被用来更新全局的共享虚拟模型，并发送给参与下一轮训练的工作机。在整个训练过程中，所有的训练数据都存在设备上，不会把个人数据存到云端去，从而保护了原始数据的隐私安全。

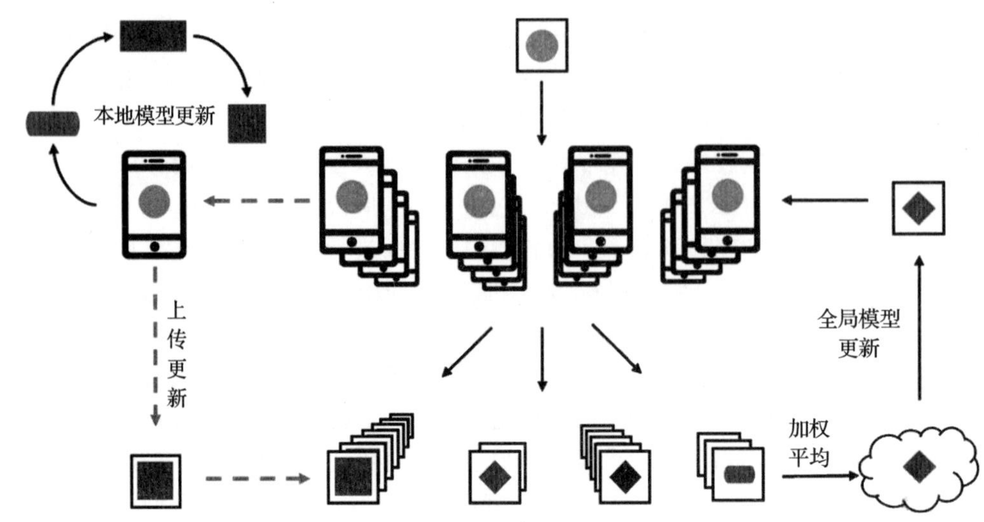

图 3-4 联邦学习

然而有研究表明，仅进行梯度的交换对联邦学习的参与者来说依然不够安全，因为可以通过某些手段从梯度中推断出参与联邦学习的用户的私人训练数据。为此联邦学习提出了差分隐私技术和安全多方计算（Secure Multi-Party Computation，MPC）来在联邦学习的训练过程中进行隐私保护。差分隐私技术在数据中添加噪声或者使用泛化方法对某些敏感属性进行模糊处理，直到第三方无法区分个体，从而保证数据无法被逆向恢复。MPC 需要复杂的计算协议支持，以保证在多方参与的计算框架中，各方除了输入和输出别的什么都不知道。MPC 通常会用到同态加密机制和秘密共享机制。采用同态加密机制进行隐私保护时，数据传输过程中仅传输加密后的参数，保证对经过同态加密的数据进行处理得到一个输出，将这一输出进行解密，它的结果与用同一方法处理未加密的原始数据得到的输出结果是一样的。秘密共享机制的思想是将秘密以适当的方式拆分，拆分后的每一个份额由不同的参与者管理，单个参与者无法恢复秘密信息，只有若干个参与者一同协作才能恢复秘密消息，当其中任何相应范围内参与者出问题时，秘密仍可以完整恢复。

但是差分隐私和 MPC 在实际应用过程中，又会存在很多问题，差分隐私技术在原始梯度中添加噪声来保护隐私，这导致在使用差分隐私技术时往往需要在模型精度和隐私保护水平之间进行权衡。MPC 中的同态加密机制和秘密共享机制都会消耗大量的计算资源和通信资源，因此基于 MPC 的联邦学习方案要么会带来大量的计算开销，要么会带来大量的通信开销，要么会限制参与者的数量，这在实际应用场景中都是不现实的。

在联邦学习中应用差分隐私技术时，传统想法就是通过差分隐私确保一个学习的模型不会揭露训练过程中是否用到了某个数据点[6]，但是在联邦学习中，仅做到保护数据点是远远不够的，因为攻击者仍然可以知道这个模型是通过哪个客户端上传的模型更新进行训练的，进而对这个客户端发起攻击。为此，德国的 SAP SE 公司和苏黎世联邦理工学院的研究团队应用差分隐私的方法通过隐藏客户端在训练期间的贡献来增加对客户端数据的保护[7]，也就是说，模型不会揭示客户是否参加了联邦学习，这意味着客户端的整个数据集受到保护，不会受到来自其他客户端的攻击，另外，算法可以在分散训练的过程中动态调整差分隐私的保持机制，从而提高模型的性能。实验表明，在参与的用户足够多时，算法可以在模型性能损失较小的情况下实现客户端级别的差分隐私。

针对联邦学习在应用 MPC 时面临的缺点，Chain-PPFL [8] 提出了一种基于链式的 MPC 技术的隐私保护联邦学习框架，将参与者组成链式结构。例如，同一区域内的参与者可以形成一条链，因为它们的信息交换速度相对较快。对于每个形成的链，每个参与者将掩码信息添加到梯度中，以获得输出，父参与者的输出被其后代参与者用作掩码信息，以保护渐变。参与者形成一个灵活的、分布式的链。对于每一轮迭代，每个链都有一个唯一的令牌，每个参与者都可以独占它。当前拥有令牌的参与者将从其他邻居节点中随机选择下一个节点作为后台节点，而不需要获得它们的掩码信息，然后当前节点将它输出传递给后代节点，最后一个参与者将它输出作为最终结果发送回服务器，该结果包含同一链中所有参与者的梯度聚合。服务器为每个链生成一个随机数，该随机数被传送到每个链的第一个参与者以开始信息交换，因为单个参与者的输出被它前面的参与者的输出掩盖了，所以想要进行攻击的节点无法从参与者的输出中获得任何隐私敏感的细节。Chain-PPFL 的结构如图 3-5 所示，其中 U_i^t 指的是用户 i 在第 t 轮迭代中发出的信息，ω_G^t 指的是第 t 轮迭代中的全局模型，浅灰色的线表示在 P2P 的信道中传输令牌，黑色的线表示传输分布式的全局模型参数。

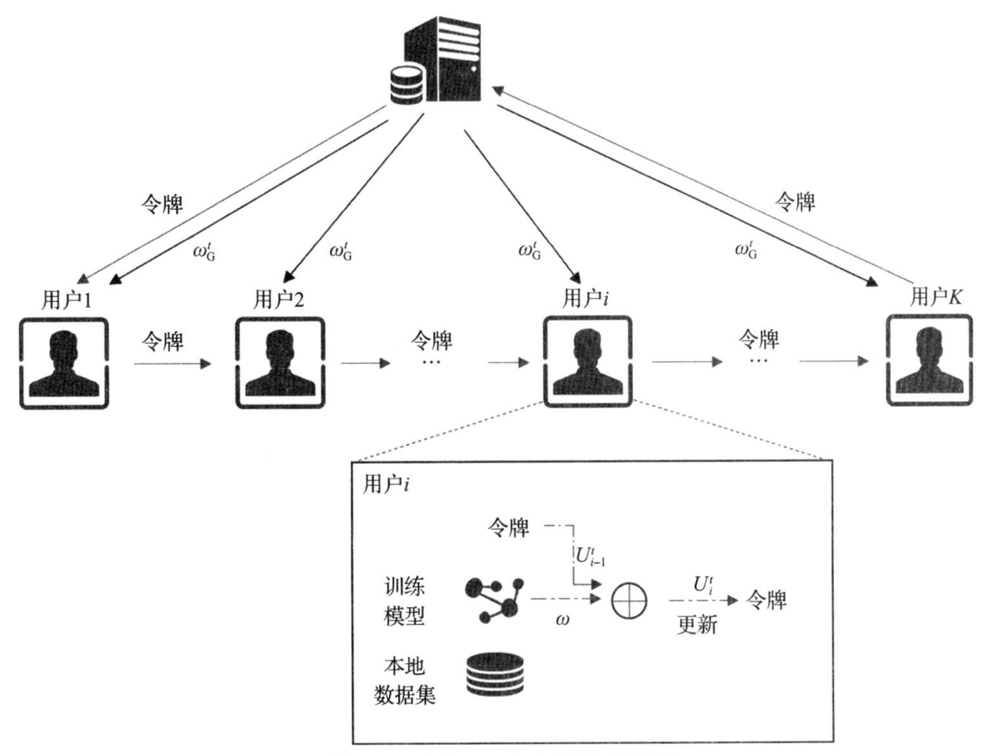

图 3-5 Chain-PPFL 的结构示意图

3. 八卦训练

八卦训练是一个完全去中心化的模型训练方法，避免了将原始数据或者中间数据传输到中心服务器的步骤，完全在本地进行数据处理，并在设备之间随机通信，完全异步且完全去中心化，从而避免了隐私泄露的风险。

八卦训练建立在随机八卦算法的基础上，随机八卦算法最早在2005年提出[9]，八卦算法正如其名，灵感来源于社交中八卦方式的相互传话，只要一个人八卦一次，在有限的时间内所有的人都会知道该八卦的信息，这种方式也与病毒传播类似。八卦算法的特点是在一个有界网络中，每个节点都随机地与其他节点通信，经过一番杂乱无章的通信，最终所有节点的状态都会达成一致。每个节点可能知道所有其他节点，也可能仅知道几个邻居节点，只要这些节点可以通过网络连通，最终它们的状态都是一致的。八卦算法用于在任意连接的节点网络中计算并交换信息，这个节点网络随着新节点的加入和旧节点的删除而不断变化，随机八卦算法通过点对点的信息交换，可以在节点之间快速收敛。八卦算法是一个最终一致性算法，虽然无法保证在某个时刻所有节点状态一致，但可以保证在“最终”所有节点一致，“最终”是一个现实中存在但理论上无法证明的时间点。但八卦算法的缺点也很明显，八卦算法很明显地会存在冗余通信，而这会对网络带宽、CPU资源造成很大的负载，这些负载受限于通信频率，从而影响着算法收敛的速度。

在随机八卦算法的基础上，GoSGD[10]采用完全异步和完全分散的模式训练DNN模型，GoSGD管理一组独立的节点，每个节点托管一个DNN模型，迭代进行两个步骤：梯度更新和混合更新。具体来说，每个节点在梯度更新步骤中局部更新它托管的DNN模型，然后在混合更新步骤中与随机选择的另一个节点共享信息，重复上述步骤，直到所有DNN都达到一致。GoSGD的模型更新过程如图3-6所示。

GoSGD的目的是解决加速CNN训练的问题，另外一种基于八卦的算法Gossiping SGD[11]则从另一个角度考虑，旨在同时保留同步和异步SGD方法的积极特性。因为SGD的同步方法中需要在每个梯度步骤上同步所有的工作机，并且在面对失败或者滞后的工作机时不能做到弹性处理；而在使用参数服务器的SGD异步方法中，因为存在参数服务器的争用，所以可能导致模型收敛速度的减慢，甚至会因此影响模型精度，为此Gossiping SGD用八卦聚合算法代替了同步训练的all-reduce集体操作，实现了异步方式，实验表明异步SGD在更少的节点上收敛速度更快，而同步SGD则在更多的节点上收敛速度更快。

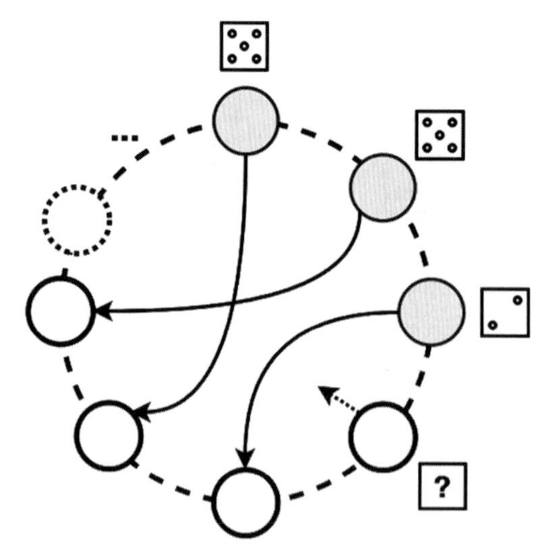

图3-6 GoSGD的模型更新过程

3.3.4 通信开销优化

DNN 模型训练是数据密集型的，需要大量的数据才能将模型训练到需要的精度，在这个过程中，数据（包括原始数据和中间数据）需要在边缘环境的节点之间传输，而数据的传输则必然会导致延迟、能量消耗和带宽消耗等各方面的问题。通常为了对通信开销进行优化，会对通信的频率以及通信的内容大小进行优化，这两个优化方向分别对应聚合控制优化技术和梯度压缩技术。在聚合控制优化技术中，会通过增加本地计算量、调整通信模式等方法来减少通信频率；在梯度压缩技术中，会通过梯度量化和梯度稀疏化等方法来减少参与通信的数据量大小，从而减少通信开销。在联邦学习中，综合应用了以上两种通信优化技术以最大限度地减少训练时的通信开销。

1. 聚合控制优化

聚合控制优化着重于 DNN 模型训练过程中通信开销的优化，在边缘计算环境下的深度学习模型训练中，一般会先在本地训练分布式模型，然后集中聚合更新。而网络传输通常会存在不可靠性和不可预测性，另外大量的数据传输也会对带宽、能量等产生较大的负担。因此为了减少通信开销，通常会对聚合的过程进行优化，即对聚合频率优化。

为了减少聚合通信的次数，一个最简单的做法就是在通信前增加本地的计算量，即在本地使用较大的批（batch）进行计算[12]，这样就可以在总体的计算量保持不变的情况下减少通信的次数。但是这种方法存在较大的限制，因为多个工作机并行运行时，不同的工作机的内存、CPU 等资源约束不同，这导致计算模型的计算时间不同，在传统的 BSP 模式中，如果出现某一台工作机的计算时间远超于其他工作机的计算时间，就会让剩余的工作机长时间等待，这会严重影响模型的训练效率。因此聚合控制优化的一个做法就是对工作机下载、更新和上传模型设置截止时间[13]，如果某台工作机超时，则在本次聚合中不采用这台工作机，仅选择能够在截止时间内完成分发、预定更新以及上传步骤的工作机。

一般通过 WAN 进行数据传输效率会非常低，并且会明显降低训练的模型性能，而 LAN 中则能保持较快的数据传输速度。另外，实验表明绝大多数的通信都会导致全局模型产生微小的变化，因此在模型训练的过程中需要尽量减少通信的次数。基于这种认识，卡内基·梅隆大学的研究团队设计并实现了 Gaia[14] 系统，基本结构如图 3-7 所示。Gaia 系统能够根据工作机的地理分布来适当调整 DNN 的模型训练，Gaia 系统的基本思想是将数据中心内的同步与跨数据中心的同步解耦，以充分利用丰富的 LAN 带宽资源，加快数据中心内部的更新速度，在数据中心内部采用传统的 BSP 或者 SSP 模型进行数据同步，这些模型允许工作机快速观察数据中心内发生的最新更新；另外考虑到不同数据中心之间的通信可能存在大量不重要的通信，因此在数据同步时仅保证每个数据中心中的全局模型副本大致正确，并采用 ASP 模型来动态消除数据中心之间不重要的通信，其中聚合频率由预设的阈值控制。然而，Gaia 系统更关注数据中心的地理分布，没有考虑工作机和数据中心的容量限制，这使得它通常不适用于容量高度受限的边缘计算节点。

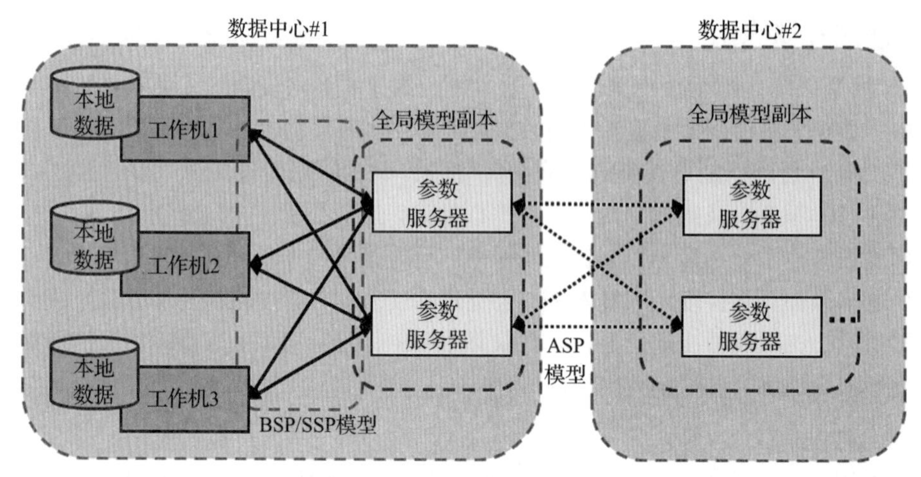

图 3-7　Gaia 系统的基本结构

为了在进行聚合控制优化时结合边缘节点的资源约束，帝国理工学院和 IBM 公司的联合研究团队提出了一种控制算法[15]，首先能够根据算法确定全局聚合的频率，然后在给定的资源预算下，确定局部更新和全局参数聚合之间的最佳权衡，使模型训练的损失函数最小化。算法考虑的资源主要包括时间、能量、通信带宽等，这些资源可以同时在这个算法中参与计算，算法将资源约束下的聚合频率控制问题建模为一个数学问题，在资源确定的情况下求解使得损失函数最小化的聚合频率。该算法在每次全局聚合之后都会根据最新的系统状态重新计算，并基于分布式梯度下降算法的收敛性分析，具有可证明的收敛性，另外在该算法的基础上也可以使用梯度压缩技术对传输的模型参数进行压缩，以进一步节省通信带宽。

2. 梯度压缩

梯度压缩是另一种为了减少边缘训练带来的通信开销的优化技术，实验表明分布式随机梯度下降（SDG）中 99.9% 的梯度交换都是冗余的（只有 0.1% 是非零值）[18]，因此需要梯度压缩对训练过程中需要传输的模型更新（即梯度信息）进行压缩，从而减少通信时需要传输的数据量，减轻通信带宽压力。梯度压缩主要分为两种压缩方法：梯度量化和梯度稀疏化。梯度量化的主要想法是将梯度向量里的每个元素都量化为有限位的低精度值，因为降低了数据表示精度，所以这种压缩方法一般都是有损压缩；梯度稀疏化指的是只传输超过阈值的梯度向量，从而减少通信时的带宽开销。图 3-8 给出了利用梯度量化和梯度稀疏化进行数据传输的示意图。

梯度量化是指传输量化后的梯度，在训练时更新非量化的模型，但是由于量化压缩是有损的，所以梯度量化面临的主要问题就是训练过程中的量化误差会累积，这将导致模型不能收敛到正确的解。为此，罗切斯特大学、苏黎世联邦理工学院以及腾讯公司的 AI Lab 联合开发了一个分散训练的框架[16]，主要关注梯度量化，采用了差分压缩和外推压缩两种方法对框架中的梯度传输进行压缩。差分压缩基于差分的方法，每个工作节点在两次连续迭代之间只交换局部模型的压缩差，而不是交换局部模型。具体地说，差分压缩执行以下步骤：每个节点在最后一次迭代中存储邻居的模型，节点进行计算时首先取加权平均值并进行随机梯度下降；然后计算梯度下降后的差值并压缩，在本地进行模型更新；最后将差值上传，并查询邻居节点的差值以更新本地副本。但是差分压缩在压缩程度非常剧烈时可能无法工作，因此采用外推压缩以消除压缩程度的限制，但是会在计算效率上有一点牺牲，在外推压缩中，假设压缩产生的噪声是无偏的，方差是有界的，外推压缩同样也不会直接将模型与邻居节点交换，而是根据每次迭代时节点前后两次的本地模型外推出一个 z 值，在邻居节点之间交换这个 z 值，在每次迭代中，每个节点根据邻居节点的 z 值估计邻居节点的模型。

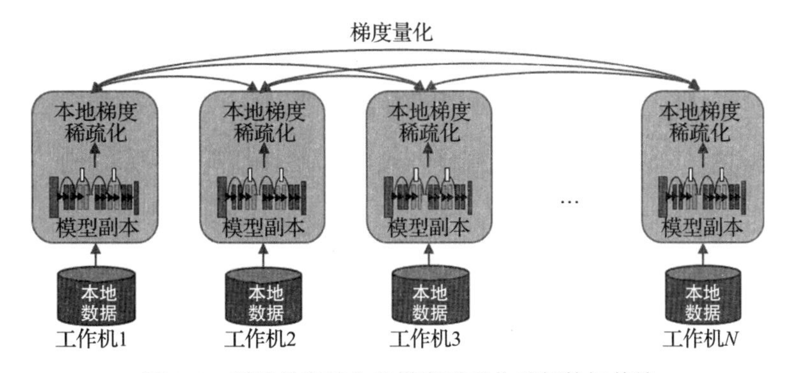

图 3-8 利用梯度量化和梯度稀疏化进行数据传输

伊朗的研究团队考虑对通信信道的优化，而不只是简单地减少每个设备传输的数据量[17]，借助远程参数服务器在无线边缘实现分布式随机梯度下降（DSGD)，并显式地建模了从设备到参数服务器的信道，将 DSGD 算法的每次迭代视为分布式无线计算问题，同时考虑无线介质的物理特性，提出了数字信道和模拟信道两种方案来解决这个问题。数字 DSGD（D-DSGD）假定在 DSGD 算法的每次迭代中，客户机在多址信道（MAC）容量区域的边界上操作，并且采用梯度量化和误差累积进行压缩，以保证在所采用的功率分配允许的比特预算内传输梯度估计。在模拟 DSGD（A-DSGD）中，客户机首先利用误差累积稀疏梯度估计，然后将它投影到可用信道带宽施加的低维空间，这些投影直接在 MAC 上传输，而不使用任何数字代码。

深度梯度压缩（DGC）[18] 主要采用梯度稀疏化对梯度进行压缩，并采用了动量修正、局部梯度剪裁、动量因数掩蔽和热身训练这 4 种方法来保证压缩过程中的精度。在工作机本地进行梯度稀疏化压缩，通过只发送重要的梯度（稀疏更新）来减少通信带宽，同时为了避免丢失信息，在局部累积剩余的梯度，当局部累积的梯度足够大时再进行传输，也就是说，本地的梯度稀疏化操作会立即传输较大的梯度，但最终会随时间传输所有的梯度。但是稀疏更新在稀疏度非常高时会严重影响收敛，而动量修正和局部梯度剪裁可以缓解这个收敛问题：动量修正对更新公式进行调整，在稀疏度非常高时降低模型的更新间隔，不会产生任何超参数；局部梯度裁剪则是为了避免梯度爆炸，在所有节点的梯度聚合之后，如果 L2 范数之和超过某个阈值，则会重新调整梯度。另外，稀疏更新延迟了小梯度的更新，因此小梯度的更新可能会过时，导致收敛速度变慢并降低模型性能，动量因数掩蔽和热身训练则能缓解这个过时问题，动量因数掩蔽对更新公式中的累积梯度和动量因数进行掩蔽，阻止了延迟梯度的动量，防止陈旧的动量把权重带到错误的方向；热身训练则是在训练的开始阶段通过使用较低的学习速率来减缓训练开始时神经网络的变化速度，同时使用较低的梯度稀疏性来减少被延迟的极端梯度的数量，从而防止在训练开始阶段训练过于激进的梯度而误导优化的方向。

在深度梯度压缩的基础上，威廉与玛丽学院的研究团队提出了边缘随机梯度下降（Edge Stochastic Gradient Descent，ESGD）[19]，这是一类既具有收敛性又有实际性能保证的稀疏格式，为了改进边缘计算中基于一阶梯度的随机目标函数优化，边缘随机梯度下降包括两种机制，即重要更新和动量剩余累积。重要更新机制确定哪些梯度坐标是重要的，并只将这些坐标传递到云上进行同步，这样可以大大降低通信成本；动量剩余累积机制为跟踪过时的残差梯度坐标设计动量残差累积，避免稀疏更新造成收敛速度降低。为了确定选择哪个梯度坐标进行同步，ESGD 引入了随机权重选择法，根据隐藏的权重来选择最受欢迎的梯度坐标，梯度坐标每次参与梯度同步，与该梯度坐标关联的隐藏权值就会增加，因此隐藏的权重值越大，说明该坐标在下一轮中比其他梯度坐标更频繁地参与同步，更有可能被选中，这种坐标对应的梯度更新被认为是重要梯度更新。实验数据表明，在梯度下降率为 50%、75%、87.5% 的 MNIST 数据集上，该算法的准确率分别达到了 91.2%、86.7%、81.5%。

在参考文献［20］中对梯度压缩，特别是梯度稀疏化进行了收敛性理论分析，其中 SGD 使用 k 稀疏或压缩（例如 top-k 或 random-k）进行分析。分析表明，梯度稀疏化的方案在具有误差补偿的情况下，收敛速度与朴素的 SGD 相同，也就是说，梯度稀疏化可以在保持精度不变的前提下，同时减少通信，并能仍然以相同的速度收敛。

3. 联邦学习中的通信开销优化

在联邦学习中，面临的通信困难更加显著，因为在实际的边缘环境中，网络存在不可靠性和不可预测性。对于大型的联邦学习模型，所有的工作机都会在每一轮中将完整模型或完整模型更新发送给服务器，这将产生极大的通信压力。为此，联邦学习综合应用了多种通信优化技术以最大限度地减少训练时的通信开销。

为了减少传输开销，首先要考虑的是减少通信轮数，这是因为在联邦学习中，每个工作机在每一轮中向服务器发送模型或模型更新，而对于大型的模型来说，每一轮传输都可能出现传输网络不可靠等问题。为此，FedAvg 算法[5]建议增加本地的计算，每次进行全局的加权平均之前都在本地进行多次局部迭代更新，以此减少训练轮数，然而这种方法在工作机受到资源限制时是不切实际的。针对这一问题，谷歌公司提出了两种更新方案来减少通信的耗时[21]：structured updates 和 sketched updates。前者将每次更新都限制为一个预先指定好的结构，这个结构一般会使用更少的变量（例如 low-rank 或者随机 mask）来参数化表示一个受限空间，直接学习这个结构的更新；后者在本地训练期间不受任何约束地计算全部更新，然后在发送到服务器之前以（有损的）压缩形式对更新进行近似或编码（例如量化、随机旋转、采样等)，服务器在聚合之前对更新进行解码，学习整个模型的更新。

从联邦学习节点的异构性角度考虑，不同的设备计算更新的速度可能存在很大差异，这将导致严重的滞后效应，为了避免这个问题，MOCHA[22]提出可以允许第 t 个节点近似求解训练时在该节点上的子问题，在每个节点都会设置一个参数决定近似的质量，这个参数的设置同时考虑了子问题本身的难度，边缘节点本身的系统限制，如硬件限制、网络连线限制、电池电量限制等以及中心节点指定的接收该节点更新的最后期限。当一个节点由于电量耗尽、网络丢失等确实无法参与本次迭代时，这个节点就会被放弃，以此保证 MOCHA 能够正常更新。从另一个角度说，MOCHA 对于异构性的边缘设备是非常健壮的，能够保证在异构性的边缘环境下正常训练。

以上讨论的联邦学习技术都是建立在一个中央服务器上的，通过中央服务器聚合本地更新，并更新全局模型，但是这种中心化的模型训练通常会受到中心节点的通信阻塞限制，为了进一步减少通信开销，考虑到在完全分散的网络（即没有中央服务器的网络）上训练 DNN 模型的场景，加利福尼亚大学圣迭戈分校的研究团队提出了一种基于贝叶斯的分布式算法[23]，其中，每个设备通过聚合来自它单跳邻居的信息来更新该节点对整个网络的认识，在这种场景下，单个用户可用的训练数据不足以唯一识别底层模型，因此用户必须相互协作以训练出最适合整个网络的模型。

此外，借助新兴的区块链技术，可以考虑将完全分散的网络模型部署到区块链上，也就是区块链联邦学习（Blockchain Federated Learning，BlockFL）[24]，利用区块链验证和提供设备，同时交换设备的本地模型更新。但是区块链网络本身会带来一定的延迟，为了解决这个问题，BlockFL 的端到端延迟模型是通过考虑联邦学习和区块链操作期间的通信、计算和 PoW 延迟而建立的，通过调整块生成速率，即 PoW 难度，使产生的延迟最小化。通过这种方法，不仅保护了本地训练数据的隐私安全，同时让机器学习模型可以在没有任何中心协调的情况下进行训练，即使有些设备缺乏自己的训练数据样本。

3.3.5 梯度计算优化

模型训练的本质是一个将损失函数最小化的优化问题，而为了解决这个问题通常需要进行大量的计算，而在异构性的边缘设备上进行如此密集的计算可能会产生巨大的延迟或是消耗巨额的能量。因此为了减少模型训练在边缘设备端的计算压力，通常采用的技术包括 DNN 分割、迁移学习、联邦学习等，其中 DNN 分割会将 DNN 模型分割到不同的边缘设备中，在每个设备中执行一部分的 DNN，从而减少每台设备的训练压力；迁移学习通常会基于一个普遍的基础数据集训练出一个基础模型，然后在边缘设备进行训练时基于基础模型进行训练，减轻模型训练的前期压力；联邦学习主要关注对边缘设备中数据集的不平衡特性和非独立同分布（Non-IID）特性进行优化，目的是通过对原始数据集的优化来增强训练出的模型性能。

1. DNN 分割

DNN 分割技术可以用来进行梯度计算优化，将一个完整的 DNN 模型分割到多个设备并行训练，对多个批同时进行并发计算，从而减少内存、显存开销，避免了在同一台设备上进行模型训练面临的资源瓶颈问题。

DNN 分割在进行计算优化时面临的一个问题就是如何确定进行分割时的分裂点，使得分割完之后在多个不同的设备中进行分布式 DNN 训练仍满足时延要求，目前在进行分割点的确定时一般会有两种方法：静态分割和动态分割。

静态分割指的是确定一个固定的分割点，进行训练时在任何边缘设备都按照这个固定的分割点进行分割。一个常见的静态分割的例子是在第一个卷积层之后分割 DNN，在边缘设备上执行第一个 DNN，剩余部分由边缘服务器执行，以最小化移动设备的计算成本[25]，这种方法利用了差分隐私机制，并能够证明通过这种分割方法将训练任务发送给不受信任的边缘服务器是可行的。

动态分割通常会分析整个模型每层计算时间和层间带宽，在模型训练过程中动态地自动决定如何在可用的计算节点上系统地分割给定的模型。例如 PipeDream[26] 就是一个流水线形式的模型训练系统，能够动态地自动确定如何将模型进行分割，PipeDream 采用模型并行，训练时将多个 Batch 同时注入系统，以确保计算资源的高效并发使用，PipeDream 通过分析整个模型的每层计算时间和层间带宽，自动在不同的机器之间划分 DNN 层，PipeDream 一般会大致均匀地对 DNN 的层进行分割，在平衡计算节点中的计算负载的同时，最大限度地减少计算节点之间的通信，在减少通信开销和有效利用计算资源方面显示出巨大优势。PipeDream 的数据同步模型使用的是优化后的 BSP 模型，称为流水线并行（Pipeline Parallelism，PP），旨在避免 BSP 模式中的同步瓶颈问题，相比于传统的 BSP 模式需要传输所有的参数，PipeDream 仅需传输 DNN 中某一层的参数，并能将数据通信与数据计算部分重叠，从而充分利用带宽，并大大减少了通信开销。PipeDream 的运行流程如图 3-9 所示。

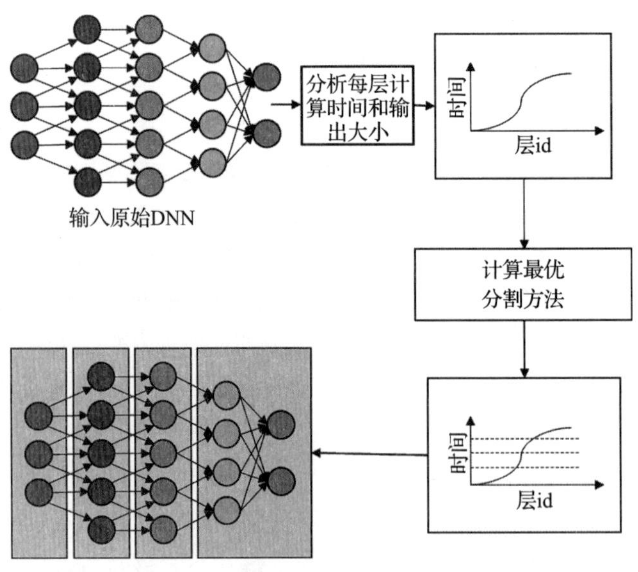

图 3-9 使用 PipeDream 进行 DNN 分割

2. 迁移学习

迁移学习的基本想法（见图 3-10）是首先根据一个基础数据集训练一个基础模型（教师模型），这个教师模型通常是一个粗略的模型，然后重新利用学习的特征，将模型转移到一个目标网络中，在目标数据集上训练出一个目标模型（学生模型），这个目标模型可以用来处理特定的任务，这种迁移涉及一个从一般性到特殊性的过程。迁移学习技术与 DNN 分割技术密切相关，要求根据基础网络学习到的特征是通用的，而不是特定于基础网络，即基础网络的部分特征也能同样适用于学习目标网络，例如使用识别汽车的模型来识别货车。迁移学习的主要目的是降低 DNN 模型在边缘设备上的训练能耗，因为迁移到目标网络后进行学习时可以直接在原来模型的基础上训练，而不需要重新开始训练，减少了训练新的模型的资源需求。

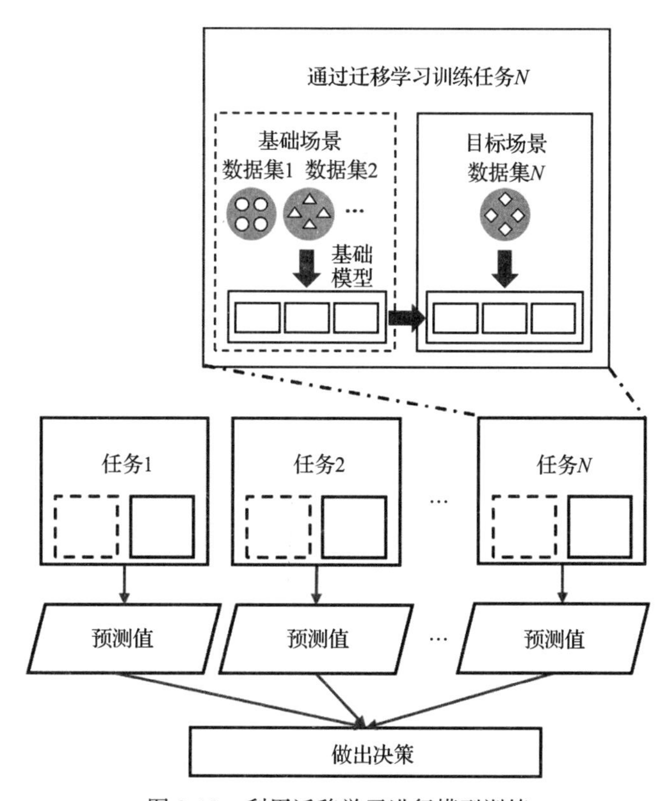

图 3-10 利用迁移学习进行模型训练

目前迁移学习方法大量适用于在边缘设备上的学习，因为它能大大减少模型训练对资源的需求。为了对在边缘设备上的迁移学习的有效性进行研究，美国亚利桑那州立大学的研究团队对迁移学习的准确性和收敛速度做了研究[27]，针对不同的学生网络结构以及教师网络对学生网络迁移知识时采用的不同技术，结果表明迁移学习的性能（精度和收敛速度）随体系结构和知识迁移技术的不同而变化，通过将知识从教师网络的中间层和最后一层迁移到较浅层的学生网络身上，可以获得良好的性能改进，但是采用其他的体系结构和知识迁移技术进行迁移学习的效果不是很好，有的方案甚至可能会对性能造成负面的影响。

在上面的性能研究的基础上，华中科技大学的研究团队观察到多任务迁移学习中只有少数任务具有更高的潜力做出整体决策进行性能改进[28]，也就是说在多任务的场景下只有少部分任务是需要关注的重要任务，因此提出了一种任务分配方案，将更重要的任务分配给计算能力强大的边缘设备，以最大限度地提高整体决策性能。将具有任务重要性的迁移学习任务分配问题看作 NP 完全背包问题的一个变种，为了求解这个 NP 完全背包问题提出了一种数据驱动的协同任务分配方法，并在工业环境中进行实验，实验结果表明这个数据驱动的协同任务分配方法比现有的方法减少至 1/3.24 的处理时间。

迁移学习技术将一个数据集上预先训练好的 DNN 的浅层作为一个通用的特征抽取器，可以应用于其他目标任务或数据集，基于这一特点，迁移学习在许多研究中得到了应用，并启发了一些框架的设计。例如在前面的 DNN 分割内容提到过伊朗的研究团队[4]为了进行隐私保护设计 DNN 分割框架，就是根据迁移学习设计的私有特征提取模块，从原始数据中提取出数据特征的一般性和特殊性程度。Arden[3]的 DNN 分割灵感也来自迁移学习，在移动设备和云数据中心之间分割一个深度神经网络，其中原始数据由移动设备端的 DNN 的浅层进行简单训练，将浅层学习到的特征迁移到云数据中心进行进一步的训练。

3. 联邦学习

联邦学习同时还能优化训练，这是因为在联邦学习场景中，工作机在给共享虚拟模型提供更新之前，本地的模型也可以立即生效。另外，机器学习算法需要进行大量的迭代，要求训练数据有低延迟、高吞吐的连接，而在联邦学习的场景下，明显是更高的延迟、更低的吞吐，而且训练时是间断性的。因此联邦学习关键的问题在于优化梯度计算和减少传输开销。

为了优化梯度计算，联邦学习采用了 SGD 来进行本地的梯度更新，在整个数据集的一个小子集上更新数据。为了优化随机梯度下降，谷歌公司提出了基于迭代模型平均的 FedAvg（Federated Averaging）算法[5]，迭代模型平均是指工作机在本地使用本地数据对模型进行一步梯度下降更新模型，然后服务器根据权重将所有工作机的更新模型进行加权平均。通过这种方法，在每次平均前，每个工作机都可以在本地进行多次局部迭代更新，从而充分利用工作机的计算能力。

优化梯度计算需要关注的另一个问题就是分布式的数据集导致的数据不平衡和非独立同分布问题，这就需要关注参与联邦学习每轮训练时的工作机设备选择。为此，FedAvg 算法在每一轮更新时都会从所有可用的工作机中随机选择出一个子集，但是这并不能很好地解决这个问题，实验表明这种方法会增加工作机之间的通信轮数，减慢联邦学习的收敛速度；相比较于随机选择，使用聚类算法选择参与训练的设备有助于均衡数据分布，加快收敛速度；更进一步，可以将参与联邦学习的设备选择问题描述为一个深度强化学习（DRL）

问题[29]，将每一轮联邦学习训练过程视为一个马尔科夫决策过程，状态 s 为全局模型权重和每轮中每个客户端设备的模型权重，给定一个状态 s，DRL 代理将采取一个操作 a，选择一个设备子集执行本地训练并更新全局模型，然后观察到一个奖赏信号 r，它是当前全局模型在一个有效集上进行测试的精度函数。目标是训练 DRL 代理尽可能快地收敛到联邦学习的目标精度。

从系统结构设计的角度，Webank 根据数据分布特征不同将联邦学习分为 3 种不同的结构：水平联邦学习、垂直联邦学习和联邦迁移学习[30]。水平联邦学习又称基于样本的联邦学习，不同的数据集共享相同的特征空间，但是样本内容不同，工作机独立更新模型参数，通过参数服务器将参数进行共享，从而与其他参与者一起共同训练模型；垂直联邦学习又称为基于特征的联邦学习，不同的数据集共享同一个样本空间，但是特征空间不同，垂直联邦学习一般会引入一个可信的第三方，通过这个可信的第三方将这些不同的特征集合起来，以一种隐私保护的方式计算训练损失和梯度，以双方合作的数据建立模型；联邦迁移学习适用于两个数据集不仅在样本上而且在特征空间上都完全不同的场景，利用有限的公共样本集学习两个特征空间之间的公共表示，然后将它应用于仅具有一个侧面特征的样本的预测。

3.3.6 边缘训练小结

传统的中心化模型训练直接从数据中心获取数据并提炼信息、训练模型，与之不同的是，边缘训练主要关注如何学习边缘环境中的数据，从中提取出信息并训练模型，另外由于训练中心从云端移动到了边缘端，同样还会面临隐私保护、数据传输开销、异构性的边缘设备计算能力弱等方面的问题。

模型训练模式包括中心化的模式和去中心化的模式，中心化的模式因为数据通信模式的不同而导致模型训练性能也会千差万别，去中心化的模式的收敛速度一般会小于中心化的模式，但是能做到很好的隐私保护。

为了进行隐私保护，就要避免直接传输原始数据，需要对原始数据进行处理后再做传输。为此，DNN 分割在边缘设备端执行部分的浅层 DNN，对边缘设备中的原始数据进行简单的模型处理，使得数据传输时传输的是已经经过浅层处理过的 DNN；联邦学习则更进一步，在每个设备端都训练一个自己的完整的 DNN 模型，在数据传输时仅传输梯度更新；八卦训练为了避免中心化模型造成的隐私泄露，舍弃了中心化的数据通信模式，采用去中心化的数据通信模式，在每个节点之间随机八卦地通信，直到最终所有节点的模型都保持一致。

为了对通信开销进行优化，需要关注的就是如何对通信频率和通信内容进行优化。聚合控制优化主要关注通信过程中的聚合频率的控制，通过各种途径减少通信的频率来减少通信开销；梯度压缩技术主要关注梯度在传输时的体积大小，通过量化和去稀疏化等手段，来减少传输过程中的梯度大小，从而减少传输时的带宽压力；联邦学习综合应用了多种通信优化技术以最大限度地减少训练时的通信开销。

为了对梯度计算进行优化，就需要减少在同一个设备中进行的模型训练的计算量。

DNN 分割技术将一个完整的 DNN 模型分割到多个设备并行训练，对多个批同时进行并发计算，从而避免了在同一台设备上进行模型训练面临的资源瓶颈问题；迁移学习首先训练一个教师模型，在边缘设备端就可以在教师模型的基础上根据设备端实际的数据集学习自己本身的模型，避免了对教师模型的重复训练；联邦学习优化了边缘数据集存在的不平衡和非独立同分布问题。

3.4 边缘推断前沿技术

3.4.1 边缘推断简介

在边缘环境中，为了满足用户的实时性需求，需要将深度学习模型部署到边缘计算服务器或是终端设备上进行推断，这也就意味着边缘计算服务器或是终端设备将在本地运行深度学习模型，处理物联网数据并提供各种智能服务，例如在智能驾驶中，智能车辆通过摄像头、传感器等物联网设备感知到路障、车速等信息后，需要在本地运行深度学习模型进行及时的信息处理和判断。然而，许多深度学习模型需要强大的计算能力以获得更好的效果，而通常情况下资源和能源受限的边缘设备并不能提供对应的计算能力，例如高精度的深度学习模型大小可能会达到 GB 量级，而将这种量级的模型直接部署到边缘设备中进行推断是不现实的，因此边缘推断关注的重点就是如何在这些资源和能源受限的物联网设备中完成快速高效的推断任务。

为了解决以上问题，从模型角度进行优化的技术包括输入过滤、模型压缩、模型分割、提前退出等；从系统角度进行优化的技术包括边缘缓存、多模型并行、多模型流水线等；另外，模型选择技术能为不同的边缘设备和推理任务个性化地选择最优模型。

从模型的角度看，可以从模型的输入、模型本身以及输出 3 个方面进行优化。输入过滤对模型的输入进行优化，去掉输入中的不相关帧，从而加速模型推理；模型压缩和模型分割对模型本身进行优化，两者的核心思想都是减小在边缘端运行的模型大小，区别在于模型压缩侧重模型裁剪、压缩编码、数据量化等操作以减小模型本身的大小，而模型分割则是将模型的一部分卸载到云计算中心或附近的设备中，在边缘端仅运行部分模型；提前退出对模型的输出进行优化，深度学习模型的浅层结果可能已经足够精确，因此当检测到某一层的结果已经满足某些推理任务的精度要求时，可以不用完整地执行整个模型，而在模型的浅层直接输出结果。

从系统的角度看，边缘缓存在网络边缘缓存模型推理的预测分类结果，在需要重用时可以直接使用缓存的结果，而不用再次进行完整的模型推断，从而降低了边缘智能应用的查询延迟；多模型并行关注多个推理任务并行时的优化，在这种情况下，多个 DNN 应用将竞争有限的资源，因此需要对并发应用进行合理的资源分配和任务调度；多模型流水线指同一时间段有多个模型在串行运行，协同完成推理任务，一般通过优化置信度阈值或参数空间进行优化。

另外，现有的工作大多对多个不同设备都选择一个通用的深度学习模型，然而该模型可能只适用于一小部分边缘设备，因此需要有一个最优模型选择技术。模型最优选择技术关注如何针对设备以及推理任务来选择最优的模型进行推断。图 3-11 总结了边缘推断相关技术。

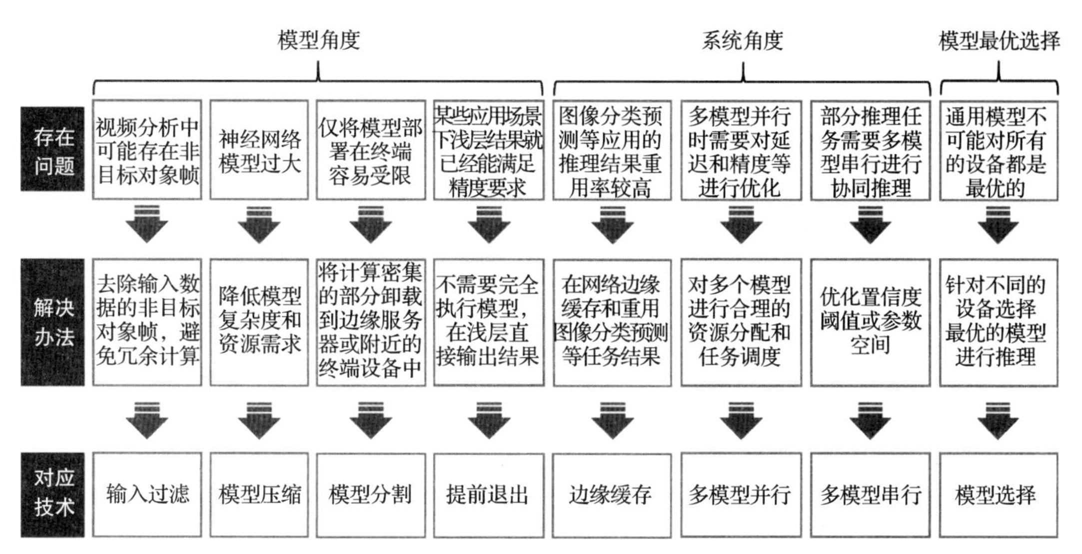

图 3-11　边缘推断相关技术总结

边缘推断相关技术分类见表 3-2。

表 3-2　边缘推断相关技术分类

优化角度	技术	特点	相关工作
模型	输入过滤	去除输入数据的非目标对象帧，避免冗余计算	参考文献 [33-37]
	模型压缩	降低模型复杂度和资源需求	参考文献 [38-44]
	模型分割	将部分模型卸载到边缘服务器或附近的终端设备中	参考文献 [42, 45-49]
	提前退出	满足精度需求后在浅层直接输出结果	参考文献 [50-52]
系统	边缘缓存	在网络边缘缓存和重用图像分类预测等任务结果	参考文献 [33, 53, 54]
	多模型并行	多个模型并行处理多个推理任务	参考文献 [55-61]
	多模型流水线	多模型呈流水线串行推理同一个任务	参考文献 [35, 62, 63]
模型最优选择	模型选择	选择最优的模型推理	参考文献 [34, 64-66]

3.4.2　模型角度优化

1. 输入过滤

输入过滤对模型的输入进行优化。在视频分析中，一段视频中可能有大量的输入帧没有想要分析的目标对象，而在推断时如果将这些帧都输入模型参与计算则会产生大量无意义的计算，因此需要对输入进行过滤，减少输入模型进行推理的数据量，从而加速模型推理。输入过滤的关键思想是去除输入数据中对推断结果不会产生影响的冗余帧，避免 DNN 模型推理的冗余计算。输入过滤的常见方法包括跳过背景帧、对比参考帧、轻量模型识别目标、挑选变化较大帧、建立时空模型等。

图 3-12 所示是输入过滤的基本思路，输入帧首先输入过滤器，过滤器可以训练模型识别目标对象、对输入帧本身前后对比或者与包含目标对象的参考帧进行对比等，根据对比结果将不含目标对象的输入帧跳过，以此保证输入到模型进行推理的都是有意义的关键帧。

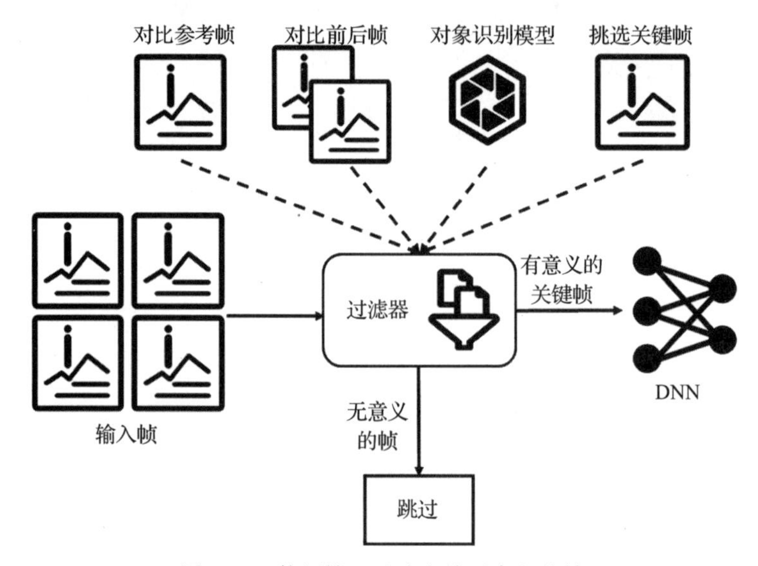

图 3-12　使用输入过滤去掉无意义的帧

（1）跳过背景帧

一种去掉无关帧的思路是对输入帧连续的前后帧之间进行差异对比，跳过变化不大的帧，一般把这部分帧认为是背景帧。

（2）对比参考帧

另外一种常见的方法是将输入帧和一个带有目标对象的参考帧逐一进行对比，通过对比结果确定输入帧中是否包含目标对象，如果没有目标对象则跳过。

跳过背景帧和对比参考帧的方法通常会结合起来对输入进行过滤。为此，No-Scope[34]实现了一个差别检测器，突出帧内容的差异，例如检测器监视输入的每一帧，并与参考帧进行差别对比，以检查帧中是否出现汽车，同时通过差别检测器确定帧与帧之间的内容是否发生了变化，只有当内容变化超出一定阈值之后才决定选取该帧输入模型进行推断，帧间的差异通过使用轻量级二进制分类器来检测，使得最终在 DNN 模型推理中只处理带有汽车的帧，这些帧能捕捉尽量多的运动且彼此之间没有过多冗余。Glimpse[33]主要是用边缘缓存

（详见 3.4.3 节）的思路解决实时性的问题，但是也同样采用了跳过背景帧的方式对缓存的帧进行选取，具体的做法是将所有的帧都转为灰度图，并计算两帧之间每个像素的绝对差，如果超过阈值，则认为这两帧之间的差异较为显著，在从缓存中选择帧时只选择相互之间差异显著的帧。

（3）轻量模型识别目标

通过对比参考帧来识别对象存在很大的局限性，为了更好地对检测对象进行识别，一些工作会建立一个轻量的深度模型来进行对象识别的工作。例如，FFS-VA[35]是一个流水线形式的多级过滤系统，通过过滤系统过滤出大量的非目标对象帧，用于高效分析大规模的视频。FFS-VA 的滤波系统分为 3 个阶段：第一个阶段是流专用的差别检测器（SDD），用于去除帧间变化不大的帧，即跳过背景帧；第二个阶段是流专用的网络模型（SNM），用来识别目标对象帧，即建立深度模型识别对象，这个阶段实现了一个 3 层的 CNN 模型，只能识别预定义的目标对象，虽然降低了通用性但是显著提升了执行速度，在这一阶段过滤掉非目标对象帧；第三个阶段是一个可以由多个流共享的 Tiny-YOLO-Voc（T-YOLO）模型，该模型能够在同一个图像中识别出多个目标对象，并过滤掉目标对象的个数低于特定阈值的帧。经过 3 个阶段的过滤后，将剩下的帧输入模型进行推断。由于每个阶段的计算量不同，因此不同阶段的计算时延可能差异较大，为了获得较高的计算效率，在任何两个连续的阶段之间都会添加一个队列，这样可以保证不同的阶段能够异步运行，并同时构建了一个全局反馈机制，根据各个阶段各自的队列控制来协调各个阶段的处理速度。

（4）挑选变化较大帧

上述技术都是从输入视频中删除无关帧，将剩下的帧作为输入，从另一个角度考虑，也可以从输入视频中直接挑选相互之间变化最大的帧，将这部分帧作为输入。IF（Interesting Frame）检测器[36]提出了一种用于视频分析的两级过滤系统，通过建立数学模型的方法计算出感兴趣的 top-k 帧，这个 top-k 帧是输入视频中相互之间差异最大的 k 个帧，它首先通过输出 DNN 的中间数据来提取帧的语义内容，然后将这些输出特征累积到帧缓冲区中，将缓冲区视为有向无环图，采用欧几里得距离作为相似度度量，就把计算相互之间差异最大的 k 个帧的问题转换成了一个在有向无环图中寻找最长 k 节点路径的问题，然后通过寻找出最长 k 节点的路径来找到最感兴趣的 k 个帧。

（5）建立时空模型

上述工作主要是仅从视频本身的角度进行分析，ReXCam[37]则根据多个摄像机之间的时空关系进行分析，加速了跨摄像机分析的 DNN 模型推断，ReXCam 通过多个摄像机之间的时空关系建立了一个时空模型来过滤视频帧。具体地说，ReXCam 利用真实摄像机在时空结构上的相关性来指导进行模型推理，在离线分析阶段，ReXCam 构建了一个交叉摄像机相关模型，对历史交通模式中观察到的位置进行编码；在推理时，ReXCam 将此模型应用于过滤与查询标识的当前位置在空间和时间上不相关的帧，在偶尔漏检的情况下，ReXCam 会对最近过滤的视频帧执行快速重放搜索，从而对漏检的帧进行恢复。ReXCam 将计算工作量减少至 1/4.6，DNN 模型推理精度提高了 27%。

2. 模型压缩

模型压缩对模型本身进行优化。高精度的 DNN 模型通常不方便直接完整地部署到边缘设备中，因为这些高精度的 DNN 模型通常过大，而边缘设备不能支持运行如此大的网络模型，因此一个直观的思路就是减小直接部署到边缘设备上的模型大小，一种常见的做法是对神经网络模型进行压缩。压缩后的模型将会更加适合直接部署到边缘设备中进行本地设备推理，从而减少响应时间、减少隐私问题，避免额外的数据传输，并优化了在边缘端推断的内存占用。模型压缩的常见方法包括模型裁剪、压缩编码、数据量化、知识蒸馏、层压缩、能量优化等，大多数工作都会将这些技术组合起来对模型进行压缩，以获得更好的效果。

（1）模型裁剪

神经网络通常会有很明显的冗余性，网络中存在很多不重要的连接和贡献较低的神经元，模型裁剪将不重要的连接和神经元进行裁剪，只保留重要连接和神经元，从而在可接受的准确率下降范围内减少网络所需的参数、内存和 CPU 的消耗，使神经网络更加适应在移动设备上运行。由于去除神经元会损害 DNN 的精度，因此模型裁剪关注的重点是如何在保持精度的同时减小网络规模，效果如图 3-13 所示。需要注意的是，模型裁剪与解决过拟合的 Dropout[68] 方法有些类似，但是并不相同，Dropout 方法只是在一轮训练中临时地删除神经网络中的神经元，在下一轮训练中就会将这些神经元恢复，而模型裁剪则会永久地删除这些连接和神经元。

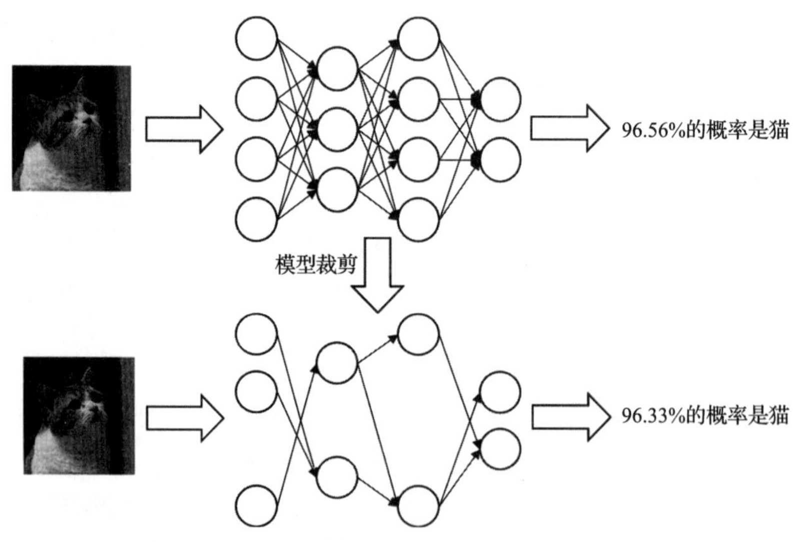

图 3-13　使用模型裁剪在不影响精度的同时减少模型大小

斯坦福大学和 NVIDIA 公司的研究团队提出了一个三步模型裁剪的运行流程：首先进行初始化训练，判断哪些连接是重要连接，并根据神经元贡献的大小对神经元进行排序，然后裁剪掉不重要的连接和贡献较小的神经元，最后重新训练裁剪后的网络，并微调保留下来的参数，对重新训练后的神经网络裁剪不重要的连接，重复以上过程直至网络模型达到目标神经网络大小[38]。

（2）压缩编码

压缩编码主要分为两类，有损压缩编码和无损压缩编码，两者主要在可逆性上有区别，有损压缩编码在恢复时不能完全恢复原来的图像，反之，无损压缩编码能够完全恢复原来的图像。

有损压缩编码的方法主要有 PCM（脉冲编码调制）、预测编码、变换编码、插值和外推法、统计编码、矢量量化和子带编码等。将预测编码和变换编码结合的混合编码是广泛采用的有损压缩方法，通常使用 DCT 等变换编码方法对空间冗余度进行压缩，用帧间预测或运动补偿预测等预测编码方法对时间冗余度进行压缩，从而达到更高的压缩效率。

无损压缩编码的一个代表性方法就是赫夫曼编码，这是一种可变字长编码（VLC)，它按照符号出现的概率来进行变长编码，完全依据字符出现概率来构造异字头的平均长度最短的码字，使用赫夫曼编码可以有效地减少模型的存储。

（3）数据量化

数据量化的核心思想是不统一采用 32 位浮点数，而使用更少、更紧凑的位来表示层输入与权重，因为用更少的位表示一个数字可以减少内存占用和计算强度。一种常见的数据量化的做法是使用 float16/int8/... 代替 float32，但是这种一刀切的方法会导致产生次优的结果，而如果对不同的数字采取不同的位宽度，采用暴力求解的方式遍历所有方案来找到最优的方案则可能会出现组合爆炸的情况。此外，如果仅针对特定的 DNN 框架或硬件平台进行量化优化，则缺乏可移植性，因此如何针对这些问题进行优化是数据量化的关键。

针对以上提出的问题，Libnumber[41] 研究了层粒度下的最优量化表示，引入数字抽象数据类型（ADT)，封装了来自用户的数字的内部表示形式，然后为这个数字找到一个紧凑的表示，包括数据类型、位宽度和偏差，以在满足精度约束的前提下找到最小化目标函数的配置，并应用此配置生成优化的 DNN 内核。

JALAD[42] 将数据量化和模型分割（后文有详述）相结合，采用数据量化技术的目的是尽量减少被分割后的模型在云端和边缘端之间进行传输的数据大小。JALAD 在进行数据量化时主要进行了两种转换：浮点特征转换为小整数和整数特征映射压缩，浮点特征转换为小整数的公式如下：

$$y_i = \begin{cases} \dfrac{(2^c-1)(x_i - \min(x))}{\max\limits_{x_i}(x) - \min(x)} & \max(x) > 2^c \\ & \text{其他} \end{cases}$$

式中，y_i 是转换后的小整数；x_i 是输入的浮点数；x 是原始浮点数的集合；c 是基于网络条件和精度约束的自适应整数位数。

该式的原理是将特征表中的原始浮点数映射到 $[0, 2^c)$ 的范围内，以减小层内特征表的大小。整数特征压缩采用赫夫曼编码，从而进一步压缩量化后的整数特征映射。

（4）知识蒸馏

知识蒸馏技术由 Hinton 在 2015 年首次提出[69]，知识蒸馏的核心思想是通过知识迁移，从而根据训练好的一个大模型（教师模型）得到一个更加精简、复杂度更低、更适合边缘端推理的小模型（学生模型），引入软目标（soft-target）来引导学生模型的训练，以实现知识迁移。软目标依据教师模型的预测输出计算获得，方便学生模型更轻松地识别简单样本，硬目标（hard-target）则是数据集的真实标注，方便学生模型鉴别困难样本，这是因为在软目标中，已经保留了教师模型的部分推断信息，也就是说，软目标是已经经过教师模型推断过的数据，对数据的判断具有引导性，更方便学习理解学生模型。例如在软目标中，可能认为一个物品 95% 的概率是猫，5% 的概率是狗，而在硬目标中，只有人工标注的 0 和 1 代表这个物品是否为猫。

知识蒸馏运行的一般流程如下：首先使用硬目标（也就是人工标注的数据）训练一个教师模型，然后利用训练好的教师模型计算软目标（也就是通过教师模型进行简单的推断，将推断结果作为训练数据），也就是大模型“软化后”再通过 softmax 层输出，最后根据软目标训练学生模型，在训练时会通过参数调整软目标和硬目标两个损失函数的占比。训练结束后，可以将学生模型按照常规方式直接部署使用。

更进一步，Hinton 在 2018 年提出了可以通过在线蒸馏来增加额外的并行性，从而适应非常大的数据集，并能提升执行速度[70]。在线蒸馏通过向第 i 个模型的损失函数添加一个项来匹配其他模型的平均预测值，可以并行训练多个模型副本，使得在线蒸馏在不增加训练时间的情况下可以同时蒸馏多个模型。实验结果表明，在线蒸馏不仅能够加快训练速度，并且能够使模型的精确预测更具可重复性。

由于模型裁剪、压缩编码和数据量化等技术能在不相互干扰的情况下压缩网络，从而对网络进行高效率的压缩，所以大部分工作都会将这些技术结合对网络进行压缩。

例如，Deep Compression[39]是一个三层流水线式的模型压缩框架，三层分别对模型进行模型裁剪、数据量化和赫夫曼编码。具体来讲，在第一层模型裁剪阶段，首先按照正常的网络训练来学习一个完整的神经网络模型，然后将所有权重低于阈值的连接从网络中移除，最后重新训练网络以学习剩余稀疏连接的最终权重；在第二层数据量化阶段，会对权重进行量化，使得多个链接共享相同的权重，以此限制需要存储的有效权重的数量，然后对这些共享权重进行微调，因此只需要存储一个共享权重表，对于每个权重，都只在共享权重表中存储一个小索引，例如对于 AlexNet 来说，每一个卷积层都可以量化为 8 位（256 个共享权重），每一个全连接层都可以量化为 5 位（32 个共享权重），而且这些量化都不会损失任何精度；在第三层赫夫曼编码阶段，使用可变长度的密码对源符号进行加密，由于网络中的量化权重和稀疏矩阵索引的概率分布通常都是非均匀分布的，因此应用赫夫曼编码这些非均匀分布的值可以节省 20% ～ 30% 的网络存储。

类似地，Minerva[44]通过 5 个阶段来对 DNN 硬件加速进行优化，其中第一和第二阶段建立公平的基线加速器，第三到第五阶段基于基线加速器进行优化，并对比优化结果。具体来讲，第一阶段首先建立一个公平的DNN基线，该基线保证在合理资源需求下能将错误最小化；第二阶段通过调整微体系结构参数（例如时钟频率和内存带宽）对硬件资源进行权衡，将调整后的硬件加速器视为基线加速器；第三阶段是一个数据量化优化阶段，在保证不超过预测误差界的情况下最小化位宽度；第四阶段是一个模型裁剪操作阶段，DNN内核主要由重复的权值和MAC操作组成，对神经元活动值的分析表明，绝大多数操作都接近于零，因此这一阶段会将这些神经元活动裁剪，这样不仅能减小模型规模，还能保证模型精度不会受到太大影响；第五阶段是一个SRAM故障缓解阶段，采用最先进的电路来识别潜在的SRAM读取故障，并提出了基于将故障权重舍入为零的新的缓解技术，通过调整SRAM的电源电压来节省功率。Minerva的优化在不降低预测精度的情况下，将功耗降低至1/8以下。

（5）层压缩

层压缩是将较大的层拆分为多个较小的层，从而减少层间的连接数[40]。例如对全连接层压缩时，会在两个较大的神经网络中间添加一个截断层 r，如图3-14所示。左侧的连接数为 $m * n$，右侧的连接数为 $r * (m + n)$，当 m 和 n 都较大而 r 较小时，右侧的连接数将会小于左侧，通过线性代数中奇异值分解的思想可以证明这样只会对精度产生较小的影响，但是在每一层的神经元数都较多时会显著减少层间的连接数。

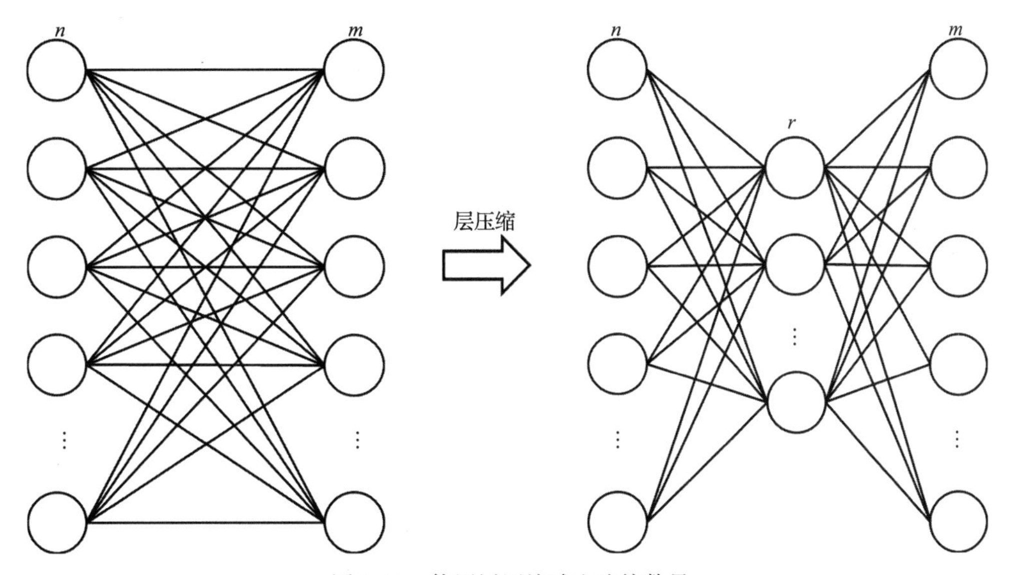

图3-14 使用层压缩减少连接数量

（6）能量优化

另外需要注意，对于能量受限的终端设备，上述基于数量级的权重裁剪方法可能不能很好地适用，经验测量表明，权重数量的减少不一定转化为显著的节能[71]，这是因为对于以 AlexNet 为例的 DNN 来说，卷积层一般消耗的能量较多，而权重数量相较于全连接层较少，这也就意味着不管如何对权重进行修剪，对能量消耗的优化可能是微乎其微的，也就是说权重的数量可能不是一个很好的能量指标。因此目前的一个发展方向是基于能量感知对边缘设备进行权重修剪，为了实现这一目标，MIT 开发了一个在线的 DNN 能量估计工具（https://energyestimation.mit.edu/），该工具能够进行简单快速的 DNN 能量估算，并在此基础上提出了一种能量感知的裁剪方法 EAP[43]，为了最大限度地减少能量，该算法的目标是裁剪消耗能量最多的层，而不是使用最大数量的权重。具体运行时首先会对每一层进行裁剪，然后用闭式最小二乘法对保留的权值进行局部微调，以快速恢复精度，提高压缩比，在对所有层进行裁剪后，通过反向传播进一步对整个网络进行全局微调。

3.模型分割

模型分割同样是对模型本身进行的优化。如果仅将深度学习模型部署在单一平台上，就会受到单一平台的限制，例如，仅将深度学习模型部署在云端会出现传输延迟、通信消耗、隐私保护等方面的问题；仅将模型部署在边缘端则会面临算力不足、计算资源受限的问题。模型分割方法为了解决这些问题，在边缘端运行深度学习模型时，会将深度学习模型的一部分进行卸载，以减少推断时的延迟。模型进行分割时有两种途径：云端与边缘端分割以及边缘端之间分割。云端与边缘端分割时会按照层粒度进行，在边缘端执行浅层部分，在云端执行剩下的计算密集的层；边缘端之间分割时会按照神经元的粒度进行分割，每一个边缘端执行少量的神经元。

（1）云端与边缘端分割

云端相比较于边缘端具有计算能力的优势，但是在数据传输时会出现延迟及传输能耗，而边缘端相比于云端则具有延迟低和传输能耗低的优势，但是计算能力较弱，因此模型分割时的一个关键点是如何确定分割时的分割点，以获得最佳的模型推理性能，例如达到时延最优或者能量最优。另外，模型分割依然需要考虑云边之间的数据传输问题，因此对传输的数据进行压缩可以减轻数据传输时的带宽压力。目前常用的数据压缩技术包括压缩编码、数据量化。图 3-15 给出了利用模型分割将计算复杂的模型部分卸载到边缘 / 云服务器中进行推断的示意图。

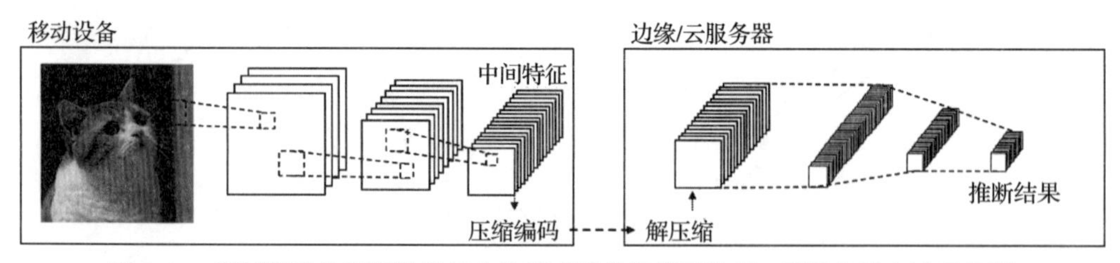

图 3-15 利用模型分割将计算复杂的模型部分卸载到边缘 / 云服务器中进行推断

佐治亚理工学院的研究团队研究了基于设备和边缘主机的物理界限对 CNN 进行划分的方法[45]，他们在对模型进行划分分配时的分配规则比较简单，在设备终端分配卷积层，在边缘主机上分配剩余的完全连接层，将模型分割与压缩编码相结合，在将中间层的输出特征空间传送到边缘主机前对特征空间采用赫夫曼编码等技术进行压缩编码，以此提高带宽利用率。

更进一步，Neurosurgeon[46]通过对各种应用场景下的DNN进行分析得出结论：划分DNN的最佳方法取决于DNN的拓扑和组成层：计算机视觉DNN有时在DNN的中间层有更好的分割点，而对于ASR和NLP DNN，在开始或结束时进行分割更有利，因此Neurosurgeon提出了一个智能的DNN分割引擎，在部署时会使用一种回归的方法为每一层构建一个性能预测模型，在运行时会首先分析和提取DNN架构的层类型与配置，然后使用性能预测模型估计每一层的执行延迟和能耗，最后根据预估的延迟和能耗，并结合当前的无线连接带宽和数据中心负载水平，返回一个最优的划分点，使模型推理满足时延要求或能量需求。

JALAD[42]采用建立数学模型的方法，将模型划分描述为整数线性规划（ILP）问题，使用模型捕捉整个执行延迟，包括边缘计算延迟、传输延迟和云计算延迟，然后通过寻找这个整数线性规划问题的最优解来找到最小化模型推理的延迟模型分割点，并同时能够满足精度约束。

（2）边缘端之间分割

模型分割涉及的另一个重要场景就是在边缘端之间进行分割，例如，在本地分布式移动计算系统上运行DNN。云端与边缘端进行分割时主要考虑的是单一边缘设备与服务器的交互，与这种模式相比，本地分布式移动计算系统具有许多重要的优势，包括更多的本地计算资源、更高的隐私性、对网络带宽更少的依赖等。在边缘端之间进行分割时，模型分割的粒度为神经元。

MoDNN[47]将已经训练好的DNN模型划分到多个移动设备上，通过降低设备级的计算成本和内存使用来加速DNN的计算，引入Wi-Fi Direct技术，在WLAN中建立一个微型计算集群，计算集群中包括多个授权Wi-Fi功能的移动设备，用于划分DNN模型推理，承载DNN任务的移动设备将是集群所有者，其他设备充当工作节点，由于卷积层的计算成本主要取决于它的输入大小，因此采用一种有偏一维分割（BODP）的方案来对卷积层进行分割，而全连接层的内存使用主要取决于层中权重的数目，因此提出了一种由改进的光谱共聚类（MSCC）和细颗粒交叉分割（FGCP）组成的权重分配方案。实验表明，在2～4个工作节点的情况下，MoDNN可以将DNN模型推理速度提高2.17～4.28倍。

MeDNN[48]是对MoDNN的补充改进，针对大规模的分布式移动计算系统，提出了一个贪心二维划分方法，将DNN模型自适应地划分到多个移动设备上，并利用结构化稀疏剪枝技术对DNN模型进行压缩。MeDNN在2～4个工作节点的情况下，将DNN模型推理提高了1.86～2.44倍，节省了26.5%的额外计算时间和14.2%的额外通信时间。

需要注意的是，在MoDNN和MeDNN中，DNN层是水平分区的，相比之下，DeepThings[49]对DNN层进行了垂直分区以在资源受限的边缘设备中减少内存占用。DeepThings采用了一种融合平铺分区的方法，即可伸缩融合块分区（Fused Tile Partitioning，FTP），用网格的方式融合层并垂直分区，以最大限度地重用相邻分区之间的重叠数据，从而减少内存占用。

4. 提前退出

提前退出对模型的输出进行优化。高精度的神经网络通常有很复杂的层次结构，完整执行深层次的网络模型需要消耗大量的时间、内存、能源等资源。然而事实上深度网络的浅层往往就已经学到了很多特征，已经能支持大部分样本的准确推理，因此提前退出的核心思想就是使用模型的中间层输出作为预测结果，仅运行网络的部分层，目的在于降低延迟并提高推理效率，不需要执行完整的网络模型就能得到相对准确的结果。图 3-16 显示的是有 3 个提前退出点的模型。提前退出的关键在于在什么地方设置退出点，以及判断在某个退出点退出时能否达到准确度要求。

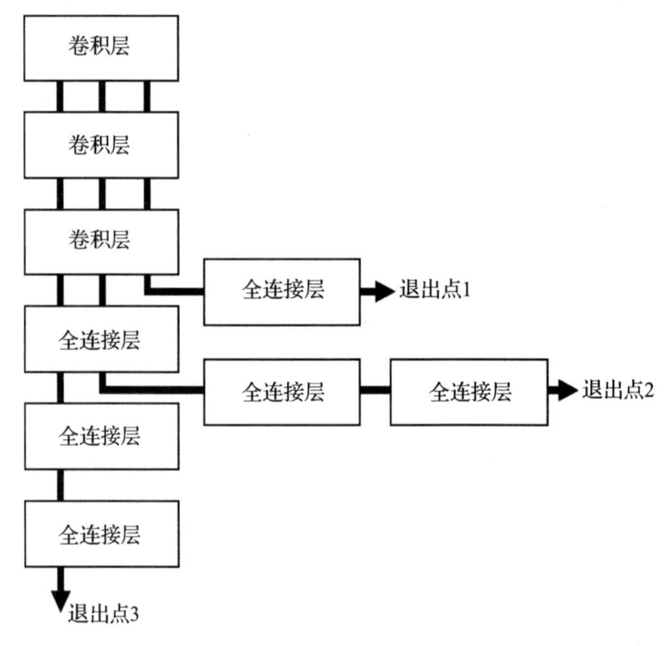

图 3-16 有 3 个提前退出点的模型

BranchyNet[50]是一个实现提前退出的编程框架，核心思想是在深度网络的浅层增加额外分支，使样本有机会提前退出，在神经网络运行到分支时会判断输出结果是否足够可信，是否可以提前退出，如果达到可以退出的精度标准，可以直接在分支的出口点提前退出模型运算，在计算损失函数时使用各分支损失函数的加权和作为整个网络的损失函数。

在边缘计算环境中由于设备、边缘、云共同训练，共同推理，DDNN[51]借鉴 BranchyNet 的思想，将模型划分与提前退出相结合，将 DNN 的一部分卸载到服务器中进行推理，并允许在边缘端和终端设备中使用 DNN 的一些浅层部分进行快速和局部的推断，从而进一步减轻边缘端的计算压力。相比较 BranchyNet 不同的一点是，DDNN 使用标准化熵阈值作为置信准则，而不是BranchyNet中的非标准化熵，在模型的每个阶段设置出口，在出口计算当前的标准化熵，如果这个值接近0则表示对当前的预测结果更有信心，样本就可以在当前退出点直接退出；接近1则表示更没有信心，样本将退回到模型中进行更深层次的推理。另外，当多个移动设备向边缘服务器发送中间数据或多个边缘服务器向云数据中心发送中间数据时，必须聚合每个终端设备的输出，以便执行分类，DDNN提出了MP（Max Pooling）、AP（Average Pooling）和CC（ConCatenation）3种聚合方法。MP通过取每个分量的最大值来聚合数据向量；AP取各分量数据的平均值；CC只是简单地将所有数据向量连接为一个向量。设备上的模型部分使用二值神经网络，从而进一步减少设备负载。

Edgent[52]同样建立在BranchyNet之上，并结合模型分割和提前退出技术，在预测精度和时延之间进行权衡，具体来讲，Edgent分为3个阶段：离线训练阶段、在线优化阶段和协同推理阶段。在离线训练阶段，Edgent会进行两次初始化：一是针对不同的层生成基于回归的性能预测模型；二是利用BranchyNet训练具有不同出口点的DNN模型。在在线优化阶段，DNN优化器会根据输入智能地判断模型分割的最佳划分点和提前退出点。在协同推理阶段，根据分区和提前退出计划，在服务器和终端设备中分别执行对应部分的DNN模型。

3.4.3 系统角度优化

1. 边缘缓存

边缘缓存在网络边缘缓存模型推理的预测分类结果，在需要重用时可以直接使用缓存的结果，而不用再次进行完整的模型推断，从而降低了边缘智能应用的查询延迟。边缘缓存通常应用于需要实时响应的应用中，在这类应用中，往往在获得推断结果后数据就已经“过时”了。例如，在自动驾驶中，需要智能车辆对当前的路况做出及时、准确的判断，如果不用缓存而是仅靠智能车辆自己进行推断则可能产生较大的延迟。边缘缓存的核心思想是在网络边缘缓存模型推理的预测分类结果，在需要重用时可以直接使用缓存的结果，而不用再次进行完整的模型推断，从而降低了边缘智能应用的查询延迟。也就是说，如果来自移动设备的请求命中了存储在边缘服务器中的缓存结果，则边缘服务器将返回结果，否则请求将被传输到云数据中心进行全精度模型推断。

Glimpse[33]在DNN推理任务中应用数据缓存技术，用以在需要快速响应的视频应用中追踪目标对象，使用缓存的中间帧将过时信息追踪到当前帧正确位置上，让用户看到正确的结果。对于一个目标检测应用，Glimpse会重用过时的检测结果来检测当前帧上的对象，并将检测到的过时帧对象的结果缓存在移动设备上，然后Glimpse提取这些缓存结果的子集，并计算处理帧与当前帧之间的特征光流（Optical Flow）。光流的计算结果将指引边界框移动到当前帧中正确的位置。

但是局部缓存的结果不能超过几十幅图像，因此Cachier[53]实现了对数千个对象的识别，Cachier能够自适应地平衡边缘和云之间的负载、利用请求的时空局部性、使用应用程序的离线分析和网络状况的在线估计来最小化延迟。在 Cachier 中，边缘智能应用的结果缓存在边缘服务器中，存储输入的特征（如图像）和相应的任务结果，然后 Cachier 基于最不频繁使用（LFS）缓存替换策略，如果输入不能命中缓存，边缘服务器将把输入传输到云数据中心，Cachier 可以将响应能力提高 3 倍或更多。Precog[54] 是 Cachier 的扩展。在 Precog 中，缓存的数据不仅存储在边缘服务器中，还存储在移动设备中，并能根据环境信息动态调整移动设备上缓存的特征提取模型，Precog 在设备上使用选择性计算，以减少将图像上传到云端的需要，移动设备与边缘服务器协作，利用马尔科夫链的预测将训练后的分类器中用于识别的部分提前部署在移动设备中，并使用这些较小的模型来加速设备上的识别，通过这种方法 Precog 能将延迟减少 4/5。

2. 多模型并行

实际系统运行过程中，终端或边缘设备通常同时运行多个 DNN 应用程序，在这种情况下，多个 DNN 应用程序将竞争有限的资源，如果不仔细地对并发应用进行资源分配和任务调度，全局效率将大大降低。如何对多个推理任务进行调度优化、资源管理、精度调整是多模型并行优化的目标。

多个模型并行运行时，首先面临任务调度的问题，常见的调度算法一般包括先到先得（Fist Come First Served，FCFS）、最长作业优先（Longest Job First，LJF）、最短作业优先（Shortest Job First，SJF）等，但是这些调度算法都无法做到内存感知，而作业的内存也是调度时需要考虑的重要参数之一。这是因为当进程分配的内存超过可用内存时，将必须分页到磁盘，而这些分页操作导致的时间损失比直接内存访问高出几个数量级，因此提出了一种基于内存感知的任务调度方法 MEMA（MEMory Aware Scheduler）[56]，MEMA 是为了防止执行期间内存过度分配而创建的。MEMA 执行时会按网络中出现的顺序加载层，并提前加载一个层，来保证调度时可以执行部分内存不足的操作。MEMA 跟踪了两个按优先级排列的任务列表 load 和 exec。load 根据相应的层索引按顺序对加载任务进行优先级排序，exec 基于执行任务的预期吞吐量来确定优先级，吞吐量通过将所需内存除以预期的执行持续时间来计算，调度程序首先检查自上一轮调度以来新的加载任务和执行任务是否可用，然后根据 exec 的顺序执行任务，根据 load 的顺序加载任务。实验结果表明，在内存受限的情况下，相比于没有内存感知的调度算法，MEMA 可以显著地减少执行时间，在不同的内存约束级别下，调度策略对执行时间有很大的影响。

MCDNN[61] 主要关注多模型并行运行时的资源管理问题，设计并实现了一个优化编译器和运行时调度程序，系统地权衡 DNN 分类精度以获得资源使用，并通过对设备 / 云执行的权衡进行远程推理，让每个请求得到近似的服务。MCDNN 所解决的问题可以描述如下：在每个请求的资源约束（例如内存）和长期约束（例如能量）下，如何自适应地选择不同精度的模型变量，将平均分类精度最大化，称此调度为近似模型调度（AMS）。为了解决上面所述的问题，MCDNN 首先对模型采用各种不同的优化技术，包括矩阵分解、矩阵剪枝和架构变更等，对应生成多种优化后的模型变体，记录模型变体运行的准确性、内存使用、执行能量和执行延迟等参数，并生成一个参数目录，然后采用调度算法根据资源的使用频率按比例分配资源，并使用之前生成的参数目录来选择最精确的对应模型变量。

NeuOS[57]是一个针对多DNN并行的综合系统框架，主要关注多DNN并行运行时的能量消耗与精度之间的权衡，在特定系统约束下，NeuOS不仅可以保证延迟可预测，而且能够智能协调系统决策和多个DNN实例之间的应用级决策，对多DNN并行进行能量优化和动态精度调整，即在系统级的能量优化和应用级的准确性之间进行平衡。在NeuOS中，通过动态电压/频率缩放（Dynamic Voltage/Frequency Scaling，DVFS）对功耗进行调整，另外引入队列的概念对精度进行调整，一组DNN实例可以通过共享队列进行通信，为了了解系统的总体状态，每个DNN实例都会将它的变量放入共享队列中。在系统运行过程中，多个DNN实例并发运行，并在DNN的层边界（即DNN实例中的每一层执行完成时）对DVFS和DNN配置进行运行时调整，并在整个系统中维护一个DVFS配置列表，以在全局对所有DNN实例的能量优化和精度调整进行权衡。

DeepEye[58]是一个火柴盒大小的可穿戴照相机，能在设备本地运行多个云平台级的深度学习模型。DeepEye在处理多模型并行时，受有限的内存影响，因此主要面临的一个问题是全连接层加载耗时 > 卷积层加载耗时 + 计算耗时，通过调度异构DNN层的执行来优化移动设备上的多任务推理。DeepEye首先将所有任务的DNN层分为两种：卷积层和全连接层，对于卷积层，采用基于FIFO队列的执行策略；对于全连接层，DeepEye采用贪婪的方法缓存全连接层的参数，以最大限度地提高内存利用率。另外由于边缘设备无法将所有模型同时加载进内存，所以提出了一个以层为单位按需加载的方法，将卷积层计算和全连接层的加载交替进行，即交叉执行计算量大的卷积层和加载大量内存的全连接层来实现多个深度视觉模型（特别是CNN）的局部执行。除了这个核心思想，DeepEye的优化技术还包括边缘缓存方案和有选择地使用模型压缩技术，以进一步最小化内存瓶颈。

Mainstream[59]基于迁移学习，能在精度和延迟之间实现灵活的取舍。Mainstream以Base DNN为基础训练多个具有不同精度的模型，训练出来的多个模型有共同的部分，这样共同部分只计算一次即可；在多DNN并行运行调度时，使用贪婪算法来寻找符合成本预算的最优调度程序，以此方法减少计算量，具体地说，在运行时，调度器会收集每个应用程序的DNN共享程度和采样率，然后采取调度策略使得精度和召回率的调和平均值最大化，最后根据确定的调度策略和模型配置运行，并实时返回每个应用程序的结果。

NestDNN[55]考虑到运行时资源的动态性，在多DNN并行运行时为每个DNN模型提供灵活的资源精度权衡。运行时资源发生变化时，为了保证推断精度，通常需要系统切换模型进行推理，但是频繁的模型切换会导致内存读写高负载，因此NestDNN将DNN模型转化为一个由一组子模型组成的紧凑的多容量模型，每个子模型对应一个独特的资源精度，如图3-17所示。在运行时，多个DNN模型的子模型并行运行，对于每一个子模型，NestDNN将精度和延迟编码成一个代价函数，然后构建一个资源精度运行时调度器，对每个并行子模型进行最优权衡。

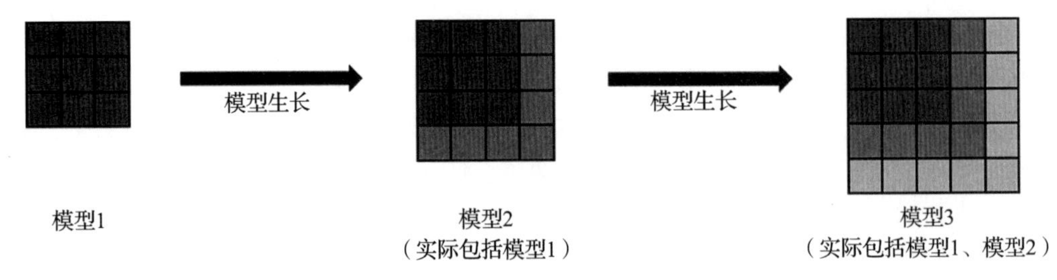

图 3-17　NestDNN 构建的多容量模型

文献［60］提出的系统 HiveMind 是为了提高并发工作负载的 GPU 利用率，通过建立数学模型来找到对工作负载调度优化的最优解。HiveMind 由两个关键组件组成：编译器和运行时模块。编译器对跨工作负载的数据传输、数据预处理和计算进行优化，将优化后的模型转换为 DAG。具体地说，DAG 中的每个节点表示模型批处理中某个模型的一个层，每个边表示一个数据依赖关系，然后 HiveMind 构造一个包含每个模型的 DAG 的组合 DAG。最后，运行时模块将该 DAG 在 GPU 上执行，同时尽可能多地提取并发性。实验结果表明，在 NVIDIA P100 和 V100 GPU 上，HiveMind 可以将简单的超参数调整和多模型推理工作负载提高 10 倍。

3. 多模型流水线

在某些场景下，需求的推断结果无法仅通过单个模型获得，例如输入过滤可能需要从不同的维度进行过滤，多模型流水线将多个模型串行起来形成一个流水线形式的模型通道，每个模型对数据进行不同维度或不同精度的处理。多模型流水线的关键在于在精度、通信、能量等资源约束下，如何对多个模型进行前后顺序的组合，以及不同的模型之间如何连接的问题。

多模型流水线可以解决输入过滤的问题，例如，在 3.4.2 节已经详细介绍过的 FFS-VA 就是一个多模型流水线形式的多级过滤系统，包含一个简单的差别检测器，以及两个深度模型分别用来识别目标对象和计算目标对象个数，差别检测器和两个模型串行过滤，并在模型间添加一个队列以保证差别检测器和两个模型能够异步运行，然后通过一个全局反馈机制，根据队列控制来协调每个模型的处理速度。

另外还可以通过多模型流水线进行快速推理。例如，大 / 小 DNN 模型选择框架[62]将一个快速的、能耗较低的小模型和一个计算精度高，但是耗时长、能耗高的大模型串行，通过小模型对输入数据进行分类。如果小模型的计算结果足够准确，则可以直接将该结果作为最终的推断结果，当小模型计算出的结果的置信度小于预先设定的阈值时，则将数据传送至大模型进行高精度的推理。

更进一步，一些工作将多模型流水线推理的设计总结为一个超参数优化问题[63]，将 CNN 的体系结构设置视为超参数进行全局优化，考虑设备的精度和通信约束，分析每个网络的能量、运行时间和功率，以获得图像数据集的预期能量消耗和精度，参数空间包括模型复杂度参数（例如卷积层个数、卷积核大小、全连接层个数等）和多模型串行推理控制参数（例如置信度阈值选择等），然后采用贝叶斯优化（BO）在参数空间中找到最优解。

3.4.4 模型最优选择

模型选择的主要目的是选择最合适进行推理的模型从而优化 DNN 推理时的时延、精度和能量问题。模型选择的关键思想是，先离线训练一组不同模型大小的 DNN 模型，然后在线自适应地选择模型进行推理。其运行流程如图 3-18 所示。模型选择与模型提前退出相似，模型提前退出机制在不同退出点时可视为不同的 DNN 模型，但两者的关键区别在于提前退出中出口点与主分支模型共享部分 DNN 层，而在模型选择机制中不同的模型是相互独立的。

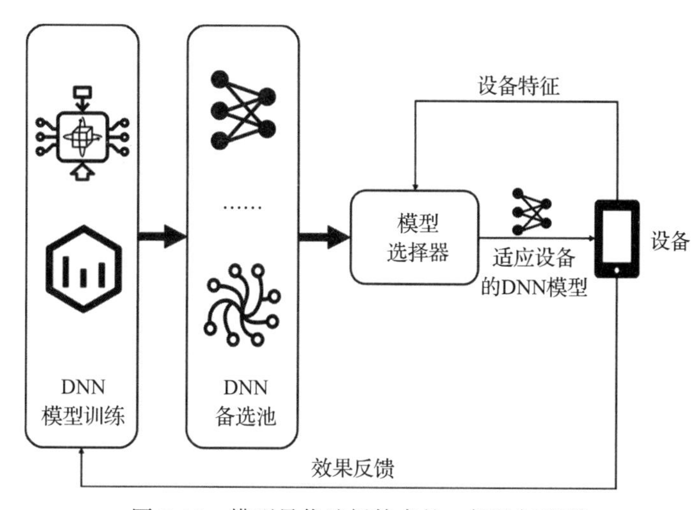

图 3-18 模型最优选择技术的一般运行流程

有很多种方案可以解决模型选择中如何选择最优的问题，一种方案是将模型看作“背包”[64]，模型准确率看作“物体价值”，模型延迟、能量消耗、占用带宽等看作“物体重量”，将最优选择问题转换成一个背包问题，将输入视频真正地看作视频（而不是图片序列），将输入视频的帧速率、比特率、分辨率等也看作超参数，然后使用通过寻找背包问题的最优解来选择最优的模型。

另一种最优选择的方法考虑使用机器学习算法来解决模型自动选择问题，其中边缘设备和 DNN 模型的特征是上下文，预先训练的 DNN 模型根据行为历史和用户的 QoE（Quality of Experience）反馈在线选择。另外有实验表明，不同的 DNN 模型（例如 MobileNet、ResNet、Inception）在不同的评价指标（top-1 或 top-5）上对不同的图像有不同的推断延迟和准确率[65]，因此，他们提出了一个通过机器学习方法能够自适应地在延迟和准确率方面选择最佳 DNN 的框架，该框架训练了一个模型选择器，对于不同的输入图像，模型选择器能够从预先训练的多个模型中选择出最适合的模型进行推断。

加州大学河滨分校的研究团队利用用户的 QoE 反馈作为改善目标，设计了一个基于机器学习的模型自动选择框架[66]，首先基于一组选定的测试边缘设备进行离线训练，生成一个最初的 DNN 模型库，以便在最初部署到目标边缘设备上时，它们更有可能产生更好的 QoE。此外，考虑到用户的 QoE 反馈历史，如果出现新的边缘设备或现有池中没有 DNN 模型可以提供令人满意的 QoE，则可能需要训练和添加新的 DNN 模型来扩展模型池。对于每个传入的边缘设备，模型选择引擎将设备特征和 DNN 模型特征作为输入，并输出选定适合的 DNN 模型，以优化用户的 QoE。DNN 模型安装使用一段时间后，需要用户的 QoE 反馈，以改善未来 DNN 模型的选择，从而形成一个闭环。

NO-SCOPE[34]在进行输入过滤时，也采用了模型最优选择的思想加速过滤速度。当 NO-SCOPE 接收到新的一段视频时，它会将参考模型应用于视频的一个子集，生成带标签的示例，并使用这些例子学习一系列更轻量级的模型，这些轻量级模型牺牲了一般性，但是能针对特定视频进行快速推理，因此在对特定视频进行查询时，就可以从这些轻量级模型中选择最优的模型从而加速查询。

3.4.5 模型自动生成

由于边缘设备上可用的计算资源有限，前面介绍的很多工作都集中在如何减少边缘设备上的 DNN 模型，例如模型压缩和模型分割。然而，从另一个角度考虑，能否从最初的模型设计开始就设计一个更适应在边缘端运行的模型呢？另外，虽然近年来深度学习模型的设计已经转变为了架构设计，例如 AlexNet、VGGNet、GoogleNet、ResNet、MobileNet 等，但是由人工设计一个资源受限的模型是具有挑战性的：必须有人仔细平衡准确性和资源效率，这将消耗大量的精力和时间。因此更进一步，模型自动生成技术能够根据边缘端的实际情况自动生成更适合部署在边缘端的模型，从而在保证模型更适应边缘端的基础上，减少了人工进行模型设计消耗的精力和时间。

模型自动生成技术的一般运行流程如图 3-19 所示，首先通过一个控制器在搜索空间（search space）中找到一个原始模型，然后使用这个模型在训练器的数据集上训练得到准确率，将训练后的模型部署到边缘设备中进行推断获得延迟，再将准确率和延迟回传给控制器，控制器继续优化得到另一个模型，如此反复进行直到得到最佳的结果。也就是说，模型自动生成整体上来说是一个强化学习的过程，控制器通过不停地生成模型，接收反馈，以生成最佳的模型。

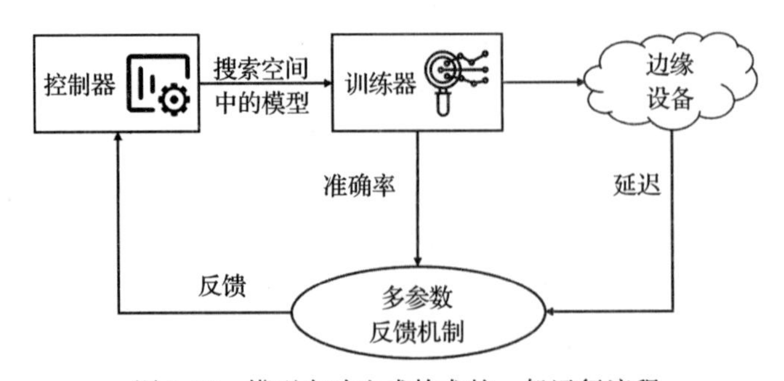

图 3-19　模型自动生成技术的一般运行流程

模型自动生成最早由 Google Brain 在 2017 年提出[72]，最早的模型自动生成没有边缘设备的推断延迟反馈机制，只有训练器的准确率反馈。控制器采用 RNN 结构，这是因为神经网络的结构和连通性通常可以由一个可变长度的字符串来指定，因此使用 RNN 来生成这样的字符串。训练器在真实的数据集上训练控制器选择出的字符串指定的神经网络，训练之后会获得一个模型准确性信息，利用这个模型准确性信息作为奖励信号，就可以计算策略梯度来更新控制器。因此，在下一次迭代中，控制器为了获得更高的精度，将会提供更适合的模型。换句话说，随着时间的推移，控制器将学会改进搜索。

在之前工作的基础上，谷歌公司在 2019 年提出了 MnasNet[67]，MnasNet 希望搜索出又小又有效的网络结构，因此相较于之前的工作，MnasNet 做出的改进就是将多个元素作为优化指标，包括模型准确率、在真实移动设备上的延迟等。MnasNet 最终定义的优化函数如下：

$$\underset{m}{\text{maximize}}\ \text{ACC}(m)\times\left[\frac{\text{LAT}(m)}{T}\right]^{\omega}$$

式中，m 表示模型；$\text{ACC}(m)$ 表示在特定任务上的结果（如准确率）；$\text{LAT}(m)$ 表示在设备上测得的实际计算延迟时间；T 表示目标延迟时间（target latency）；ω 表示不同场景下对延迟时间的控制因数。

当实测延迟时间 $\text{LAT}(m)$ 小于目标延迟时间 T 时，$\omega=\alpha$；反之 $\omega=\beta$。

3.4.6 边缘推断小结

传统人工智能的推断过程需要将待推断的数据输入模型，然后由模型得出推断结果。这在边缘推断中却面临多个方面的问题：人工智能模型通常过大，需要输入模型进行推断的数据也通常会有冗余，这需要对模型本身进行优化；同一个边缘设备系统中可能会面临多方面的问题，例如同时运行多个模型如何调度等问题，这需要对系统架构进行优化；如何在边缘设备中对特定的推理任务找到最合适的模型，这需要对模型最优进行选择；如何在边缘设备中自动生成适应边缘设备的模型，这需要模型自动生成技术。

从模型自身角度，从输入的数据集中可以使用输入过滤技术，在数据集传入模型前去掉与推断结果无关的数据帧，从而减少了不必要的推断，减少了推断延迟；对模型本身可以使用模型压缩和模型分割技术，模型压缩对部署到边缘设备中的模型体积进行压缩，采用模型裁剪、数据量化、压缩编码、知识蒸馏等手段对模型本身进行压缩，使它能够部署到边缘设备中进行更快捷的分析推断；模型分割会将深度模型的一部分卸载到服务器或是其他设备中，以减少推断时的延迟；在输出阶段可以使用提前退出技术，提前退出在模型中设置好提前退出点，当模型运行到提前退出点且此时的推断精度可以满足应用要求时，就可以在此退出点提前退出。

从系统架构角度，在实际场景中可以注意到，有一些推断结果的重用度较高，为此，边缘缓存在边缘端缓存了一部分重用可能性较大的边缘推断结果，当边缘推断任务命中缓存的结果时，可以直接输出缓存的结果，从而减少了推断时延；在同一个设备中运行多个模型时，多模型并行解决的是多个边缘推断模型并行运行时的资源分配、运行调度问题；多模型流水线针对单个模型不能有效处理的情况，将多个模型串行成流水线以解决对应的问题，例如在输入过滤中，一个模型可能只能分辨出一种目标物体，需要多个模型串行才能将所有待识别的物体类型过滤出来。

模型最优选择训练了多个候选模型，在面临边缘推断任务时，自适应地从候选模型中选择出最优的模型部署到设备中进行推断，并根据设备端的模型使用情况反馈改进自身的最优选择方法。

模型自动生成能够根据边缘端的实际情况自动生成更适合部署在边缘端的模型，从而在保证模型更适应边缘设备的基础上，减少了人工进行模型设计消耗的精力和时间。

3.5 本章小结

在移动计算、物联网等技术蓬勃发展的推动下，传统云端的人工智能正在逐渐转变成边缘端的边缘智能，相比较于传统的人工智能，边缘智能的数据来源从云数据中心转移到了更加广泛的边缘端，模型的训练和推理也从云数据中心转移到了边缘服务器中，在物理距离上更接近边缘设备，但是仍然会面临隐私保护、通信开销等方面的问题。边缘智能可以分为边缘训练和边缘推断两方面。

边缘训练主要关注如何学习边缘环境中的数据，并从中提取出模型。边缘训练主要面临对原始数据的隐私保护、数据传输过程中的通信开销、异构性的边缘设备计算能力弱等方面的问题。为了进行隐私保护，DNN 分割在边缘设备端执行部分的浅层 DNN，对边缘设备中的原始数据进行简单的模型处理，使得数据传输时传输的是已经经过浅层处理过的 DNN；联邦学习则更进一步，在每个设备端都训练一个自己的完整的 DNN 模型，在数据传输时仅传输梯度更新；八卦训练为了避免隐私泄露，舍弃了中心化的数据通信模式，采用去中心化的数据通信模式，在每个节点之间随机八卦地通信，直到最终所有节点的模型都保持一致。为了对通信开销进行优化，聚合控制优化主要关注通信过程中聚合频率的控制，通过各种途径减少通信的频率来减少通信开销；梯度压缩技术主要关注梯度在传输时的体积大小，通过量化和去稀疏化等手段，来减少传输过程中的梯度大小，从而减少传输时的带宽压力；联邦学习综合应用了多种通信优化技术以最大限度地减少训练时的通信开销。为了对梯度计算进行优化，DNN 分割技术将一个完整的 DNN 模型分割到多个设备并行训练，对多个批同时进行并发计算，从而避免了在同一个设备上进行模型训练面临的资源瓶颈问题；迁移学习首先训练一个教师模型，在边缘设备端就可以在教师模型的基础上根据设备端实际的数据集学习自己本身的模型，从而避免了对教师模型的重复训练；联邦学习优化了边缘数据集存在的不平衡和非独立同分布问题。

边缘推断主要关注如何利用已经训练好的模型对边缘环境中提取出的数据进行分析和

推断。边缘推断分别从模型自身、系统架构、模型最优选择、模型自动生成4个角度进行了优化。从模型自身角度，输入过滤在数据集传入模型前去掉与推断结果无关的数据帧，从而减少了不必要的推断，减少了推断延迟；模型压缩对部署到边缘设备中的模型体积进行压缩，采用模型裁剪、数据量化、压缩编码、知识蒸馏等手段对模型本身进行压缩，使它能够部署到边缘设备中进行更快捷的分析推断；模型分割会将深度模型的一部分卸载到服务器或是其他设备中，以减少推断时的延迟；提前退出在模型中设置好提前退出点，当模型运行到提前退出点且此时的推断精度可以满足应用要求时，就可以在此退出点提前退出。从系统架构角度，边缘缓存在边缘端缓存了一部分重用可能性较大的边缘推断结果，当边缘推断任务命中缓存的结果时，可以直接输出缓存的结果，从而减少了推断时延；多模型并行解决的是多个边缘推断模型并行运行时的资源分配、运行调度问题；多模型流水线针对单个模型不能有效处理的情况，将多个模型串行成流水线以解决对应的问题。模型最优选择训练了多个候选模型，在面临边缘推断任务时，自适应地从候选模型中选择出最优的模型部署到设备中进行推断。模型自动生成能够根据边缘端的实际情况自动生成更适合部署在边缘端的模型，从而在保证模型更适应边缘设备的基础上，减少了人工进行模型设计消耗的精力和时间。

为了最大限度地提高通用边缘智能系统的整体性能，上述技术和优化方法应协同工作，从而提供丰富的设计灵活性。在实际应用中的系统和框架通常会采用不同的技术子集，这些技术是为特定的边缘智能应用和需求量身定制的，例如在智能驾驶中可能会运用到输入过滤、模型压缩、提前退出、边缘缓存、多模型流水线等多种技术。然而，将多技术应用于边缘智能系统将面临一个高维配置问题，需要实时确定大量对性能有关键影响的配置参数。以视频分析为例，需要配置的参数可能包括视频帧速率、分辨率、模型选择和模型提前退出等，由于高维配置问题的组合性，涉及巨大的参数搜索空间，因此如何解决这个问题具有很大的挑战性。

许多现有的人工智能模型，如CNN和LSTM，最初是为计算机视觉和自然语言处理等应用而设计的，这种基于深度学习的人工智能模型都是资源密集型的，这意味着丰富的硬件资源（如GPU、FPGA、TPU）支持的强大计算能力是影响这些AI模型性能的重要因素。因此，如上所述，有许多研究利用模型压缩技术（例如模型裁剪）来调整人工智能模型的大小，使它更适合于边缘部署。

从另一个角度考虑，如何从资源感知的角度对边缘人工智能模型进行设计是未来的研究方向。不必利用现有的资源密集型人工智能模型，而是可以利用AutoML思想和神经架构搜索（NAS）等技术来设计资源高效的边缘人工智能模型，以适应底层边缘设备和服务器的硬件资源约束。例如，可以采用强化学习、遗传算法和贝叶斯优化等方法，通过考虑硬件资源（如CPU、PC内存等）的影响，有效地搜索AI模型设计参数空间（即AI模型组件及其连接）对性能指标（如执行延迟和能量开销）的限制，从而设计出能够对资源进行精准感知的边缘智能模型。

参考文献

[1] CISCO. Cisco annual internet report-cisco annual internet report highlights tool [R/OL]. https://www.cisco.com/c/en/us/solutions/executive-perspectives/annual-internet-report/air-highlights.html.

[2] Z ZHOU, X CHEN, E LI, et al. Edge Intelligence: Paving the Last Mile of Artificial Intelligence With Edge Computing [C]. Proc IEEE, 2019, 107(8).

[3] J WANG, X ZHU, J ZHANG, et al. Not just privacy: Improving performance of private deep learning in mobile cloud [C]. Proc ACM SIGKDD Int Conf Knowl Discov Data Min, 2018, 1: 2407-2416.

[4] S A OSIA, et al. A hybrid deep learning architecture for privacy-preserving mobile analytics [J]. IEEE Internet of Things Journal, 2020, 7(5): 4505-4518.

[5] B MCMAHAN, E MOORE, D RAMAGE, et al. Communication-efficient learning of deep networks from decentralized data [C]. Artificial Intelligence and Statistics, 2017: 1273-1282.

[6] M ABADI, et al. Deep learning with differential privacy [C]. Proc ACM Conf Comput Commun. Secur., 2016, : 308-318.

[7] R C GEYER, T KLEIN, M NABI. Differentially private federated learning: A client level perspective [DB/OL]. arXiv preprint arXiv: 1712.07557, 2017.

[8] Y LI, Y ZHOU, A JOLFAEI, et al. Privacy-Preserving Federated Learning Framework Based on Chained Secure Multi-party Computing [J]. IEEE Internet Things J, 2020, 4662(c): 1.

[9] S BOYD, A GHOSH, B PRABHAKAR, et al. Randomized gossip algorithms [J]. IEEE Trans. Inf Theory, 2006, 52(6): 2508-2530.

[10] M BLOT, D PICARD, M CORD, et al. Gossip training for deep learning [DB/OL]. arXiv preprint arXiv: 1611.09726, 2016.

[11] P H JIN, Q YUAN, F IANDOLA, et al. How to scale distributed deep learning? [DB/OL]. arXiv preprint arXiv: 1611.04581, 2016.

[12] P GOYAL, et al. Accurate, large minibatch sgd: Training imagenet in 1 hour [DB/OL]. arXiv preprint arXiv: 1706.02677, 2017.

[13] T NISHIO, R YONETANI. Client selection for federated learning with heterogeneous resources in mobile edge [C]. ICC 2019-2019 IEEE International Conference on Communications (ICC), 2019: 1-7.

[14] K HSIEH, et al. Gaia: Geo-distributed machine learning approaching LAN speeds [C]. 14th USENIX Symposium on Networked Systems Design and Implementation, 2017: 629-647.

[15] S WANG, et al. Adaptive Federated Learning in Resource Constrained Edge Computing Systems [C]. IEEE J Sel Areas Commun, 2019, 37(6): 1205-1221.

[16] H TANG, S GAN, C ZHANG, et al. Communication compression for decentralized training [C].

Adv Neural Inf Process Syst, 2018, 2018-Decem NeurIPS 2018: 7652-7662.

[17] M MOHAMMADI AMIRI, D GUNDUZ. Machine Learning at the Wireless Edge: Distributed Stochastic Gradient Descent Over-the-Air [C]. IEEE Trans Signal Process, 2020, 68: 2155-2169.

[18] Y LIN, S HAN, H MAO, et al. Deep gradient compression: Reducing the communication bandwidth for distributed training [DB/OL]. arXiv preprint arXiv: 1712.01887, 2017.

[19] Z TAO, Q LI. ESGD: Commutation efficient distributed deep learning on the edge [C]. USENIX Work Hot Top Edge Comput HotEdge 2018, co-located with USENIX ATC 2018, 2018: 1-6.

[20] S U STICH, J B CORDONNIER, M JAGGI. Sparsified SGD with memory [DB/OL]. arXiv preprint arXiv: 1809.07599, 2018.

[21] J KONEČNỳ, H B MCMAHAN, F X YU, et al. Federated learning: Strategies for improving communication efficiency [DB/OL]. arXiv preprint arXiv: 1610.05492, 2016.

[22] V SMITH, C K CHIANG, M SANJABI, et al. Federated multi-task learning [DB/OL]. arXiv preprint arXiv: 1705.10467, 2017.

[23] A LALITHA, S SHEKHAR, T JAVIDI, et al. Fully Decentralized Federated Learning [C]. Third Work Bayesian Deep Learn (NeurIPS 2018), 2018, NeurIPS: 1-8.

[24] H KIM, J PARK, M BENNIS, et al. On-device federated learning via blockchain and its latency analysis [DB/OL]. arXiv preprint arXiv: 1808.03949, 2018.

[25] Y MAO, S YI, Q LI, et al. A privacy-preserving deep learning approach for face recognition with edge computing [C]. USENIX Work Hot Top Edge Comput HotEdge 2018, co-located with USENIX ATC 2018, 2018.

[26] A HARLAP, D NARAYANAN, A PHANISHAYEE, et al. PipeDream: Pipeline Parallelism for DNN Training [C]. Sosp '19, 2019: 10-12.

[27] R SHARMA, S BIOOKAGHAZADEH, B LI, et al. Are existing knowledge transfer techniques effective for deep learning with edge devices? [C]. 2018 IEEE International Conference on Edge Computing (EDGE), 2018: 42-49.

[28] Q CHEN, Z ZHENG, C HU, et al. Data-driven task allocation for multi-task transfer learning on the edge [C]. 2019 IEEE 39th International Conference on Distributed Computing Systems (ICDCS), 2019: 1040-1050.

[29] H WANG, Z KAPLAN, D NIU, et al. Optimizing Federated Learning on Non-IID Data with Reinforcement Learning [C]. Proc IEEE INFOCOM, 2020: 1698-1707.

[30] Q YANG, Y LIU, T CHEN, et al. Federated machine learning: Concept and applications [C]. ACM Trans Intel Syst Technol, 2019, 10(2): 1-19.

[31] C CHEN, W WANG, B LI. Round-Robin Synchronization: Mitigating Communication Bottlenecks in Parameter Servers [C]. Proc IEEE INFOCOM, 2019: 532-540.

[32] X LIAN, C ZHANG, H ZHANG, et al. Can decentralized algorithms outperform centralized

algorithms? a case study for decentralized parallel stochastic gradient descent [DB/OL]. arXiv preprint arXiv: 1705.09056, 2017.

[33] T Y H CHEN, L RAVINDRANATH, S DENG, et al. Glimpse: Continuous, real-time object recognition on mobile devices [C]. Proceedings of the 13th ACM Conference on Embedded Networked Sensor Systems, 2015: 155-168.

[34] D KANG, J EMMONS, F ABUZAID, et al. No-scope: Optimizing neural network queries over video at scale [J]. Proc VLDB Endow, 2017, 10(11): 1586-1597.

[35] C ZHANG, Q CAO, H JIANG, et al. FFS-VA: A fast filtering system for large-scale video analytics [C]. ACM Int Conf Proceeding Ser, 2018.

[36] C CANEL, et al. Picking Interesting Frames in Streaming Video [C]. SysML, 2018: 1-3.

[37] S JAIN, et al. ReXCam: Resource-Efficient, Cross-Camera Video Analytics at Scale [DB/OL]. arXiv preprint arXiv: 1811.01268, 2018.

[38] S HAN, J POOL, J TRAN, et al. Learning both weights and connections for efficient neural networks [C]. Adv Neural Inf Process Syst, 2015: 1135-1143.

[39] S HAN, H MAO, W J DALLY. Deep compression: Compressing deep neural networks with pruning, trained quantization and Huffman coding [C]. 4th Int Conf Learn Represent ICLR 2016-Conf Track Proc, 2016: 1-14.

[40] S TULLING. Offline Compression of Convolutional Neural Networks on Edge Devices [R]. Delft University of Technology, 2020.

[41] Y H OH, et al. A portable, automatic data quantizer for deep neural networks [C]. 27th International Conference on Parallel Architectures and Compilation Techniques, 2018: 1-14.

[42] H LI, C HU, J JIANG, et al. JALAD: Joint Accuracy-And Latency-Aware Deep Structure Decoupling for Edge-Cloud Execution [C]. Proc Int Conf Parallel Distrib Syst-ICPADS, 2019, 2018-Decem(61872215): 671-678.

[43] T J YANG, Y H CHEN, V SZE. Designing energy-efficient convolutional neural networks using energy-aware pruning [C]. Proc-30th IEEE Conf Comput Vis Pattern Recognition, CVPR 2017, 2017, 2017-Janua: 6071-6079.

[44] B REAGEN, et al. Minerva: Enabling Low-Power, Highly-Accurate Deep Neural Network Accelerators [C]. Proc-2016 43rd Int Symp Comput Archit ISCA 2016, 2016: 267-278.

[45] J H KO, T NA, M F AMIR, et al. Edge-Host Partitioning of Deep Neural Networks with Feature Space Encoding for Resource-Constrained Internet-of-Things Platforms [C]. Proc AVSS 2018-2018 15th IEEE Int Conf Adv Video Signal-Based Surveill, 2019: 1-6.

[46] Y KANG, et al. Neurosurgeon: Collaborative intelligence between the cloud and mobile edge [J]. ACM SIGPLAN Not, 2017, 52(4): 615-629.

[47] J MAO, X CHEN, K W NIXON, et al. MoDNN: Local distributed mobile computing system for

Deep Neural Network [C]. Proc 2017 Des Autom Test Eur, 2017: 1396-1401.

[48] J MAO, et al. MeDNN: A distributed mobile system with enhanced partition and deployment for large-scale DNNs [C]. IEEE/ACM Int Conf Comput Des Dig Tech Pap ICCAD, 2017, 2017-Novem: 751-756.

[49] Z ZHAO, K M BARIJOUGH, A GERSTLAUER. DeepThings: Distributed adaptive deep learning inference on resource-constrained IoT edge clusters [C]. IEEE Trans Comput Des Integr Circuits Syst, 2018, 37(11): 2348-2359.

[50] S TEERAPITTAYANON, B MCDANEL, H T KUNG. BranchyNet: Fast inference via early exiting from deep neural networks [C]. Proc-Int Conf Pattern Recognit, 2016: 2464-2469.

[51] S TEERAPITTAYANON, B MCDANEL, H T KUNG. Distributed Deep Neural Networks over the Cloud, the Edge and End Devices [C]. Proc-Int Conf Distrib Comput Syst, 2017: 328-339.

[52] E LI, Z ZHOU, X CHEN. Edge intelligence: On-demand deep learning model co-inference with device-edge synergy [C]. Proceedings of the 2018 Workshop on Mobile Edge Communications, 2018: 31-36.

[53] U DROLIA, K GUO, J TAN, et al. Cachier: Edge-Caching for Recognition Applications [C]. Proc-Int Conf Distrib Comput Syst, 2017: 276-286.

[54] U DROLIA, K GUO, P NARASIMHAN. Precog: Prefetching for image recognition applications at the edge [C]. 2017 2nd ACM/IEEE Symp Edge Comput SEC 2017, 2017.

[55] B FANG, X ZENG, M ZHANG. NestDNN: Resource-aware multi-tenant on-device deep learning for continuous mobile vision [C]. Proc Annu Int Conf Mob Comput Networking, MOBICOM, 2018: 115-127.

[56] J GALJAARD. Multi-inference on the Edge: Scheduling Networks with Limited Available Memory [D]. Delft University of Technology, 2020.

[57] S BATENI, C LIU. NeuOS: A Latency-Predictable Multi-Dimensional Optimization Framework for DNN-driven Autonomous Systems [C]. 2020 USENIX Annual Technical Conference, 2020: 371-385.

[58] A MATHURZ, N D LANEZY, S BHATTACHARYAZ, et al. DeepEye: Resource efficient local execution of multiple deep vision models using wearable commodity hardware [C]. MobiSys 2017-Proc 15th Annu Int Conf Mob Syst Appl Serv, 2017: 68-81.

[59] A H JIANG, et al. Mainstream: Dynamic stem-sharing for multi-tenant video processing [C]. 2018 USENIX Annual Technical Conference, 2018: 29-42.

[60] D NARAYANAN, K SANTHANAM, A PHANISHAYEE, et al. Accelerating deep learning workloads through efficient multi-model execution [C]. NeurIPS Workshop on Systems for Machine Learning, 2018: 20.

[61] S HAN, H SHEN, M PHILIPOSE, et al. Mcdnn: An approximation-based execution framework

for deep stream processing under resource constraints [C]. Proceedings of the 14th Annual International Conference on Mobile Systems, Applications, and Services, 2016: 123-136.

[62] E PARK, et al. Big/little deep neural network for ultra low power inference [C]. 2015 Int Conf Hardware/Software Codesign Syst Synth CODES+ISSS 2015, 2015: 124-132.

[63] D STAMOULIS, et al. Designing adaptive neural networks for energy-constrained image classification [C]. IEEE/ACM Int Conf Comput Des Dig Tech Pap ICCAD, 2018.

[64] X RAN, H CHEN, X ZHU, et al. DeepDecision: A Mobile Deep Learning Framework for Edge Video Analytics [C]. Proc-IEEE INFOCOM, 2018, 2018-April: 1421-1429.

[65] B TAYLOR, V S MARCO, W WOLFF, et al. Adaptive deep learning model selection on embedded systems [C]. ACM SIGPLAN Not, 2018, 53(6): 31-43.

[66] B LU, J YANG, L Y CHEN, et al. Automating deep neural network model selection for edge inference [C]. Proc-2019 IEEE 1st Int Conf Cogn Mach Intell CogMI 2019, 2019: 184-193.

[67] M TAN, et al. Mnasnet: Platform-aware neural architecture search for mobile [C]. Proc IEEE Comput Soc Conf Comput Vis Pattern Recognit, 2019, 2019-June: 2815-2823.

[68] N SRIVASTAVA, G HINTON, A KRIZHEVSKY, et al. Dropout: a simple way to prevent neural networks from overfitting [J]. The journal of machine learning research, 2014, 15(1): 1929-1958.

[69] G HINTON, O VINYALS, J DEAN. Distilling the knowledge in a neural network [DB/OL]. arXiv preprint arXiv: 1503.02531, 2015.

[70] R ANIL, G PEREYRA, A PASSOS, et al. Large scale distributed neural network training through online distillation [DB/OL]. arXiv preprint arXiv: 1804.03235, 2018.

[71] Y H CHEN, J EMER, V SZE. Eyeriss: A Spatial Architecture for Energy-Efficient Dataflow for Convolutional Neural Networks [C]. Proc-2016 43rd Int Symp Comput Archit ISCA 2016, 2016: 367-379.

[72] B ZOPH, Q V LE. Neural architecture search with reinforcement learning [C]. 5th Int Conf Learn Represent ICLR 2017-Conf Track Proc, 2017: 1-16.

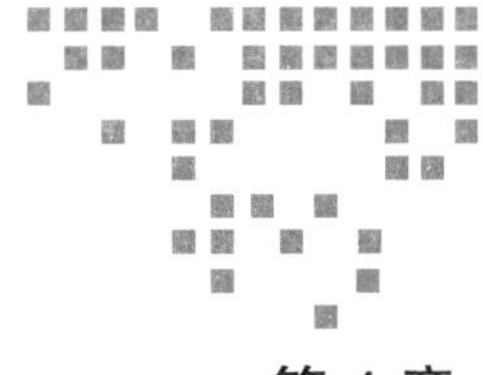

第 4 章 Chapter 4

物联网与边缘智能数据安全隐私

4.1 数据安全与隐私技术的起源与发展

随着计算机技术的发展，日常生活中的各种事务都变得数据化，同时，数据的存储与计算格式也发生了很大的变化。越来越多的数据使得计算机成为不可替代的数据处理工具，而数据的处理方式也在慢慢地更新。同时，近年来，我国制造业发展迎来关键的转型期，各种前沿技术的突破使得传统行业数字化、信息化、智能化的步伐越来越快。因此为了加快数据强国建设，强化数据中心 / 资源顶层统筹和要素流通，促进新业态新模式培育，引领我国数字经济高质量发展，2020 年 12 月，发改委、工信部、网信办、能源局四部门联合发布了《关于加快构建全国一体化大数据中心协同创新体系的指导意见》。而在大数据发展体系中，数据处理中的数据隐私保护扮演着重要的角色。

如图 4-1 所示，对于早期的数据处理，通常都有着数据较少的特点，因此数据的存储和运算都在本地进行，此时的隐私保护，由于没有与外界的信息交流，往往比较容易。后来随着云计算的发展，大量数据的产生使得数据通常都存储在云端的数据中心，数据的计算由云端的数据中心来进行，即云计算。在这种场景下对于隐私保护的需求则比较迫切，在大数据时代，各种各样的传感器以及人类行为都在产生着大量的数据，其中包括用户浏览历史、社交网络信息、传感器数据等。而在这些数据中，包含着大量的隐私敏感信息，要想保证隐私信息不被泄露，就需要数据中心在收集处理数据时进行相应的隐私保护处理。随着边缘计算与物联网技术的发展，数据的计算越来越靠近数据的产生端，即用户边缘端。这里的边缘端可以是计算机、手机、无人机、汽车等智能终端，在执行边缘计算时，往往不需要将用户端的数据上传至云端进行运算，而是直接在本地进行运算，同时与云端进行必要的通信。这种新兴的云边协同的计算场景，为隐私保护带来了新的挑战。

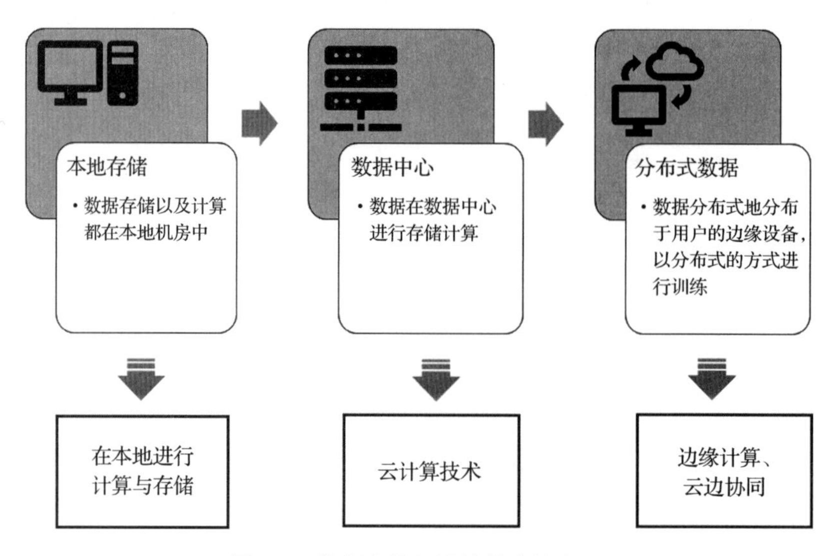

图 4-1 数据存储与计算技术的发展

4.1.1 隐私技术的起源与发展

尽管隐私保护是一个很早就被研究的课题，但是相对于人类历史的尺度而言，隐私保护被提上日程的时间尚短。正如 Gregory Ferenstein 曾在他的“The Birth And Death Of Privacy”一文中所深刻地指出的一样：“完全透明是人性的自然状态。隐私作为一个概念，只有大概 150 年的历史。”

然而随着工业革命的发展以及近代以来科技的发展，信息的产生以及流通速度发生了天翻地覆的变化，越来越快的信息流通速度使得人们对于隐私的保护越来越重视，隐私的概念也就应运而生。隐私权作为人身的一项基本权利，在 1890 年由两名美国律师 Samuel D. Warren 和 Louis Brandeis 提出，他们撰写的“隐私权”一文，引出了后世对于隐私权保护的各种探讨与研究。隐私权，指个人人格上的利益不受不法僭用或侵害，个人与大众无合法关联的私事，亦不得妄予发布公开，而其私人活动，不得以可能造成一般人的精神痛苦或感觉羞辱之方式非法侵入的权利。而在 1948 年，联合国通过的《世界人权宣言》则在第十二条中明确定义了隐私权。随着计算机技术的发展对于隐私保护的要求越来越高，1981 年欧洲理事会发布了《关于个人数据自动化处理的个人保护公约》(Convention for the Protection of Individuals with regard to Automatic Processing of Personal Data)，在国际上，该公约被公认是最为重要的关于个人信息保护的国际公约性法律文件，而该公约的发表，也使得隐私保护成为当务之急。而在 1995 年，欧盟通过了《数据保护指令》(Data Protection Directive)，该指令规范了欧盟范围内的个人数据处理过程。而在 2016 年，欧盟议会批准了《通用数据保护条例》(GDPR)，为欧盟的数据收集、处理、使用、存储提供了新的参考依据。图 4-2 展示了隐私保护的起源与发展历程。

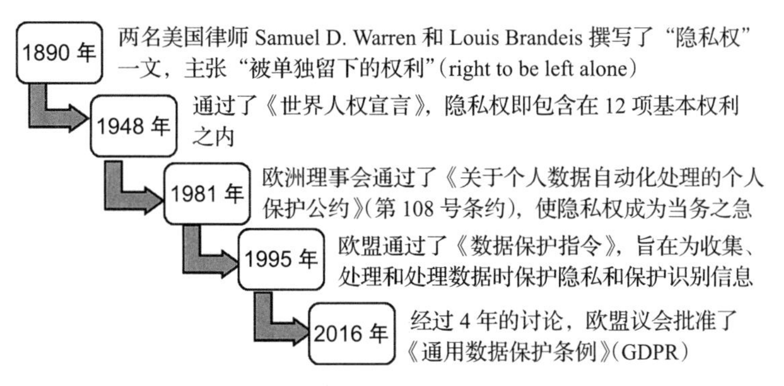

图 4-2　隐私保护的起源和发展

而隐私保护在我国的发展则较为滞后，在中华人民共和国成立之前并没有现代意义上的隐私保护概念。然而对比留存下来的文献，可以认为我国古代是有一定的隐私保护观念以及制度的。中华人民共和国成立之后，随着时代的发展，对于隐私保护的要求则越来越被重视起来。进入 21 世纪以来，随着信息技术的快速发展，国家对于隐私保护的要求则更上一层楼。可以预见的是，随着时代的发展，隐私保护已经成为互联网信息产业发展的重要课题。

隐私权的提出，也促进了隐私保护相关技术的发展与进步。针对数据隐私保护，在 20 世纪 80 年代，经济合作与发展组织（OECD）提出了数据收集与处理的 8 项标准，如下：

1）收集限制：数据应当在合法且当事人同意的前提下被收集。

2）数据质量：收集的数据应当与收集目的相关，即不收集无关的数据。

3）目的说明：数据收集者应当明确说明数据收集的目的。

4）使用限制：数据的收集以及披露必须要征得当事人的同意。

5）安全保障：必须对数据执行安全保护措施。

6）开放性原则：应告知用户收集数据的实体的做法和政策。

7）个人参与：人们应当能够了解数据处理时的步骤并且有权纠正数据中的问题。

8）问责制：处理数据的实体需要为任何有违数据处理原则的事情负责。

实际上针对数据产生、处理、使用和流通之中可能产生的隐私保护问题，当前已经有很多相应的隐私保护方案。图 4-3 显示了隐私保护技术的发展。于 1978 年提出的同态加密，允许用户可以在不解密的条件下操作加密数据，并将得到的结果解密以获取最终结果，这

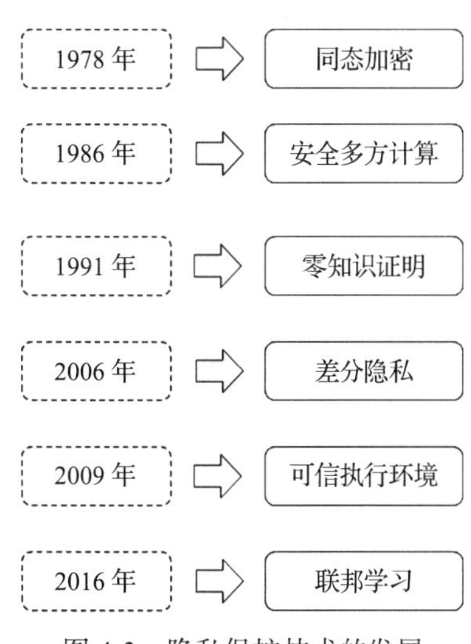

图 4-3　隐私保护技术的发展

为解决数据传输、处理过程中的隐私泄露问题指明了一个研究方向。于1986年提出的安全多方计算致力于处理多个互不信任的数据拥有方共同计算一个函数的问题。于1991年提出的零知识证明则提供了一种证明者在不透露任何有用信息的情况下向验证者证明命题的方法。于2006年提出的差分隐私则是在理论层面上量化了隐私泄露问题，并且从理论上限制了单条记录对隐私泄露的影响。于2009年提出的可信执行环境则是在一种能够验证程序的代码是否被诚实地执行了的一种执行环境。于2016年提出的联邦学习则解决了多方在协同训练神经网络时隐私保护的问题。

4.1.2 隐私保护技术现状

尽管经过几十年的发展，隐私保护技术已经有了长足的进步，但是随着计算机技术的日新月异，现存的隐私保护技术也不可避免地遇到了种种挑战。可以把上述的挑战简单划分为两种类别。

（1）技术上的瓶颈

当前存在的隐私保护技术都在实际应用时面临着一定程度的困难，这为隐私保护技术的大规模商用带来了阻碍。以同态加密为例，同态加密于近50年前就被提出，但是同态加密的发展与使用在全同态加密提出后才有了长足的进步。尽管如此，全同态加密仍然有着很大的弊端，即消耗的计算资源过多，不适合于计算能力较低的设备使用。而差分隐私技术也面临着类似的阻碍，差分隐私技术虽然能够量化隐私的泄露程度，并且给予理论层面上的隐私保护，但是相对应的，隐私保护程度的提高会使得数据可用性降低，因此差分隐私技术需要在数据可用性以及隐私保护程度之间权衡，而这对差分隐私的应用提出了挑战。尽管近年来有很多的新兴技术可以应用于隐私保护领域，例如区块链技术、联邦学习技术等，但是这些技术在隐私保护方面的应用还需要更加深入的研究。以区块链技术为例，它最早是作为数字货币比特币的底层基础而存在的，而将它适用于隐私保护领域仍有亟待解决的问题。总的来说，对于现存的隐私保护技术，仍然有很多的局限，需要进行更深入的研究。

（2）场景上的变化

随着计算机技术在近半个多世纪的发展，不论是数据存储介质，还是数据使用方式，都发生了天翻地覆的变化。数据分析从最早的本地存储计算，到中心式的云计算，再到分布式的边缘计算，应用场景的快速变换对现有的隐私保护技术的适用性带来了挑战。为了适应新的场景，新的隐私保护技术也逐渐被提出。例如谷歌公司于2016年提出了联邦学习技术，该技术可以在保证参与者的本地数据隐私的条件下进行多方联合数据的分布式训练与分析，既保证了各个参与方的隐私，同时又提高了模型的泛化能力。随着大数据技术以及边缘计算技术的发展，安全与隐私问题更加突出，人们日常生活中的一言一行都被记录在互联网中，而这势必对隐私保护技术带来更大的挑战。

技术上的瓶颈以及场景上的变化为大数据时代下的隐私保护技术带来了非常多的挑战以及问题，然而除了上述涉及技术难题以及场景适用方面的问题，随着大数据时代的到来，隐私的含义也在逐渐发生变化。由于众多的边缘端传感器每时每刻都在收集着用户的数据，同时用户使用的各种软件也都在收集用户的数据，这些行为都将用户的隐私范围进一步扩大，同时带来了复杂的隐私归属权问题，也加大了隐私保护的难度。导致上述问题的原因则在于在大数据云边协同的环境下，需要大量的数据来进行数据分析与训练，以更好地进行开发和决策，而当前的社会环境、隐私保护技术则不能适应于大数据的高速发展，因此产生了大数据技术与隐私保护之间的矛盾。而近年来，作为大数据技术中的关键一部分，云计算与边缘计算由于互补的优势，云边协同已经成为大数据领域中的热门技术，而云边协同技术也对数据的隐私保护提出了更高的挑战。

4.2　云边协同下的数据安全挑战

大数据时代的一个显著特点就是云端与边缘端的协同计算。通过边缘端与云端的协同计算，能够对众多的用户数据进行归纳以及推理，从而挖掘出更多的有用信息，而这些信息可以帮助决策者进行决策，减少风险。这些都离不开云计算与边缘计算。

正如前面所述，云计算是一种基于云的计算方式，这里的云指的是通过网络连接的软硬件资源。依赖互联网，可以将各种共享的软硬件资源分配给多个计算机以及其他终端使用，这使得终端设备可以将耗费计算资源多的应用程序、计算过程放到云上进行，大大增加了终端设备的运行效率。

边缘计算是一种分布式运算的架构，不同于云计算，它将之前由中心服务器负责的任务加以分解，并且将这些分解之后的任务片段分发至网络的边缘端，由边缘端去负责运算。边缘计算降低了相关信息的传输时间，减小了延迟。

云计算虽然可以将大型的计算任务放到云端去进行运算，但是对于需要低延迟的应用来说，则会遇到网络带宽瓶颈等问题。边缘计算可以将任务放到边缘端来进行，因此边缘计算受到了本地边缘终端计算能力的限制。为了解决上述云计算与边缘计算的缺点，云边协同应运而生。云边协同将云计算与边缘计算紧密地结合起来，通过合理地分配云计算与边缘计算的任务，实现了云计算的下沉，将云计算、云分析扩展到边缘端。随着技术的发展，云边协同一定会在未来的互联网产业之中占有一席之地。

4.2.1　云边协同下的数据安全场景

随着云计算与边缘计算的发展，数据安全问题也成为一个重要的研究课题。针对数据安全保护，首先需要明确数据安全保护的相关场景。在云边协同的环境下，主要考虑两种数据安全场景：训练与查询。

在云边协同训练场景下，可以有以下应用实例。

（1）云边协同人脸识别模型训练

对于一个机器学习模型来说，训练样本的数量会影响到最终模型的效果。而在大数据时代下，各种各样的智能设备都可以进行数据样本的采集。然而如果将采集的设备传输到云端进行模型训练则会面临一些问题：一是带宽与延迟的消耗；二是数据保存在云端则会有严重的隐私泄露隐患。在这种场景下，云边协同进行模型的训练则是一个很好的选择。得益于边缘端的数据收集能力，最终训练出来的模型的泛化性能会更好。其中边缘端负责数据的收集以及部分的模型训练，云端负责将边缘端的模型更新聚合并且发送回边缘端。而传统的人脸识别模型训练通常是先收集人脸数据，然后对人脸数据进行标注，同时在中心服务器进行人脸识别模型训练，最后将训练得到的模型部署到边缘端。在上述训练过程中，需要由数据收集边缘端收集数据，同时与中心服务器进行直接的数据交互，而直接的数据交互势必导致隐私的泄露问题。相比于传统的人脸识别模型训练，云边协同下的人脸识别模型训练（见图 4-4）不需要将人脸数据上传至中心服务器，而这防止了某种程度的隐私泄露问题，然而云边协同下的人脸识别模型训练仍然面临着许多问题，例如训练数据的标注问题以及如何更好地进行分布式训练，这些问题都需要进一步研究与解决。

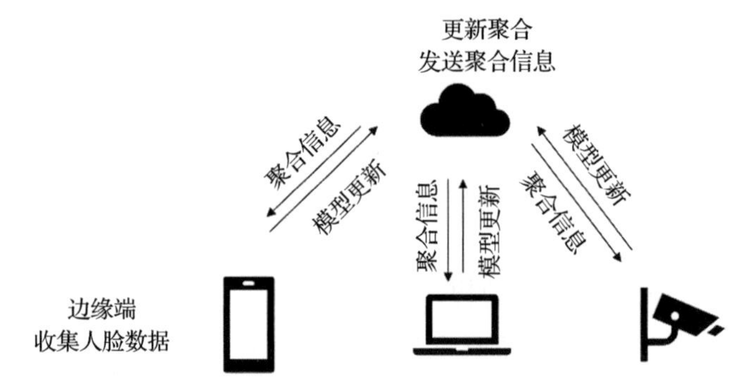

图 4-4　云边协同人脸模型训练

（2）云边协同推荐系统

云边协同下的推荐系统训练利用边缘端收集的数据在边缘端本地进行训练，同时将模型的更新信息上传至云端进行模型的整合，本地的模型训练避免了用户的行为习惯、浏览数据等信息被上传至云边，减少了隐私泄露的可能。而传统的推荐系统的实现，则需要服务提供商（例如淘宝、微博等）主动采集用户的浏览数据、浏览偏好、搜索数据等信息，从而进行推荐模型的训练，最后根据训练的模型来对用户进行有针对的推荐。而这种数据收集不可避免的会产生安全隐私问题。尽管以云边协同的方式进行推荐系统的相关训练可以在某种程度上避免服务商在云端收集用户的浏览记录等隐私数据，以达成数据安全保护的目标，但是该方法仍然面临着一些问题需要解决，例如边缘端设备的性能制约、云边通信的带宽制约等，而这些问题都需要更进一步的研究。

（3）传统能源行业下的云边协同数据处理

云边协同技术不仅仅可以应用于上述的大数据场景，对于传统的能源行业来说，它涉及的各种设备相对复杂，边缘端传感器较多，若是将收集数据全部发送至云端，则会面临较大的带宽压力，因此转型难度较大。而传统行业下的数据处理往往比较依赖于人工，这也给传统行业的转型带来了困难。接下来以石油行业为例，简述石油行业下云边协同的相关场景以及数据安全问题。不同于传统的人工录入等方法，在云边协同的环境下，针对石油开采，可以将传感器、各种开采设备等收集到的信息进行整合并且发送到具有简单数据处理能力的边缘端进行数据的自动化录入、数据预处理、数据实时分析等操作，然后将处理之后的数据发送到云端进行更完全的数据分析以及决策，最后将决策结果发送回边缘端指导石油的开采等操作，如图 4-5 所示。相比于传统的石油开采方法，云边协同下的数据处理大幅度提高了数据处理的效率，并且减少了决策所用的时间。尽管如此，云边协同下的数据处理仍有一定的隐私泄露风险，在上述场景中，尽管边缘端承担了一定的数据分析操作，减轻了带宽以及云端的压力，但是数据的更进一步分析仍需要云端的参与，因此在数据传输或者云端分析的过程中仍然有隐私泄露的风险。

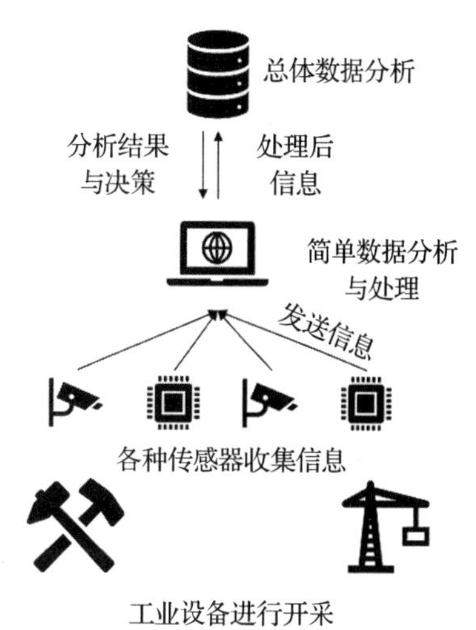

图 4-5　云边协同下的石油开采

在云边协同查询场景下，有以下应用实例：

（1）云边协同人脸支付

随着“刷脸付”时代的到来，人脸识别的精度已经到达了可以进行商用的程度。受限于边缘端支付设备的计算能力与存储能力，不可能完全将人脸识别模型部署于边缘端进行人脸识别，因此“刷脸付”必须要通过云边协同的方式来实现，如图 4-6 所示。其中边缘端负责用户人脸数据的捕获以及预处理，以减少对网络带宽的负荷。云端负责人脸识别以及支付服务的相关逻辑。在上述人脸支付场景下，边缘、云端、数据传输过程中都可能会出现隐私泄露的问题，例如边缘端设备有可能会被破解成为恶意的边缘端等，因此需要使用相应的隐私保护技术来防止隐私的泄露。

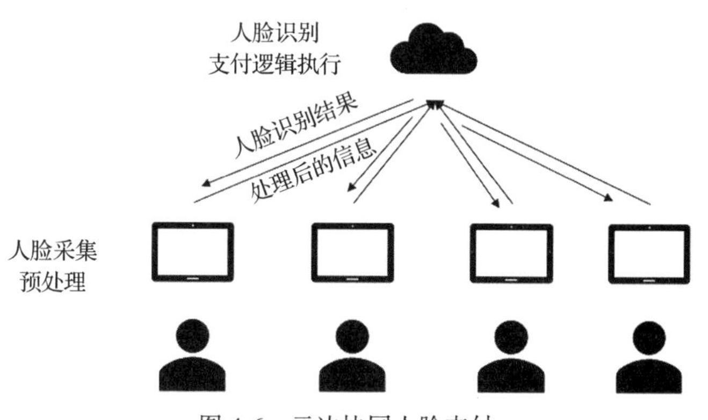

图 4-6　云边协同人脸支付

（2）云边协同智慧交通系统

随着私家车越来越多，更多的车流量带来的是对交通系统更大的压力。当前的智慧交通的一个研究方向是自动驾驶，然而自动驾驶受限于复杂的路况以及车辆的计算能力等因素，不可能在现阶段进行大规模的部署。而另一个研究方向则是利用道路上的各种摄像头传感器等设备进行数据的收集并且将它们上传到边缘端进行简单的数据分析以及决策，同时在云端进行总体统筹以及数据分析，以实现云边协同下的智慧交通系统。例如通过摄像头收集信息并且利用机器学习算法来智能判别道路交通违法行为，以实现效率上的提升。然而借助摄像头、传感器等设备收集的道路交通信息往往也有可能泄露道路行人的隐私信息，而这对智慧交通的发展带来了挑战。

4.2.2 云边协同下的恶意威胁模型

考虑云边协同下的隐私保护时，需要根据对手的能力来判断当前使用的隐私保护方法是否安全，而通常情况下攻击者的能力并不会由人们来控制。理论上，一个特定的隐私保护系统、算法或许只能在攻击者的能力受到某种限制的条件下进行。例如当攻击者同时控制了一定比例的边缘端设备之后（可以以任意方式影响边缘端设备的行为），就能够获取到云端上的信息；攻击者无法攻破特定安全级别的加密机制等。

在云边协同的环境下，通常会出现一些恶意威胁模型[1]，见表 4-1。

表 4-1 云边协同威胁模型

攻击者	威胁模型
通过破坏边缘端设备或者使用其他方法获取到边缘端管理权限的人	当边缘端设备被攻破时，恶意的边缘端设备能够检查所有云端发送过来的信息以及以任何方式修改本地边缘端的计算、训练过程；诚实但好奇的边缘端可以检查所有云端发送过来的信息，但是却不能修改本地的计算、训练过程，即诚实但好奇（半诚实）边缘端会如实履行协议
通过破坏边缘端设备或者使用其他方法获取到云端管理权限的人	当云端设备被攻破时，恶意的云端能够检查所有从边缘端发送的信息，并且能够以任何方式修改云端的计算、训练过程；诚实但好奇（半诚实）的云端能够检查所有从边缘端发送过来的消息，但是不能篡改计算、训练过程
数据分析师、模型工程师	对于恶意的数据分析师、模型工程师，隐私的泄露问题往往不是出现在计算、训练过程中，而是出现在推理过程中。数据分析师、模型工程师能够拥有系统中多个输出的访问权限，而他们可能会通过这些权限来获取边缘端以及云端的各种隐私信息
其他角色	在云边协同的环境下，由于边缘端设备广泛分布于各个地区中，恶意攻击者可以通过破解边缘端设备来获取最终部署的模型，尽管这时边缘端设备并没有进行训练，但模型的泄露仍能泄露相关的隐私

同时在云边协同的环境下，攻击者拥有很多方法去获取到云端、边缘端的隐私信息，下面就其中的一些攻击方法做简单介绍。

（1）成员推理攻击

成员推理攻击（见图 4-7）利用了这样一种观察，即对于机器学习模型来说，模型的行为会随着输入的数据产生变化，而当输入数据是该模型的训练数据时，该模型的行为往往与输入数据是模型第一次见到的数据时的行为有所不同。攻击者可以利用这种模型对不同输入数据行为产生的反应来判断数据是否是该模型的训练数据。成员推理攻击是这样一种攻击方法：当给定数据记录和模型的黑盒访问权限时，判断某条数据是否在数据的训练数据集中。

一种成员推理攻击的基本思想如下[2]：如果已知当前模型的训练集，那么对于样本 (x, y)，设目标模型输出为 y'，根据它是否在目标模型的训练集中，可以构建 (y, y', in), (y, y', out) 的向量，其中 (y, y') 作为特征值，in 和 out 作为标签。使用上述数据来训练二分类模型，即可得到一个成员推理攻击的模型，使用该模型可以判断样本是否在模型的训练数据中。上述方法的关键在于攻击者实际上并不知道目标模型的训练集，因此可以通过构建与原模型相似的训练数据集以及相似的模型来训练一个影子模型，最后使用该影子模型来训练上述二分类攻击模型，如图 4-8 所示。

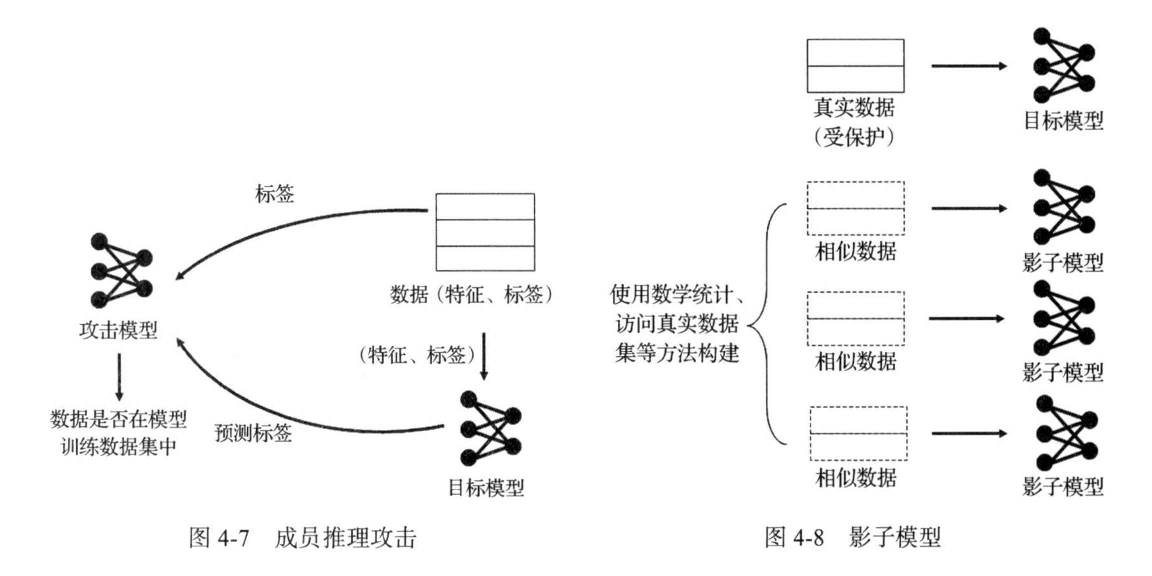

图 4-7　成员推理攻击　　　　图 4-8　影子模型

在云边协同的环境下，成员推理攻击能够以多种方式实现，例如当云端被攻破时，恶意的云端就可以获取所有边缘端发送的模型更新信息，从而使得恶意攻击者能够对整个云边协同的训练实现白盒访问，因此就可以实施白盒下的成员推理攻击。即使恶意攻击者并没有获取整个云边协同训练的白盒访问权限，也可以通过黑盒下的成员推理攻击来实现对训练数据的推理与攻击。

（2）训练迭代中的隐私泄露

在云边协同训练的环境下，机器模型训练的过程需要每一个边缘端在一个迭代时与云端进行信息交互行为，尽管可以通过只交互梯度不交互本地训练数据的行为实现模型的训练以及隐私的保护。但是在训练的迭代中，仍然会有隐私泄露的问题。恶意的攻击者仍然能够从训练的迭代中学到原始的训练信息。已经有研究表明，训练时产生的更新信息（例如梯度等信息）实际上跟原始的训练数据有着一定的联系，因此可以从更新信息中推断出原始的训练数据。

（3）非恶意影响

事实上，在云边协同的环境下，相比于恶意攻击者，云边协同环境更容易受到非恶意攻击的影响。非恶意攻击即由于系统故障等原因使得云边协同的系统出现问题。非恶意故障相比于恶意攻击更常见。而防止这种非恶意的故障则需要提高云边协同系统的鲁棒性。

常见的非恶意故障（见图 4-9）有 3 种类型[1]。

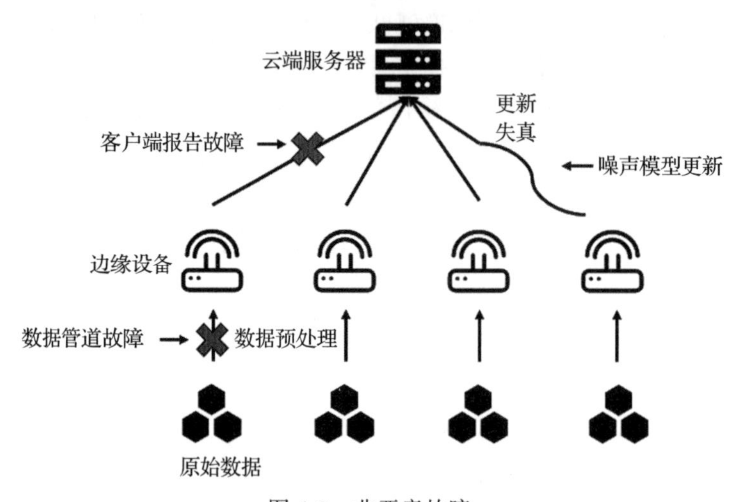

图 4-9 非恶意故障

一是客户端报告故障（client reporting failure）。在云边协同的环境下，边缘客户端需要经常与云端进行通信交流来实现数据的分析以及训练。而对于任意的边缘端来说，任何系统上的问题都有可能会使得这个过程失败。即使边缘端没有出现故障，由于网络带宽等问题的限制，也可能会使得某些边缘端花费更多的时间去与云端沟通。诚然，云端可以忽视掉出问题或者超出时间限制的边缘端，但是这在技术上仍然有很多的挑战。

二是数据管道故障（data pipeline failure）。数据管道存在于每一个边缘端的设备中，它主要负责访问边缘端收集的原始数据并且将它处理为可以使用的训练数据。当该过程出现问题时，将会使得云边协同数据分析、云边协同模型训练的结果出现较大偏差。而云端往往无法检测到边缘端在预处理时出现的特征级别的问题。

三是噪声模型更新（noisy model update）。该问题指的是由于硬件或者软件原因使得边缘端向云端发送的更新中出现了失真的问题。更新信息的失真意味着最终的数据分析、数据训练模型的失真。

4.2.3 数据安全关键挑战

针对当前的数据安全问题，主要有 3 个方面的挑战，它们分别为数据获取、数据管理和数据使用。分别对应数据从产生到流通与使用的几个阶段。而相比于传统的数据中心式处理，数据分布式处理在这些方面则面临着更为严峻的挑战。

（1）数据获取阶段

在数据获取阶段，对于数据主要的操作是数据的采集与预处理。由于大数据时代数据产生速度快的特点，因此需要高速的数据处理方法以及设备。而对于不同来源的设备来说，也需要不同的数据处理方法。总体来说，可以将各种数据分为 3 类：来自计算机的数据，来自人在物理层面、互联网层面的活动所产生的数据以及来自众多传感器设备的数据。众多的异构设备也给数据处理带来了新的挑战。在获取数据时，不仅仅要考虑数据的来源，更要考虑数据的可用性、分布情况等问题。在大数据时代的背景下，数据无时无刻不在产生，而从这些产生的数据中提取出有用的可用于数据分析训练的数据则比较困难。同时，即使从大量数据中提取出了有用的数据，还需要对数据集进行标注，而这将会消耗大量的人力物力。这些问题都是数据采集与预处理时需要解决的挑战。

在中心式数据处理的环境下，由于数据需要进行几种存储，因此多种客户端设备只用于输入与输出，及收集数据传输至中央服务器中，并且由中央服务器进行相关的预处理。

在分布式数据处理的环境下，数据往往保留在本地，因此需要对多种不同客户端采集的数据分别在本地进行预处理。

（2）数据管理阶段

在数据管理阶段，随着产生的数据越来越多，对数据管理存储的要求也越来越高，这对中心式数据处理以及分布式数据处理都带来了重大的挑战。

在中心式数据处理的环境下，所有的数据都保存至云端的中央服务器中，这保证了客户端同步数据时的准确性，同时数据备份也只需要备份中央服务器即可。然而这对中央服务器的容量以及安全保护措施都带来了挑战。

在分布式数据处理的环境下，受到数据量大的影响，不能完全将数据存储于云端中，这会对带宽以及存储设备带来巨大的压力，同时也有隐私泄露的风险。因此需要将数据分布式地存储于多个边缘端服务器，而这对数据的同步、隐私数据保护等方面也带来了很大的挑战，因此如何有效地对大量异构数据进行存储与管理也是一个重要的研究课题。

（3）数据使用阶段

在数据使用阶段，主要包括数据流通以及数据挖掘两个方面。在数据流通中，需要将数据从数据供方传递至数据需方，但是由于数据隐私保护以及数据所有权的问题，并不能通过直接的方法去传递数据，而是需要在数据流通时使用数据所有权确立、控制信息计算、安全加密等手段来保证数据流通这一环节的正常运行，同时使得数据的生命流程成为一个完整的闭合回路。在数据挖掘中，数据需方利用已有数据进行模型训练或者数据分析，并且从已有数据中分析隐藏的信息，将它转化为可以理解的结构，以供下一步使用。因此在数据使用环节需要做到数据不会在流通过程中泄密，同时又能够从大量数据中挖掘出有效的信息，从而为整体的决策做参考，而又不泄露隐私信息。

图 4-10 展示了中心式数据处理与分布式数据处理在全数据生命流程中的对比。在中心式数据处理的环境下，数据处理发生在中央服务器中，而数据的流通发生在边缘客户端向中央服务器发送请求以及中央服务器发送应答的过程中。在数据处理的过程中，如果中央服务器发生隐私泄露行为，则会造成不可挽回的后果，因此需要使用更强的隐私保护措施。

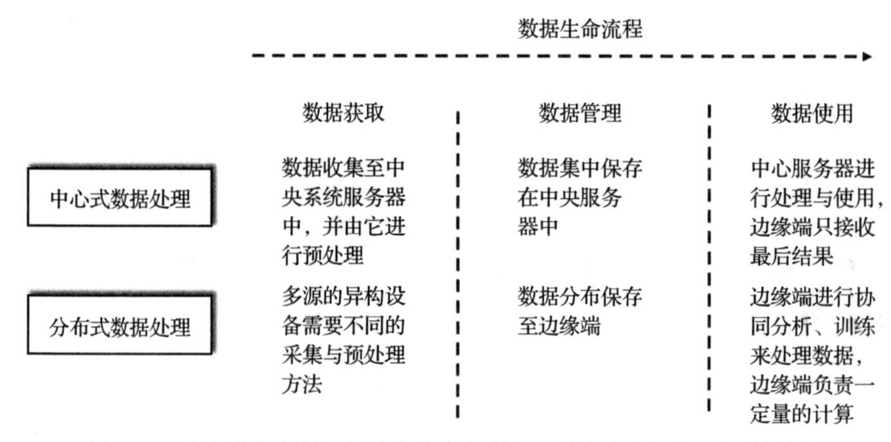

图 4-10　中心式数据处理与分布式数据处理在全数据生命流程中的对比

在分布式数据处理的环境下，数据流通发生在多个边缘端设备协同分析时，这既对网络带宽带来了压力，也对隐私保护提出了一定的要求。而多个边缘端在协同数据训练、分析时，需要在保持数据分析效率的同时保证隐私保护，这也对分布式的数据使用带来了很大的挑战。

4.2.4　数据泄露案例

值得注意的是，隐私泄露问题在上述数据生命周期中的 3 个阶段都有可能发生，下面简单介绍数据生命周期的 3 个阶段中发生的一些数据泄露案例。

（1）数据获取阶段

Polar Flow 是一款能够记录用户运动信息的软件。该软件在收集数据时错误地收集了在隐秘地点锻炼的人的家庭住址等信息，这些隐秘地点包括世界各地的情报机构、机场、军事基地等。2017 年，根据该软件采集到的用户运动信息所制作出的世界各地用户的运动热力图不慎将全球大量官兵的活动信息包括了进去，从而导致了军事信息的泄密事件，造成了不可估量的损失。

（2）数据管理阶段

2017 年 11 月，据外媒报道美国五角大楼意外泄露了美国国防部的分类数据库，其中包含有美国在全球的社交网络及媒体平台中收集的 18 亿条用户的个人信息。而这次泄露的数据实际上为架在亚马逊 S3 云存储上的数据库，上述数据库被错误地配置使得它可被公开下载，其中包含了近 18 亿条来自社交媒体中的信息。在数据管理阶段，可能会出现由于外部攻击或者内部的错误操作使得保存在数据库中的数据发生泄露的行为。

（3）数据使用阶段

2018 年，Facebook 公司被爆出由于安全漏洞可能会导致 6800 万用户的私人照片被泄露出去。具体来说，在 9 月 13 ～ 25 日，由于 Facebook 公司的照片 API 中所产生的漏洞使得约 1500 个应用获得了 Facebook 网站中的用户私人照片的访问权限。通常来说获得用户授权的应用只能访问 Facebook 网站中的共享照片，但这个漏洞导致用户的非公开照片也照样能被读取。

4.3　差分隐私技术

4.3.1　相关应用场景与挑战

随着大数据时代的到来以及人工智能的发展，各种传统行业也在发生着重大的变化。在医疗行业，随着科技的发展以及大数据时代方便的数据流通技术，智慧医疗逐渐走进人们的生活。依靠着大数据技术以及物联网技术的发展，发达国家和地区纷纷大力推进基于物联网技术的智慧医疗。智慧医疗依靠着物联网技术下的各种实时感知功能，更加方便地将病人的病情信息传递给医生，提高了诊断的准确性。同时医生可以更方便地追踪病人的各种信息，提高了医疗服务的质量。

在智慧医疗技术下，可以通过多个医院所掌握的数据共同训练病情诊断模型，依靠该模型可以更好地辅助医生诊断病人的病情。在上述的例子中，各个医院充当边缘端，并且利用边缘端设备使用本地的病情数据进行模型训练，然后将训练迭代之后的更新信息上传至云端服务器进行聚合，接着将聚合信息发送回边缘端，使得各个边缘端直接完成训练过程。

在上述训练过程中，尽管各个边缘端以及云端没有直接的训练数据交互行为，但是也会面临很多隐私泄露方面的挑战。在边缘端与云端进行信息交互时，可能会存在隐私泄露问题，恶意攻击者会通过边缘端所提交的更新信息（梯度等）推断出原始的训练数据；另外不可信的云端也会造成整个训练的失败以及隐私泄露问题；同样不可信的边缘端也有这个问题，这都是在智慧医疗场景下协同训练时所出现的问题与挑战。而差分隐私技术则可以在一定程度上解决这个问题，下面就差分隐私技术以及它的应用做简单介绍。

4.3.2　差分隐私技术简介

差分隐私技术[3]是一种能够量化隐私泄露的方法，该方法通过严格的数学证明来保证最坏情况下的隐私泄露问题。最早该方法是用在数据库领域的，旨在在数据库查询中保证查询准确率的同时又不泄露记录。

1. 差分隐私原理

要了解差分隐私，首先需要了解差分攻击及其原理。差分攻击是通过比较特定区别的明文所对应的密文的差别来攻击加密算法的一种方法。在数据库查询领域，差分攻击可以有如下应用。

在智慧医疗场景中，各个组织、医院会出于科研目的提供某些医疗数据库的查询接口，对于某些掌握了背景知识的恶意攻击者来说，可以通过多次查询并且比对查询结果的方式来获取隐私信息。如图 4-11 所示，假设当前有一个公开的患病数据库，用户可以查询当前有多少人患病，即患病的比例。一个恶意攻击者首先进行数据库的查询，结果有 X 人患病。之后小明去数据库登记自己的信息，而攻击者在这之后第二次查询数据库，查询结果返回有 Y 人患病。然后攻击者可以通过 $Y-X$ 的值来判断小明是否患病。上述例子就体现了差分攻击的思想，在这个例子中，攻击者掌握了相应的背景信息（小明去登记该数据库），并且利用该背景信息获得了小明的隐私信息。也就是说攻击者掌握的背景信息使他获取了别人的隐私信息。因此需要一种最坏情况下（攻击者掌握了全部的背景信息）仍然能够保护隐私的方法。

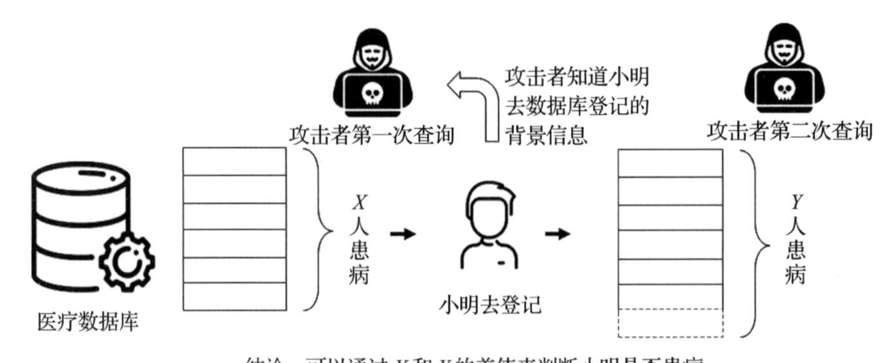

图 4-11 差分攻击

差分隐私则是这样的一种方法，它的思想就是要保证不论任意一个个体的信息是否在数据集中，都不会对这个数据集上的操作结果产生影响，即相当于对两个几乎相同的数据集进行相同操作，最后使两个结果几乎相同[4]。以图 4-12 为例，数据集 D 和数据集 D' 相差了一条记录，将这样的两个数据集称为邻近数据集。邻近数据集是差分隐私的一个概念，有两种形式：

1）记录级差分隐私：D 和 D' 是邻近数据集，当且仅当 D 和 D' 的数据仅仅相差一条记录时。

2）用户级差分隐私：D 和 D' 是邻近数据集，当且仅当 D 和 D' 的数据仅仅相差单个用户的所有记录时。

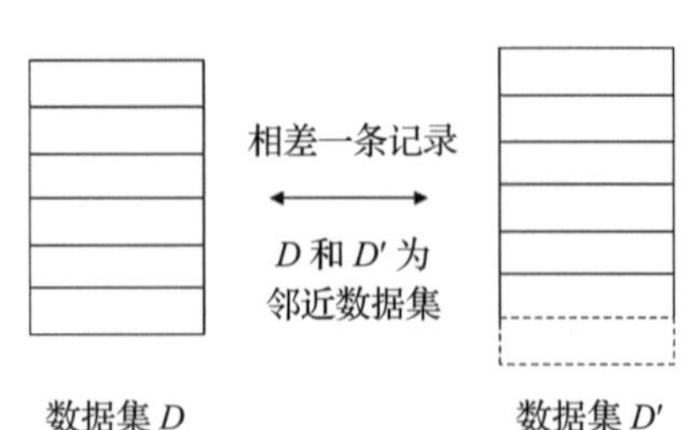

图 4-12 邻近数据集

对应这两个数据集，分别做相同的操作 f，即 $Z=f(D)$，$Z'=f(D')$。当 Z 和 Z' 不可区分时，可以认为相差的这条数据不会对最终结果产生影响。因此可以认为这条数据集的信息不会被泄露。

然而上述假设会遇到一个问题，即当人们最终得到的 Z 和 Z' 相同时，也意味着数据训练、挖掘算法并不能从相差的这条数据集中获取有用信息，这反映到模型训练中就是准确率的降低。即在差分隐私中，更强的隐私保护程度意味着实用性的降低，而要实现差分隐私，则需要很好地平衡这两者。因此可以通过设定一个值来衡量 Z 和 Z' 的不同程度，同时可以利用这个值来表示隐私保护程度。

具体地，对于一个有限域 Z，$z \in Z$ 为 Z 中的元素，从 Z 中抽样所得的集合组成数据集 D，样本量为 n，属性的个数为维度 d。数据集 D 的各种映射函数被定义为查询（query），用 $F = \{f_1, f_2, f_2 \cdots\}$ 来表示一组查询，算法 M 对查询 F 的结果进行处理，使它满足隐私保护的条件，此过程称为隐私保护机制。设数据集 D 和 D' 具有相同的属性结构，两者的对称差记作 $D \Delta D'$，$| D \Delta D' |$ 表示记录的数量。若 $| D \Delta D' | = 1$，则称 D 和 D' 为邻近数据集 (adjacent dataset)。

则差分隐私的定义如下：设有随机算法 M，P_M 为 M 所有可能的输出构成的集合。对于任意两个邻近数据集 D 和 D' 以及 P_M 的任何子集 S_M，若算法满足

$$\Pr[M(D) \in S_M] \leqslant \exp(\varepsilon) * \Pr[M(D') \in S_M]$$

则称算法 M 提供 ε- 差分隐私保护，其中参数 ε 称为隐私保护预算。这里用隐私预算来表明隐私的保护程度。

上述定义是非常严格的，它保证了最坏情况下的隐私泄露程度。可以用图 4-13 来理解差分隐私的定义，即将对两个邻近数据集做相同操作所产生的差别限制在某个范围之内，使它不可区分，从而保证了隐私信息不被泄露。

在定义了差分隐私之后，需要考虑如何实现差分隐私。简单地说，实现差分隐私需要对相应的数据集添加特定的噪声，该噪声通过特定计算获得。噪声的计算可以有多种方法，例如拉普拉斯噪声、高斯噪声等。下面以拉普拉斯机制（即添加拉普拉斯噪声）为例，来概述差分隐私的具体实现。假设当前有一个疾病数据库，数据库中记载了当前癌症患者的人数，用户可以查询当前患癌症的总人数。当攻击者掌握了足够的背景信息时，就可以通过计算两次查询结果的差来判断特定人员是否患癌症。

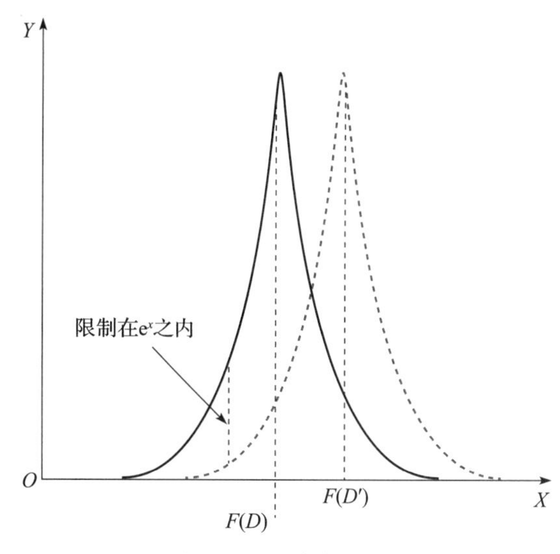

图 4-13　差分隐私图解

在表 4-2 中，cancer 列代表用户是否患病，而 count 列则是截至该行可以查

询到的结果。显然，当攻击者知道表 4-2 中每一行的对应人员时，就可以通过两次查询之间的结果差来获取隐私信息。这时，可以通过添加拉普拉斯噪声来扰动结果，使得攻击者的两次查询之间的区分度变小，从而保护了相关的隐私信息。

表 4-2 患病数据库表

Name	cancer	Count	Add noise
Tom	0	0	2.1
Jack	1	1	2.2
Henry	1	2	2.2
Diego	0	2	2.1
Alice	1	3	2.1

随着对差分隐私更加深度地研究，相关研究者们提出来了更多种类的差分隐私定义，其中有的放宽了差分隐私的相关约束，有的提出了新的差分隐私实现机制。

因此下面介绍在云边协同环境下的差分隐私相关技术与应用。

2. 局部差分隐私

局部差分隐私（local differential privacy）是云边协同下差分隐私的一种实现方法。该方法并不需要一个可信的云端就可以实现差分隐私，从而进行隐私保护。在云边协同的条件下，无论是进行云边协同模型训练还是查询，都需要与云端进行交互，而云端往往又不是可以完全信任的，因此需要局部差分隐私的应用。

局部差分隐私的主旨是在边缘端直接应用差分隐私，即在与云端数据共享、信息交互之前就进行差分隐私的保护工作。例如在边缘端收集信息时进行噪声添加，实现差分隐私保护，然后再与云端进行交互。局部差分隐私已经在实际中有了广泛的应用，苹果、谷歌、微软等大型公司都在使用该方法来获取用户的统计信息。

然而局部差分隐私有局限性，例如在云边协同进行神经网络模型训练的场景下，由于每一个边缘端在分享数据之前都进行了差分隐私保护（例如添加适量的噪声），过多的噪声会导致最终的模型性能有所下降。

3. 中心差分隐私

中心差分隐私（central differential privacy）则与局部差分隐私相反，即在云端（服务器端）应用差分隐私。在云边协同的环境下，针对云端应用差分隐私同样可以使得最终训练出来的模型拥有一定的隐私保护能力。而中心差分隐私的局限性也很显然，由于差分隐私是在云端进行应用的，要想使得边缘端的数据不被泄露，云端需要是可信任的，然而这在实际上往往做不到。

4. 分布式差分隐私

为了解决局部差分隐私和中心差分隐私的缺陷，分布式差分隐私（distributed differential

privacy）模型被提出来。在这种模型下，边缘端需要使用隐私保护方法（例如局部差分隐私等）对交互信息进行编码，接着将编码信息送入安全计算函数中进行计算（例如安全多方计算、可信执行环境等），最后将信息传递给云端。

分布式差分隐私和局部差分隐私分别从多个角度提供了不同的隐私保证：分布式差分隐私能在同样级别的差分隐私下提供更高的准确率，然而却需要不同的设置以及更强的假设，例如使用安全多方计算协议。下面概述两种具体的分布式差分隐私方法，它们依赖于安全聚合（secure aggregation）和安全交换（secure shuffling）。

依赖于安全聚合的分布式差分隐私。安全聚合，它允许每个客户端可以提交一个值（通常是机器学习中的张量或向量），然后云端仅可以学习一个客户端提交值的聚合函数。安全聚合用于确保云端在不获取单个设备、参与者的中间参数的前提下，获得聚合结果。同时为了进一步确保安全聚合结果不会向云端透露其他信息，可以使用局部差分隐私。例如，每个边缘端设备在安全聚合之前就可以使用局部差分隐私来扰动自己的模型参数。

依赖于安全交换的分布式差分隐私。安全交换允许每个边缘端可以提交一个或多个消息，然后云端可以学习到所有的边缘端消息的一个无序集合，它是安全聚合的一个实例。依赖于安全交换的分布式差分隐私可以通过 ESA（Encode-Shuffle-Analyze）框架来实现。在该框架中，每一个边缘端在本地运行局部差分隐私，然后将它输出提供给安全交换器（secure shuffler），安全交换器会把输出随机排列，然后将随机排列后的集合发送到云端进行最终分析。直观上，该方法使得云端更难了解参与者的任何信息，同时也支持差分隐私分析。Bittau 等人[5]提出了 Prochlo system 作为 ESA 框架的一种实现方法，该方法使用可信执行环境以及差分隐私保护方法来实现。

图 4-14 给出了局部差分隐私、中心差分隐私和分布式差分隐私方法的对比。

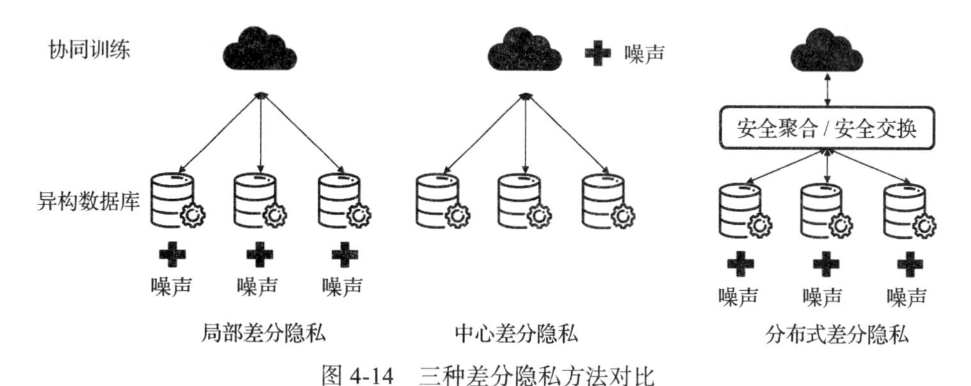

图 4-14　三种差分隐私方法对比

5. 混合差分隐私

混合差分隐私（hybrid differential privacy）同样是为了解决局部差分隐私与中心差分隐私的缺点而设计的，该方法有一个朴素的观点，即根据用户对隐私保护的需求来选用不同的隐私保护模型。该方法有两种简单的选择：

1）使用最不信任的模型，然后将它保守地应用于整个边缘端。

2）使用最受信任的模型，然后将它应用于最受信任的用户边缘端。Brendan 提出了一个系统[6]，在该系统中，大部分本地用户以局部差分隐私来保护数据，而一小部分用户则采用可信策展人模型（trusted curator model）来保护数据。

4.3.3 差分隐私技术应用

差分隐私技术当前已经应用于众多领域，不仅仅是前面提到的智慧医疗场景，在用户信息收集领域，例如苹果与谷歌公司的用户收集算法中就应用了差分隐私，而差分隐私所能做的事情不仅仅如此，从用户数据收集，到模型训练，再到数据查询，都能够应用差分隐私技术。这里依据前面所列举的相关云边协同场景进行介绍。

（1）云边协同智慧医疗环境

在该环境下，需要多个医疗组织利用各自的医疗数据来实现协同训练，而在协同训练的过程中，可以使用上述几种差分隐私方法来实现对训练数据隐私的保护。使用局部差分隐私技术，可以在边缘端进行数据收集时（这里的数据对应为医疗数据）对数据添加噪声，然后将加噪之后的数据传输到云端进行模型训练。

相比于上述直接对训练数据进行加密、传输的方法，一个更好的云边协同训练方法是利用边缘端的计算能力进行模型训练，并且通过云端进行信息交互。具体地说就是每一个边缘端使用其边缘端的数据进行子模型的训练，每个迭代时都将该边缘端的更新信息（模型梯度等）使用差分隐私保护算法进行隐私保护，接着将处理之后的更新信息传递到云端，当云端收集到所有边缘端的更新信息之后，对更新信息进行安全聚合操作，然后将聚合结果发送回各个边缘端使它可以进行模型更新，如图 4-15 所示。

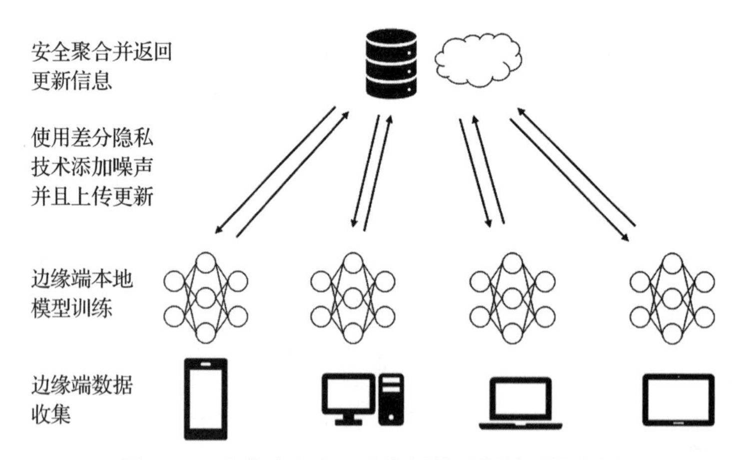

图 4-15 差分隐私在云边协同模型训练下的应用

（2）云边协同人脸支付

在云边协同查询场景下，差分隐私可以用于边缘端与云端的交互过程，例如在云边协同人脸支付的场景下，由于人脸信息是在边缘端进行收集的，且支付逻辑的实现离不开云端的处理，因此不论是在边缘端进行模型推理还是在云端进行模型推理都需要对隐私泄露问题进行防御。而差分隐私就是一种可行的方法，例如在与云端进行信息交互时使用差分隐私进行隐私保护，或者直接对收集到的原始数据进行预处理（格式转换、添加噪声等），然后再进行查询。需要注意的是，使用差分隐私保护技术需要牺牲一定的模型查询精度，因此需要在隐私保护程度以及模型精度之间进行权衡。

4.3.4　相关前沿研究简介

V. Pihur 等人[7]提出了一种用于保护分布式客户端机器学习的隐私的框架，该框架通过在异步的客户端 – 服务器框架下使用局部差分隐私技术，在提供差分隐私保证的同时实现了良好的模型学习能力。该框架的实现依赖于模型的随机采样来进行负载分配，并且实现了可扩展性的要求。并且该框架也提供了附加的服务器端的隐私保护，且使用平均的方法提高了模型的质量。同时实验表明，该框架在实际部署时具有一定的可行性。

A. Cheu 等人[8]研究了在分布式环境下设计差分隐私协议的方法，并且考虑了两种模型：

1）中央模型。在该模型中，受信任的服务器以明文形式收集边缘端用户的数据，借此来提高准确率。

2）局部模型。在该模型中，用户可以将所持有的数据随机化，因此不需要可信的中央服务器，但是相应地，准确率会受到限制。

而 A. Cheu 等人主要研究了一种位于局部模型和中央模型之间的分布式差分隐私模型，它使用匿名通道来扩展本地模型，匿名通道的作用是随机排列一组用户所提供的消息。对于求和查询来说，该模型能够提供中央模型的功能，却不需要可信的中央服务器，因此该模型严格地位于局部模型和中央模型之间。

4.4　安全多方计算技术

4.4.1　相关应用场景与挑战

可以发现，步入 21 世纪以来，随着社会的发展，治理环境污染的任务愈加重要了起来，而我国由于多方面因素的制约，环境监测能力滞后于环境管理发展的需求，而环境监测能力很大程度上是受制于监测设备的落后的。随着大数据时代的到来以及监测设备的更新换代，环境监测问题得到了一定程度的解决，然而大量的环境监测设备及其传感器带来的是大量的数据，而我国当前的环境监测仍以手工监测为主，监测频次低、时效性差、技术装备能力不足、技术与方法不完备。在污染物排放量激增的情况下，间断性的监测已不能掌握污染源和环境污染状况的变化。

因此，亟待建立统一的环境监测平台，同时多地区利用环境监测数据进行统一分析，以实现感知互动、网络传输、应用服务的 3 种应用层面。然而由于环境监测数据往往包含着许多当地环境的隐私信息，因此如何在不泄露隐私的前提下进行多地区的环境监测统一分析、信息可信交换、隐私信息查询等操作，就成为当前云边协同环境下环境监测问题的一个挑战，而安全多方计算技术则可以为这个挑战提供解决方案。

4.4.2 安全多方计算简介

在上述的环境监测问题中，需要一个统一的环境监测平台去分析多地区内的环境监测数据，针对这些数据进行统筹分析或是利用这些数据进行相应的模型训练。由于环境监测问题的地域限制，众多的数据收集边缘端呈现分布式的架构并散布于各个地区，而环境监测数据往往会涉及一些敏感数据，如果由中心服务器对边缘端收集的异构数据进行统一收集、分析、训练，则可能会出现隐私泄露的问题。要使得这些分布式的边缘端在没有可信第三方的条件下共同执行某个运算（统计分析、模型训练等），则需要安全多方计算的应用。

安全多方计算是密码学中的一个子领域，主要研究在无可信第三方的情况下，如何安全地计算一个约定函数的问题。它的目标是将分布式输入所对应的输出传递给参与计算的成员，而不泄露多余的信息（例如各方的输入、中间结果等）。

安全多方计算有如下特点：

1）输入隐私性：在安全多方计算过程中必须保证各方私密输入独立，计算时不泄露任何本地数据。

2）计算正确性：多方计算各参与方在计算结束后，得到正确的数据反馈。

3）去中心化：各参与方地位平等，不存在任何有特权的参与方或第三方，提供一种去中心化的计算模式。

1. 百万富翁问题

安全多方计算作为密码学中的一个经典问题，最早可以追溯到 1982 年姚期智（A. C. C. Yao）提出的百万富翁问题[9]。百万富翁问题可以描述如下：两个百万富翁在街头相遇，他们想知道谁更有钱，然而却不想泄露自己的具体财产有多少。即现在有两个输入 X 和 Y，在不泄露 X 和 Y 的前提下计算出 X 是否小于等于 Y，如图 4-16 所示。

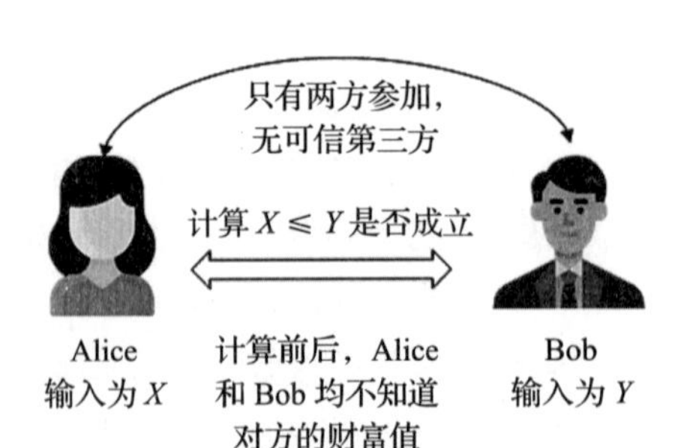

图 4-16　百万富翁问题

对于百万富翁问题，随着时间的推进，当前已经有了很多种解法。这里假设百万富翁问题的威胁模型是一个半诚实对手模型，即双方都可以被信任且不会作假，双方都希望诚实地比较出谁的财富更多，但是双方又都想知道对方的具体财产有多少。一个看似合理的解决方法是，放置一个天平，天平两端封闭，只有对应的参与方才能接触。然后让两个富翁按照对应的财富数量放上对应质量的物品，比如有几千万就放几千克的物品，然后比较天平偏向哪边就可以了。上述方法看似简单且有道理，然而在实际中却有一个明显的问题，即天平实际上在上述方法中成为一个可信的第三方，然而在百万富翁问题中并没有一个可信的第三方。

在 1982 年提出百万富翁问题之后，也提出了百万富翁问题的一个解法。首先该问题被详细定义如下：假设 Alice 有 i 百万，Bob 有 j 百万，其中 i 和 j 为整数且 $1 < i, j < 10$。需要一个协议来判断是否 $i < j$，并且保证最后 Alice 和 Bob 只会知道结果，不会知道其他任何信息。解决该问题的协议如下：

1）生成一个 N 位正整数集 M。这里假设 $N = 5$，则正整数集 M 为 16 ～ 31。

2）生成一个 M 到 M 的所有映射集合 Q_N，上述例子中 Q_N 有 16! 个。

3）Alice 随机选择一个 Q_N 中的元素作为公钥，该公钥是一个 M 中所有元素到其自身的映射。而该映射的反向则作为私钥，用于解密。

4）Bob 随机选择一个 N 位的正整数 x，同时从 Alice 的公钥中找到对应的元素 k。

5）Bob 将 k 与自身财富值 j 相减，得到 $k - j$ 的值，同时将结果发送给 Alice。

6）Alice 通过步骤 3 对 $k - j + u$（$u = 1, \cdots, 10$）进行解密，得到序列 y_u。并且选取 $N/2$ 位的素数 p，计算 $y_i \bmod p$，结果作为序列 z_u，若 z_u 中至少有两个元素不同，则 p 符合条件，否则更换 p。

7）Alice 对序列 z_u 进行处理，保持前 i 个数字不变，从第 i+1 个数开始全部加 1 得到序列 z'_u，同时将 p 和 z'_u 发送给 Bob。

8）Bob 查看 z'_u 中的第 j 个元素 $z'_u(j)$，若 $x \bmod p = z'_u(j)$，则 $i \geqslant j$，否则 $i < j$。

经过多年的发展，百万富翁问题成了现代密码学中非常活跃的一个研究领域，即安全多方计算。安全多方计算技术能够在不泄露数据的情况下，组织多方的异构数据进行共同训练、计算，并且最终得到明文结果，其隐私保护的实际在于将数据所有权和数据使用权分离。其中百万富翁问题则可以看成安全多方计算只有两方时的一个例子。安全多方计算的数学描述（见图 4-17）如下：有 n 个参与者 $p_1, p_2, \cdots, p_n$，要以一种安全的方式共同计算一个函数，这里的安全是指输出结果的正确性和输入信息、输出信息的保密性。

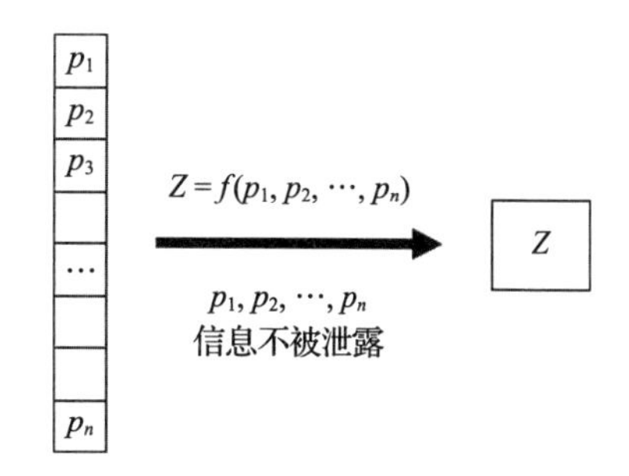

图 4-17 安全多方计算的数学描述

2. 安全多方计算技术描述

安全多方计算可以解决在无可信第三方的条件下，多个参与者如何计算一个约定函数的问题。它作为密码学的一个子领域，允许多个数据所有者在互不信任的情况下进行协同计算，输出计算结果，并保证任何一方均无法得到除应得的计算结果外的其他任何信息。换句话说，安全多方计算技术可以获取数据使用价值，却不泄露原始数据内容。尽管安全多方协议的要求非常严格（在 1987 年，研究人员证明任何函数都可以被安全计算），然而由于安全多方协议的设计不够高效，因此并不具有实践上的可行性。

（1）安全的定义

考虑安全多方计算问题，首先要明确什么是安全，即安全的定义是什么。在现代密码学中，一个协议的安全性与安全证明有关。对于安全多方协议问题，一个通用的安全定义是现实世界 – 理想世界范式（real world/ideal world paradigm），即使用现实模型和理想模型对安全性的定义进行描述，如图 4-18 所示。在理想模型中，假设存在一个安全可信的第三方，依靠这个安全可信的第三方可以简单地实现安全多方计算。每个参与方将信息发送给可信第三方，第三方进行多方的计算行为，然后将计算结果返回给每个参与方。而在现实模型中，由于没有可信第三方的存在，每个参与者就需要执行安全多方协议来实现多方计算，也就是需要与其他参与方进行信息交互。当在现实世界中一方能学到的其他参与方的隐私信息不多于在理想世界中的隐私信息时，可以认为该协议是安全的。现实世界 – 理想世界范式提供了一种对安全多方计算的简单抽象。

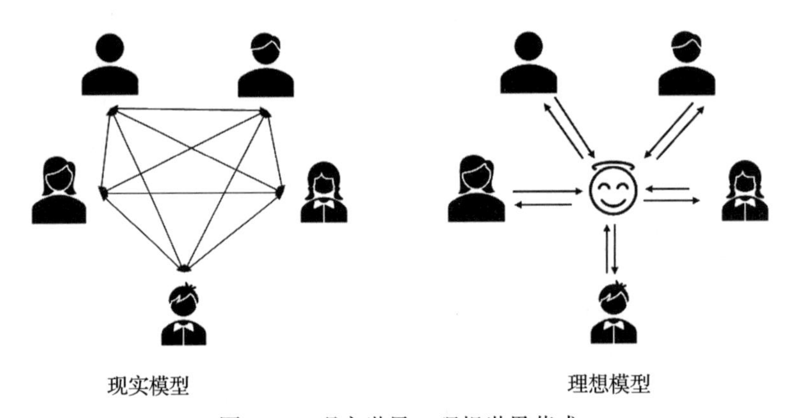

图 4-18　现实世界 – 理想世界范式

（2）威胁模型

为了适用于不同的安全场景，人们要考虑多种威胁模型。与传统的加密方法的威胁模型不同，在安全多方计算中，会假定攻击者是参与多方计算的成员之一，且多个攻击者可能会串通。而在云边协同的模型训练环境下，这种场景很容易实现。安全多方计算的威胁模型场景主要可以分为两类：

1）半诚实：在这种情况下，攻击方只会在协议的规范中去收集信息。这种攻击模型较弱，在实际情况中防止这种级别的恶意攻击往往不够。达到了这种级别的安全防御意味着能够防止各个参与方之间意外泄露信息。

2）恶意：在这种情况下，攻击方会偏离协议去收集信息，即不会按照协议进行计算，而是通过作弊等手段获取信息，例如拒绝参与协议、更改输出、提前退出协议等。防御这种级别的攻击所达到的安全程度较高，同时能较好地保证参与方的隐私。

在环境监测问题中，半诚实的威胁模型意味着各区域收集环境信息的恶意边缘端诚实地执行了协议的内容，但是这些边缘端会对其他边缘端的隐私数据好奇，并想要得到这些数据；恶意的威胁模型意味着恶意的边缘端不会去执行协议内容，而是会通过篡改、作弊、不执行等手段来获取其他边缘端的环境监测信息。

同样，在考虑安全性时也有两种安全类型，分别如下：

1）无条件安全，又叫作信息论安全，也就是当对手的计算能力无限时仍然具有的安全性。

2）计算安全，又叫作密码学安全，当对手的计算能力受到限制时所具有的安全性。

3. 安全多方计算发展现状

在安全多方计算协议中，有一些基本概念以及方法，下面对这些基本概念以及发展进行简单介绍。

（1）密钥分享（secret sharing）

密钥分享[10]是安全多方计算中的一个基本概念，密钥分享也就是把一个密钥数字分为多个部分，并且将它们发送给多个参与方，而多个参与方在满足一定的条件时可以重构该密钥。

在环境监测问题中，各个地区的环境监测边缘端可以通过密钥分享协议来共享数据的密钥，从而实现多方的数据安全传输功能。如果一个环境监测边缘端成为恶意的边缘端，并且该恶意边缘端想要通过边缘端之间的信息传递来获取其他边缘端的环境监测数据，依靠密钥分享技术，单独的一个边缘端无法重构密钥，而是需要一定或者特定数量的参与者的部分密钥才能够重构密钥，这保证了密钥的安全性以及当部分边缘端被攻击者攻破时的隐私保护能力。

最早的密钥分享是每一个参与方都保留有原密钥的一个完整备份，显然这种方法很不安全，尤其是在传输过程中，恶意攻击者可以很轻松地窃取密钥。后来，研究者将密钥按位划分，然后分发给参与计算的多个参与方，每一个参与方只知道密钥的几位。然而这种方法仍然有弊端，攻击者仍然可以通过穷举来获取完整的密钥。后来研究者模仿图片的安全传输，也就是将目标图片与一个噪声图片叠加，得到合成噪声图片。对于两方来说，一方获取合成噪声图片，另一方获取噪声图片，只有将两个图片相减才能获得目标图片。这在密钥分享中体现为，把密钥加上一个随机数，得到随机密钥，然后将随机密钥分发给一方，随机数分发给另一方。由于随机数的存在，双方获取完整密钥的难度非常大。

然而上述方法有一个很严重的问题，当有一方丢失密钥时，将不能还原密钥。之后研究者们提出了解决这个问题的办法，即将密钥表示二维空间中的一个坐标点，然后随机生成空间中的一些点，将这些点连接成一个曲线。将随机生成的点分发给参与方，理论上该曲线上任何点都可以进行分享，恢复密钥只需要同时获取到曲线上的几个点，进而计算出曲线，最后获得密钥。

事实上，曲线方程可以很复杂，也可以很简单，这取决于需要几个参与方才能恢复密钥。当需要两个参与方才能恢复密钥时，则该曲线可以是直线；当需要 3 个参与方才能恢复密钥时，则该曲线为一元二次方程的曲线。下面以两方为例进行举例。

考虑直线方程 $y=bx+c$，当 x 为 0 时所对应的点即密钥，将密钥对应的点与一个随机生成的点相连构成一条直线，然后将直线上除了密钥的其他点发送给参与计算的多个参与方。由于采用的曲线是直线，当两个参与方使用对方的点计算时，即可得到密钥，如图 4-19 所示。

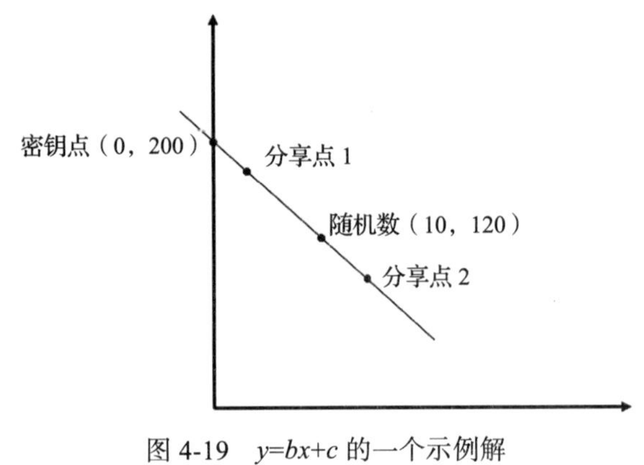

图 4-19　$y=bx+c$ 的一个示例解

（2）不经意传输（oblivious transfer）

不经意传输是一种能够进行隐私保护的通信协议[11]。该方法能够使通信的双方以一种选择模糊化的方式进行消息传输。不经意传输是密码学中的一个基本协议，其中发送方可以向接收方传输一系列信息中的一部分，而接收方能够收到正确信息，却不知道信息属于整体的哪个部分。不经意传输的实现依靠对称加密算法（AES）以及非对称加密算法（RSA）。

在百万富翁的解法中，就运用了不经意传输的思想。举个例子，在不经意传输中，A 给 B 一共 n 个选择，但是这些选择对于 B 而言都是无法分辨且无法获知原始内容的，B 从中选择一个并且告诉 A，而 A 也并不知道 B 选择的是哪个箱子。落实到百万富翁问题中，可以这样理解该方法的原始解法：

1）Alice 找到 10 个一模一样的盒子，然后将它们分别编号为 1 ～ 10，并且按照自己的财富值往盒子里放入水果。如果盒子编号小于财富值，放入苹果；等于放入梨；大于则放入香蕉。

2）把 10 个盒子都上锁（加密），并且叫 Bob 过来。

3）Bob 选择自己财富值所对应编号的盒子，给盒子再加一把锁，然后销毁其他盒子，并把剩下的盒子给 Alice。

4）Alice 并不知道 Bob 选的是哪个盒子，当 Alice 和 Bob 开锁之后，根据盒子中的水果就可以判定谁比较富有。如果是苹果，则 Alice 比较富有；梨，则一样富有；香蕉，则 Bob 比较富有。

（3）随机预言机（random oracle）[12]

在计算复杂度理论以及可计算性理论中，预言机是一种抽象的计算机，可以被视为一个或多个黑盒子的图灵机。该图灵机用来在单一运算之内解答特定问题。随机预言机指的是一个预言机对任何输入都返回1cm均匀的随机输出。随机预言机可以看作一个理想化的哈希函数，可以将它视为两列，其中一列为x，另一列为x所对应的$H(x)$，初始值为空。随机预言机的行为可以描述如下：当输入为x时，若对应的$H(x)$为空，则随机预言机在值域中随机选取值进行输出，并且记录。当对应的$H(x)$不为空时，则输出对应$H(x)$。随机预言机有着以下特性：

1）一致性：对于相同的输入，输出相同。

2）可计算性：计算输出的时间复杂度在多项式时间之内。

3）均匀分布性：随机预言机的输出在值域中均匀分布且无碰撞。

（4）混淆电路（garbled circuits）

混淆电路是一种两方计算方法，最早由提出百万富翁问题的姚期智先生提出[9]。混淆电路可以描述如下：参与的双方分别为电路生成者和电路执行者。双方将要执行的函数转化为布尔电路。然后生成者使用加密算法（AES）对电路中的每一个门电路进行加密，对电路上的每一个线路上的可能输出替换为等量的随机数，这些随机数被称为混淆密钥。然后生成者利用混淆密钥得到每个门电路的混淆电路的真值表。

安全多方计算当前主要分为两方计算和多方计算。对于两方计算来说，由于只有两个参与方，因此可以有很多的特殊设置，同时也并不适用于多方计算的情况。两方计算的一个典型代表就是百万富翁问题，以及混淆电路。对于多方计算来说，大多数安全多方计算协议都会使用密钥共享技术。针对两方计算和多方计算，可以有这样的对比：对于两方计算，当前已经有了通用的两方计算方法并且可以达到商用水平；同时两方计算可以使用一些特殊的技术。对于多方计算，只有在某些特定场合下才没有太大的性能瓶颈，当前的实用度还不是很高；两方计算更复杂，对于通用场景的适配性不是很好。而两方计算和多方计算都需要对于恶意参与方的攻击进行更深一步的研究。

4.4.3 安全多方计算应用

（1）环境监测问题

安全多方计算主要解决了多个参与方在无可信第三方的前提下共同进行函数计算的问题，而在上面所涉及的环境监测问题中，多地区之间的环境监测数据需要在一个统一的环境监测平台中进行协同训练，并且需要做到环境监测统一分析、信息可信交换、隐私信息查询等操作。安全多方计算技术是一种可行的解决方法。如图4-20所示，在环境监测问题中，依赖于物联网系统的环境监测系统在各个地区的边缘端中部署了大量的传感器等设备，这些设备可以收集到当地的温度、湿度、风力、风向等气象环境信息。对于不同地区的环境信息，协同训练可以更好地实现环境的统一监测。使用安全多方计算技术，可以基于上述提到的密钥共享机制，即每个地区的环境监测边缘端掌握了密钥的一部分信息，当多个边缘端聚合时才能重构该密钥。边缘端在获得密钥之后才能进行协同训练、敏感信息查询等操作。

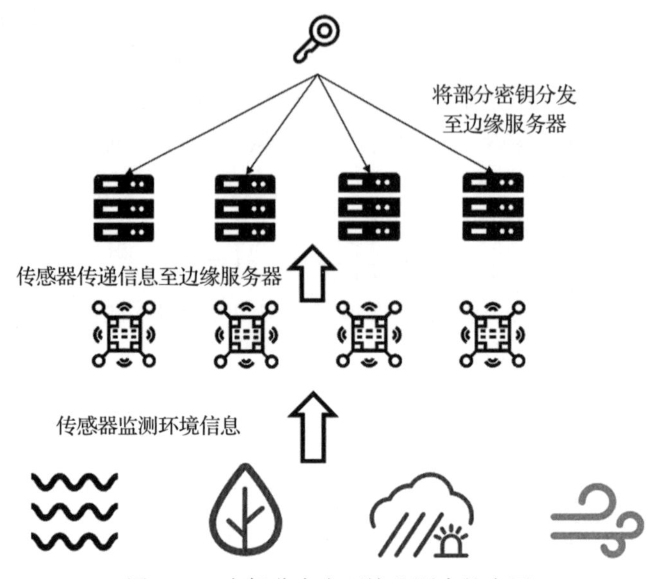

图 4-20　密钥分享在环境监测中的应用

（2）辅助诊断医疗

个人医疗数据往往包含着很多敏感信息，而个人医疗数据的泄露会对医疗数据持有者带来很大的困扰。但是随着人工智能的发展，越来越多的机器学习模型被用来辅助诊断，例如人工智能可以利用个人的 DNA 数据以及其他各种病情数据来实现各种病症的诊断，或者新冠肺炎的快速诊断等，这在健康卫生方面会带来很大的社会效益。因此如何在保护个人医疗数据隐私的前提下实现人工智能的辅助诊断是当前智慧医疗的一个挑战。而安全多方计算也可以为上述问题提供一个解决方法。利用安全多方计算协议，可以实现多方医疗数据的安全交换等功能，同样的，安全多方计算也可以实现多方医疗数据的共同计算、诊断等任务，而参与多方计算的各个参与方，除了最终结果不会得到其他参与方的任何医疗敏感数据。

（3）多方联合征信

在个人征信的场景中，需要通过多个信息来源渠道对被征信人的个人信贷记录进行评估，理论上信息渠道越广泛，最后得到的征信结果就会越准确。即银行对个人信用的评估不仅仅需要使用该银行的个人信贷数据，也需要其他包含个人征信的数据来辅助评估，越广泛的数据来源，会得到越准确的征信结果。然而多渠道的个人征信评估面临着一个很大的问题，即多渠道信息通常来说不容易融合，多方渠道信息的联合征信势必会引发隐私泄露以及其他层面的问题，包括隐私泄露导致的用户利益受损，或者商业上的企业信息交互导致企业的竞争力丧失等问题。因此可以把多方联合征信问题看成一个多方联合计算问题，使用安全多方计算协议，可以通过不经意传输、密钥分析等技术在多方征信信息不被公开的情况下实现联合征信评估，从而得到更准确的征信结果。

（4）密钥管理

不论是区块链技术，还是传统的加密技术，都需要对密钥进行严格且正确的管理，以保证密钥不被窃取，从而保证整个系统的稳定性与安全性。而安全多方技术也可以用来保护用于加密的密钥，通过密钥分享技术，将密钥分布于不同的保管方中，而黑客只有获取了特定数量的密钥片段才能恢复完整密钥。同样单一的保管方也不能自己恢复密钥，因此安全多方计算技术使得密钥的保管变得更加严格与安全。

（5）异构数据协同训练

在大数据时代快速发展的今天，每一个边缘端的设备都会通过传感器收集大量的数据，而这些大量的异构数据如果可以共同训练机器学习模型，将会使得最终的模型有着更高的泛化性、准确性。因为多方异构数据的共同协作训练可以解决数据孤岛问题。数据孤岛问题是由于数据的单一性导致最后训练出来的模型性能较低的问题，即使收集了很多的数据以及很多的特征维度，但对于单一数据来源的数据，其特征的类别比较单一，因此直接用作数据训练效果较差。而数据协作训练则解决了这一问题，使数据能够更好地发挥作用。

然而异构数据的协作面临的最大问题之一就是隐私保护的问题，由于数据协作训练离不开数据的交换，因此会有隐私泄露的问题，这在大数据、云边协同背景下是非常常见的。尽管安全多方计算很早就被提出，然而它对于此类新型的数据协作训练的隐私保护问题仍有很好的作用。安全多方计算的适用场景有很多，如下：

1）数据可信交换，安全多方计算实现了不同机构之间的数据可信互通。

2）数据安全查询，安全多方计算保证了查询方仅仅能获得查询结果，得不到其他信息。

3）联合数据分析，大数据环境下，安全多方计算为多方的敏感数据分析提供了一条道路。

在云边协同的背景下，无论是云边协同训练，还是云边协同查询，都可以适用于以上场景，即适用于安全多方计算技术。在云边协同训练过程中，安全多方计算可以用于多个边缘端之间不经过云端直接进行数据交换的行为，该方法避免了云端被恶意攻击之后所造成的隐私泄露问题，同时也降低了通信的压力。其中安全多方计算的框架可以如图 4-21 所示。

其中，每个数据持有方可以看作一个安全多方计算节点，也就是一个边缘端设备，而枢纽节点负责网络传输以及指令控制。每个数据持有方可以选择发起安全多方计算，然后枢纽节点进行路由寻址，选择相似数据类型的数据持有方，多个数据持有方根据计算逻辑进行协同计算，或者信息交换，在数据交换过程中，并不涉及枢纽节点，因此一定程度上防止了隐私泄露问题。

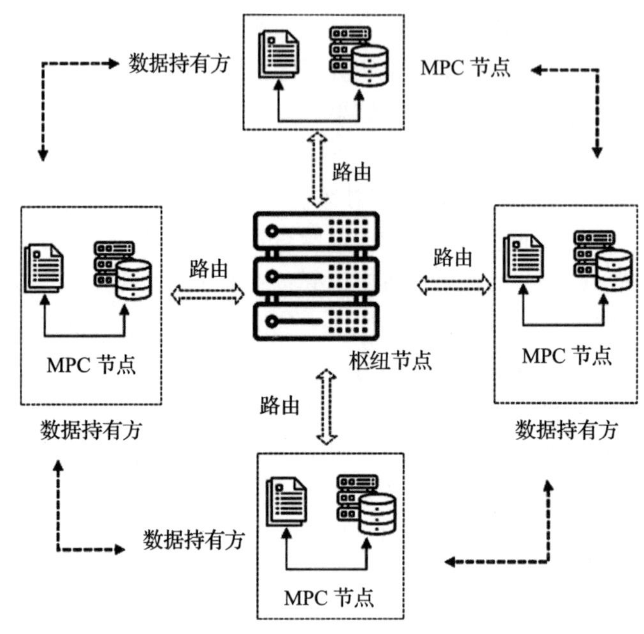

图 4-21 安全多方计算框架

4.4.4 相关前沿研究简介

A.Gascón 等人[13]提出了一种新的用于计算线性回归模型的协议。该协议可以在训练数据集垂直分布于多方的条件下进行隐私保护的线性回归模型的计算。该协议作为安全多方计算协议的一种，将混淆电路与特定的协议相结合来计算内积。同时该协议也提出了一种新的共轭梯度下降（CGD）算法来适应于安全多方计算。

N.Agrawal 等人[14]提出了一种新的用于安全训练深度神经网络的方法：QUOTIENT。该方法可以用于深度神经网络的离散训练，同时 N.Agrawal 等人针对该方法定制了新的两方安全协议。QUOTIENT 方法结合了深度神经网络中的关键方法，例如层归一化、自适应梯度等，同时改进了在两方计算下深度神经网络训练的最新技术，最终获得了时间与精度上的双重提升。

4.5 同态加密技术

4.5.1 相关应用场景与挑战

公共安全作为全面建设小康社会的根本保障，涉及生活中的方方面面。而随着大数据物联网时代的来临，安防系统也有了非常大的改变，不论是人流跟踪，还是远程温度监测，都为人们带来了便利。安防系统的应用范围极其广泛，已有市售产品包括视频监控、出入口控制、入侵检测、防爆安检等十几个大类，共数千个品种。

安防系统在实际应用时，不光要考虑本地的各种采集信息，如监控信息等，还需要考虑该地区周围的各种安防信息，这样才能达到实时追踪、实时防控的效果。例如通过将商场的防控信息与道路交通信息结合，就可以获取更加准确的商场人员流通信息记录，这在公共安防、疫情监控等方面都有着很大的用处。在物联网的背景下，安防系统可以很大程度上实现上述联合统筹的功能，物联网技术通过对边缘端设备（车辆、监控、传感器等）进行信息采集以及信息处理，同时借助云端实现更广范围的联合分析等功能，达成了在云边协同条件下的联合安防系统。

安防系统在云边协同的背景下有着非常大的应用（见图 4-22），利用物联网技术，可以实现诸如实时监控、位置定位、智能分析、人机智能对话等诸多功能。依靠着云边协同环境所搭建起来的安全平台，可以轻松实现很多独到的优势，例如高精度定位、智能分析判断控制、减少误报概率、实体防御与精确打击、高智能化人机对话等。然而上述功能离不开云边协同下多方的协同计算与信息交互能力。多方的信息交互势必需要考虑隐私泄露的问题，恶意的边缘端或者恶意的云端以及信息传输都会造成隐私泄露问题，而同态加密技术则可以为上述问题提供一个可行的解决方法。

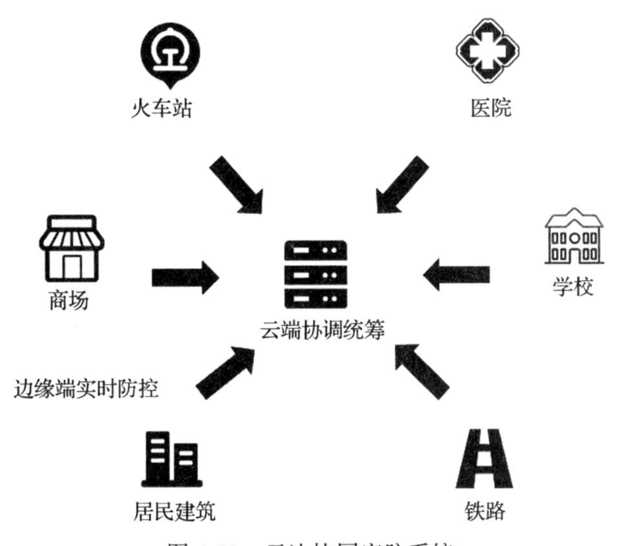

图 4-22　云边协同安防系统

4.5.2　同态加密技术简介

同态加密[15]技术是一种加密方式，它允许密文可以在不解密的条件下进行计算，而得到的结果解密后仍然是正确结果。因此可以使用同态加密技术将隐私信息进行加密，然后将加密信息传递给第三方进行直接计算，同时返回加密后的结果，解密后得到最终结果。上述过程中，即使第三方是恶意的，由于同态加密的存在，也不会得到更多的信息。

1. 同态加密技术描述

同态加密技术允许直接对密文执行某些数学运算而不需要事先解密。因此同态加密是实现安全多方计算的一种有力的工具。

对于同态加密技术的具体流程，可以这样理解：小明有一块金子，而他想要把金子打造成一个项链，这需要把金子交给工匠来打造，而小明不想让工匠在打造时私自偷取金子。因此可以有这样的一种办法，将金子锁在一个特制盒子中，工人只能通过盒子上的手套进行打造，工人无法直接触碰。加工完成后，小明打开盒子的锁，拿到成品，如图 4-23 所示。

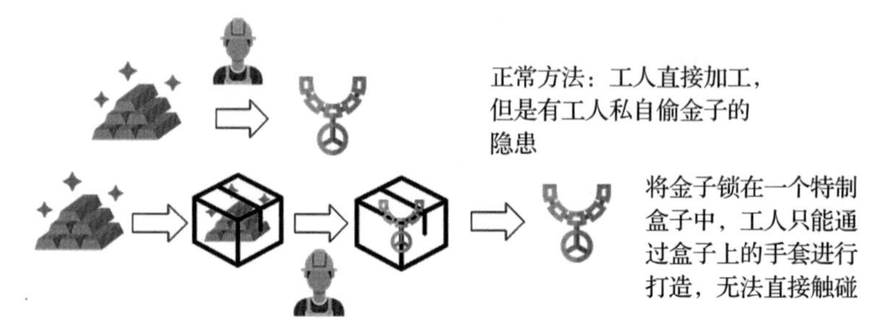

图 4-23　同态加密图解

在上述例子中，有着如下对应关系：

1）盒子 –> 加密算法；

2）盒子上的锁 –> 密钥；

3）将金块放入盒子 –> 应用同态加密；

4）加工操作 –> 应用同态加密特性，不解密即可进行运算；

5）开锁 –> 解密。

同态加密技术的特性允许人们对密文进行特定的运算，同时得到加密的结果，解密后与对明文做相同的运算所得到的结果一样。图 4-24 给出了同态加密数学操作符的图解。

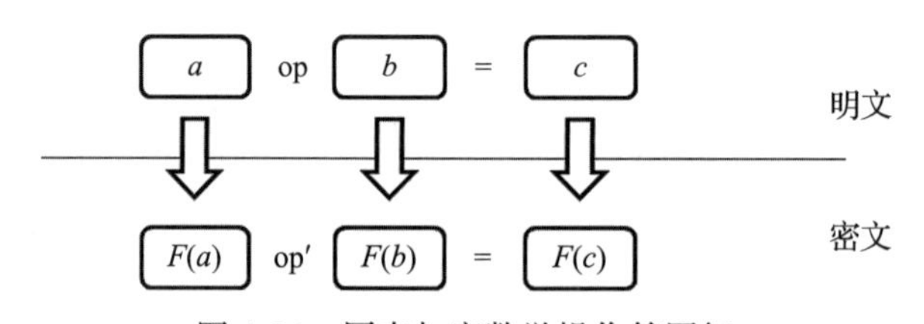

图 4-24　同态加密数学操作符图解

2. 同态加密技术发展现状

同态加密技术最早于 1978 年被提出[15]，尽管同态加密技术在很早就被提出，然而它的实际应用却面临着重重阻碍。首先是同态加密技术往往只支持一个操作符，例如 RSA 加密算法实现了乘法的同态加密，Benaloh 加密系统实现了加法的同态加密，直到 2009 年，全同态加密技术被提出[16]，才使得同态加密的实际应用有了具体的方向。其次，同态加密技术所耗用的计算资源很多，而边缘端往往不具备有很高程度上的计算资源，因此其实用性不高。尽管如此，同态加密的特性使它从根本上解决了将数据及其操作委托给不信任的第三方时的隐私泄露问题。

（1）部分同态加密

部分同态加密即支持加法同态或者乘法同态的加密。Paillier 加密方案[17]是一种应用较为广泛的部分同态加密方案，下面对 Paillier 加密方案进行简单的介绍：

1）随机选取两个大小相近的大质数 p, q，并且 p, q 的长度相等。

2）计算 $N = p * q$，λ 为 $(p-1)$，$(q-1)$ 的最小公倍数，即 $\lambda = \mathrm{lcm}(p-1, q-1)$。

3）选取一个随机数 g，且满足 $\gcd(L(g^{\lambda} \bmod N^2), N) = 1$。

4）公钥 $\mathrm{PK} = (N, g)$，私钥 $\mathrm{SK} = \lambda$。

对于任意整数 m，选择一个随机数 r，可得密文 $C = E(m) = g^m r^n \bmod N^2$。

对于密文 c，解密方法如下：$m = \dfrac{L(C^{\lambda} \bmod N^2)}{L(g^{\lambda} \bmod N^2)} \bmod N$。

对于任意明文，有 $E(m_1) = g^{m_1} r_1^N \bmod N^2$、$E(m_2) = g^{m_2} r_2^N \bmod N^2$，有下式成立：

$$E(m_1)E(m_2) = g^{m_1+m_2}(r_1 r_2)^N \bmod N^2 = E(m_1 + m_2 \bmod \cdot > \cdot + \cdot)$$

即明文加法运算对应密文乘法运算，所以该方法具有加法同态性。

除了 Paillier 加密方案具有部分同态加密的加法同态的特点，RSA、Elgamal 加密等方法具备乘法同态的特点。

（2）全同态加密

全同态加密即在加法和乘法上都实现了同态性的加密算法。在全同态加密技术被提出之前，以往的同态加密要不只具有加法同态特性，要不只具有乘法同态特性，因此实用效果较差，而全同态加密则在某种程度上解决了这个问题。

随着全同态加密技术的提出，同态加密问题的研究又迈上了一个新的台阶。随着研究者的深入，当前已经有 4 代全同态加密技术出现，其中包括：

1）第一代全同态加密技术：2009 年由 Gentry 提出了一个方案蓝图[16]，随后，van Dijk 等人按照该蓝图实现了整数上的全同态加密。

2）第二代全同态加密技术：Brakerski 等人提出了一个层次型的全同态方案 BGV（Brakerski-Gentry-Vaikuntanathan）[18]。

3）第三代全同态加密技术：2013 年，Gentry 等人利用“近似特征向量”技术，设计了一个无须计算密钥的全同态加密方案：GSW[19]。

4）第四代全同态加密技术：支持在加密状态下进行高效的舍入操作的 CKKS 方案[20]。

尽管全同态加密技术在当前仍有很多局限性，无论是在效率或是占用资源方面都有很大的缺陷，实用性不是很高，但这也为同态加密技术的更深入研究指明了一个方向。

4.5.3　同态加密技术应用

（1）云边协同安防系统

在云边协同安防系统中，各个边缘端需要频繁地进行信息交互行为，为了保证信息交互过程中的隐私不被泄露，就可以用到同态加密技术，尽管同态加密技术当前尚不成熟，但是仍然能够为隐私保护问题的解决提供一个方向。

在物联网背景下的云边协同安防系统中，由于系统涉及的设备众多，并且包括监控设备在内的众多设备、传感器无时无刻不在收集着巨量的信息，而这些大量的安防信息数据全部用人工去处理是不可能完成的，因此需要借助边缘端设备来进行初步的筛选分析，同时借助云端来进行统一的数据分析。因此在安防系统场景下，由于边缘端的计算资源限制问题，需要将边缘端收集的数据上报到云端进行统一分析与查询，然后云端再将查询结果返回边缘端设备。而在这一整个的交互行为过程中，由于边缘端收集的数据需要与云端做直接交互，而安防系统中往往会涉及隐私信息，倘若出现了恶意的边缘端、恶意的云端或者传输过程中的信息泄露，则会产生隐私泄露问题。

而同态加密技术能够在一定程度上解决这个问题，使用同态加密技术，在边缘端进行信息交互之前对原始信息进行加密，再发送给云端，同时对云端的返回信息进行解密，得到真实的分析结果。这样可以有效防止隐私泄露的问题。

（2）安全多方计算

关于安全多方计算技术，之前已经有了详细的介绍。同态加密技术是实现安全多方计算的一个有力工具。通过同态加密技术，可以实现安全多方计算技术。当参与多方计算的多个参与方都对自己的数据进行加密之后，利用加密后的密文直接进行联合计算，边缘端在接收到其他边缘端参与方的密文信息之后，由于没有私钥，因此不能够获得其他信息，只能够利用密文直接计算，得到多方的计算结果之后，就可以通过同态加密的同态特性对结果进行解密，从而实现安全计算的目标。

（3）云计算加速边缘计算

随着物联网、大数据技术的快速发展，边缘端承受的计算压力越来越大。同样对于某些边缘端应用来说，可用资源远远不足以运行本地的应用。而随着新的通信协议的逐渐部署与应用，网络带宽与延迟的提高使得本地应用可以将计算部分放到云端来进行，这无疑大大提高了本地应用的计算能力。然而涉及本地边缘端与云端进行数据交互时，则免不了要考虑隐私泄露问题。使用同态加密技术，对边缘端应用要处理的数据进行加密，接着通过网络传输到云端，云端利用同态加密的特性进行数据处理、分析，最后将结果返回边缘端，边缘端解密结果得到最终结果。

（4）云边协同一般场景

在同态加密技术的一般适用场景中，边缘端往往是数据持有方，而边缘端由于性能限制或者需要协同计算的问题，往往会出现资源不足的情况，这时则需要一个云端进行数据处理，即数据处理方。数据处理方有时会同时处理多个数据持有方的数据，这相当于多个数据持有方的协同训练。而通常情况下数据持有方考虑隐私泄露问题不会直接把原始数据传递给数据处理方进行处理，这时就需要应用同态加密技术，把经过同态加密技术所处理的数据传输给数据处理方，最后数据处理方返回加密后的结果，数据持有方进行解密，如图 4-25 所示。

其中，数据持有方拥有原始数据，选择要保护的属性，生成公私密钥对，使用生成的用户公钥加密。在数据被传输给数据处理方后，数据处理方对数据进行同态操作，生成密文的统计结果，然后数据处理方将密文的统计结果传输给数据持有方，数据持有方使用用户私钥解密。

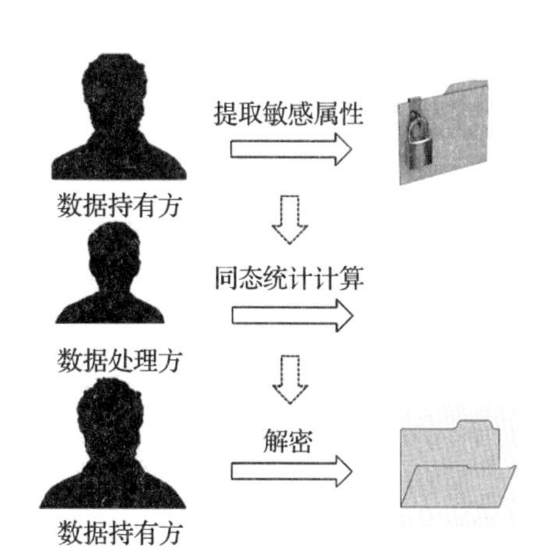

图 4-25　同态加密在数据处理时的应用

4.5.4　相关前沿研究简介

E.Roth 等人[21]提出了一种基于同态加密以及差分隐私的安全聚合系统：Honeycrisp。在该系统中，隐私预算取决于数据更改的频率而不是数据查询的频率，实现了隐私预算的稳定性。在该系统中的数据如果相对稳定，例如那些基本不会改变的数据库，只要数据的更改不频繁，Honeycrisp 系统就可以实现稳定查询。该系统中差分隐私的实现依赖于稀疏向量技术以及密码技术的结合。Honeycrisp 系统的出现填补了安全聚合领域的一片空白，即只要基础数据不经常更改，无须可信的第三方就可以实现稳定的安全查询。

L.Reyzin 等人[22]提出了一种能够以保护隐私的方式聚合众多用户信息的方法。在实际中，聚合众多用户的信息的场景往往十分普遍，例如获取用户的电话使用状态的统计信息等，为了简化场景，可以认为用户只与中央服务器进行通信，则问题转化为了如何在保护隐私且具有高容错率的条件下进行信息的聚合。尽管已经有很多人研究过上述设置下的该问题，也提出了很多解决方法，包括安全多方计算等，但是已有的方法仍然有一些缺陷。而 L.Reyzin 等人基于同态加密方法构造出了一种新的隐私聚合多方信息的方法，并且获得了良好的效果。

4.6　区块链技术

4.6.1　相关应用场景与挑战

随着大数据的发展，传统的金融分析已经逐渐转变为智慧金融分析。智慧金融是建立在金融物联网基础上的一种新兴的金融分析模式，通过金融云，使得金融行业在业务流程、业务开拓方面得到全面提升，同时实现了金融业务、管理的智慧化、自动化。

依靠物联网的基础以及云边协同技术，可以实现传统金融行业的智能化、自动化。在大数据时代，依靠着各种边缘端采集的大量金融数据，经过统筹各方的训练，云边协同训练技术能够在这些海量数据中挖掘出有用的信息来支持金融决策行为。不同于传统的金融行业，智慧金融依赖于云计算、大数据、人工智能等技术，使得金融行业在业务的办理与业务流程上有了较大的提升，同时减少了金融业务产生风险的概率。

智慧金融有着很多特点，透明性的特点解决了以往金融业务的信息不对称的问题，智慧金融能够建立一个透明的信息对称的金融平台来帮助金融从业者更好地进行信息交互；即时性的特点使得用户的金融服务应用更加便捷，同时能够更好地为用户服务。

智慧金融有着大规模数据分析、智能决策、全方位互连互通、协作化分工等特征。在智慧金融中，由于金融服务的特殊性，因此在隐私保护、交互验证等方面有着严格的要求，包括数字货币、金融资产交易结算、金融数据分析等都面临着数据可信以及可验证的挑战。而区块链技术为这些挑战指明了一个研究的方向。

4.6.2 区块链技术简介

1.拜占庭将军问题

拜占庭将军问题（见图 4-26）[23]是这样一个问题：一组拜占庭将军准备进攻一个城堡，将军之间间隔较远，只能通过信使交流，各个将军们不能单独行动，因此所有将军需要通过投票达成一致共识去攻击或者撤退。在投票过程中，每位将军根据自己的形势选择进攻还是撤退，然后将自己的选择传递给其他所有的将军。最后各个将军计算票数，选择进攻或者撤退。然而这个投票机制存在着一个很大的问题，就是将军中有叛徒会如何，这带来了两个问题：

1）叛徒对所有将军发送了跟实际不符的信息，例如本来应该进攻，却发送了撤退的投票信息。

2）叛徒对不同的将军发送不同的信息，破坏整体一致性，例如对一半将军发送进攻，一半将军发送撤退。那么如何在有叛徒的情况下使得将军们达成一致呢。

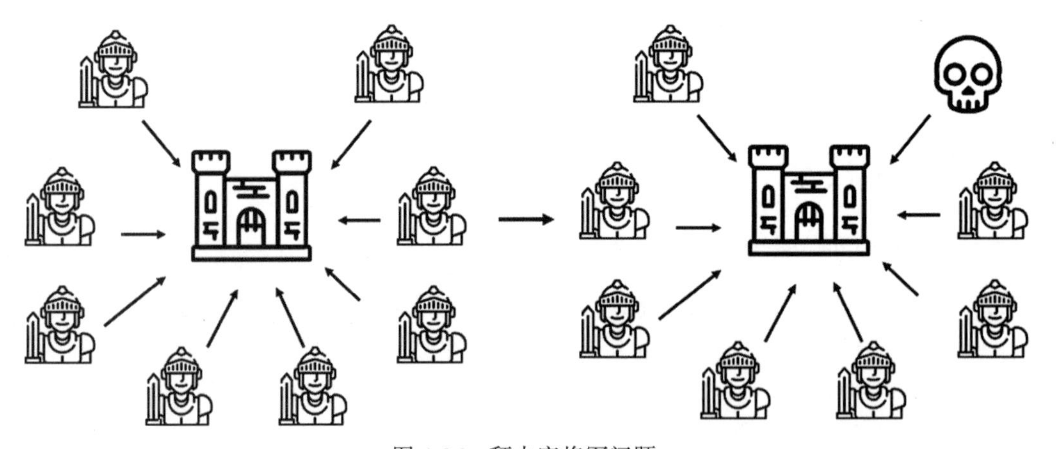

图 4-26 拜占庭将军问题

对于拜占庭将军问题来说，可以证明如果叛徒的数量≥ 1/3，那么拜占庭将军问题是不可解的，而这 1/3 也被称为拜占庭容错。对于拜占庭将军问题，传统的解决方法有两种，分别是口头协议和书面协议。即使用书面协议保证一致性，由可信的第三方进行保证。

实用拜占庭容错算法（PBFT）就是这样一种方法。它的思想为对于每一个收到信息的将军，都要询问其他将军收到的信息是什么。在这个过程中，不断的信息交换可以让将军确定哪一个是可信的，从而发现叛徒。然而该方法的通信代价非常高，它的本质在于用通信次数来换取信任。

2. 区块链技术简介

区块链技术则是解决上述拜占庭将军问题的一个方法，它来自比特币底层[24]。区块链是一种使用密码学方法产生的数据链式存储算法。可以这样理解区块链，如图 4-27 所示，它是一个不断增长的记录的列表，每一个区块都包含了上一个区块的加密哈希、时间戳以及事务数据。每一个数据区块用类似链表的结构连接到一起，同时用密码学的方式来保证区块的不可篡改以及不可伪造，并且实现去中心化的特点，如图 4-27 所示。

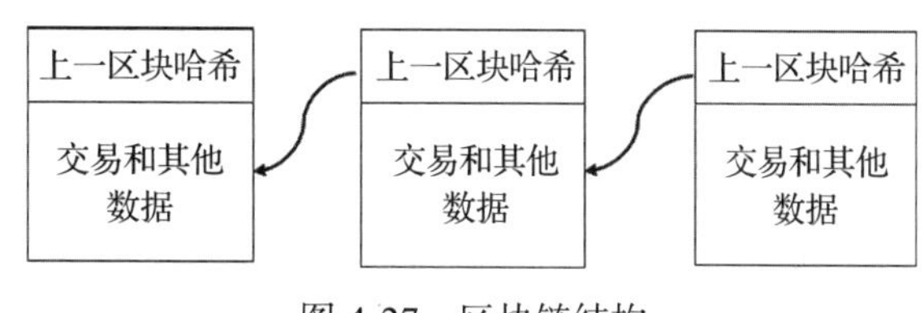

图 4-27　区块链结构

区块链是一种具有高拜占庭容错的分布式计算系统。把区块链看成一个虚拟的账本，所有人都可以查看这个账本，并且可以以一种无法抹除的方式来书写该账本。每一个区块可以看作一个文件，每隔一段时间便创建一个新的文件，其中包含了之前所有的交易记录。区块链是一种分布式数据库，它不会被保存至某个中央服务器中，而是在每个节点都有一个备份。

为什么区块链可以做到上述去中心化过程？这是由于区块链系统的设计可以抵抗数据更改。以比特币系统为例，如果要修改其中的内容，或者交换区块的位置，就意味着要重新计算所有后续区块，而这需要花费大量的计算资源。理论上只有达到区块链中所有计算能力的一半以上时，才能对区块链进行攻击，而如此大的计算资源往往是不可能达到的。

区块链具有如下特点：

1）去中心化：不依赖第三方管理机构。

2）开放性：区块链技术开源。

3）独立性：整个系统独立。

4）安全性：很难随意操控改变区块数据。

5）匿名性：各区块节点身份不需要验证。

这时考虑上面提到的拜占庭将军问题，实质是如何保证将军们达成一致去进攻或者撤退。使用区块链技术，可以使得每一个将军本地维护一个记录，该记录中包含了所有将军的决定。同时每个将军拥有一对公私钥，可以验证身份。当叛徒想要伪造记录时，就必须耗费非常大的计算资源，这保证了最终各个将军能够达成一致。

下面对区块链中涉及的一些技术进行简单的介绍[25]。

（1）底层数据

以比特币为例，区块链的底层数据并不是实际的原始数据，而是经过了加工之后的原始数据。其中包括交易数据，交易数据是带有一定格式的交易信息；时间戳，时间戳位于区块头中，用于保证区块链的时序以及作为区块的存在性证明。同时区块链会使用SHA256散列函数对交易记录信息进行两次散列运算，最终得到一串256位的散列值，进行存储。同时比特币采用了二叉Merkle树来组织与存储底层数据。

（2）组网方式

区块链技术采用P2P网络将所有节点连接在一起，并且使用共识机制来使得在没有可信第三方的前提下建立互信机制，同时使用广播将消息传递至整个区块链中，最后使用激励机制来维持整个区块链的运行。

P2P网络（Peer-to-Peer Network）是区块链中去中心化特点的来源，在P2P网络中，每一个网络的节点地位是对等的，并没有层级结构，也没有中心节点。而每一个节点都会承担区块链的必要工作。

1）广播机制。区块链使用广播来发送交易信息至其他节点。具体工作原理如下，首先交易信息的生成节点广播信息至相连接的节点，当节点验证通过后就会将信息快速广播至全网的所有节点。并且只要有一半以上的节点接收到这条信息，就可以认为该交易通过。若交易失败（发生余额不足等情况），则节点验证不通过，停止广播。同样的，在建立新区块时，也需要通过广播来进行确认。

2）共识机制。共识机制是区块链的核心之一，并且也是分布式系统的难题之一。在中心化的系统中，通过选定的中心来实现共识机制，这种共识机制较容易实现，但是必须依赖中心化的系统。在去中心化的系统中，达成共识是一个比较困难的事情。在比特币中，依赖于PoW（工作量证明）机制来实现共识，它的思想在于利用分布式节点的算力的竞争来保证数据的一致性以及共识的安全性。在比特币中，所有参与“挖矿”的节点都需要消耗算力来寻找一个特定的随机数，找到的节点获得对应区块的记账权以及一定数量的比特币作为奖励。但是PoW机制有着非常明显的缺点，即算力的消耗，PoS（权益证明）共识机制则能有效解决这个问题。PoS共识机制不同于PoW机制，它用最高权益的证明代替了最高算力的证明，也就是记账权由最高权益的节点获得，即拥有最多资源的节点。

3）激励机制。激励机制是区块链正常运行的核心之一。在比特币中，挖出新的区块的节点会获得记账权以及一定数量的比特币作为奖励，从而保证区块链系统的正常运行。

（3）区块链的相关挑战及问题

尽管距离区块链系统被提出已经过去了10年左右，但是在技术方面，区块链系统仍然有一些需要解决的问题，主要有如下问题：

1）效率问题。区块链的效率问题主要受到3个方面的制约：一是基于分布式账本记账方式的账本数据量问题，由于分布式的记账方式，使得每一个节点都保存了从区块链诞生以来的所有数据，这使得区块链的数据量逐渐增加，同时对区块链的存储以及同步带来了挑战；二是同步时间的问题，随着区块链的增加，越到后期，区块链同步所花费的时间就会越长，使得最终区块链的效率越来越低；三是区块链交易效率的问题，当前区块链的交易效率远远不够，以比特币为例，一笔交易的完成平均要 10min，这显然是远远不够的。

2）中心化问题。尽管区块链是一个去中心化系统，然而随着区块链的发展，“挖矿”节点为了获得更高的效益在地理上呈现出集聚的趋势，而这影响了分布式网络的稳定性，如果一个矿池发生故障，大量设备的故障将会导致区块链系统的稳定性受到挑战。

4.6.3　区块链技术应用

区块链技术尽管已经被提出多年，但是区块链的相关应用仍然还在初步阶段。

（1）智慧金融与数字货币

数字货币作为智慧金融的一部分，可以预见的是，在未来一定会有非常多的应用，而现阶段最有名的区块链数字货币应用就是比特币。比特币是一种去中心化的数字货币，它避免了传统货币需要第三方（银行）来存储账本、进行交易的步骤，在比特币的系统中，每一个用户都保存账本，记账采用分布式的结构，每有一笔交易就把该交易广播到网络中的所有节点上。为了保证该账本是可信的，比特币采用了一种 PoW 的方式，当账本不一致时，哪个账本的工作量大（花费的计算资源多），就相信哪个账本。如果这样，要伪造账本，就必须付出非常大的计算资源。即让更改账本的代价高到不能接受或者不可行。

（2）区块链隐私计算

随着技术的发展，区块链的应用不仅仅局限在数字货币中，区块链技术逐渐会被应用于科学、医疗和人工智能领域。在隐私计算领域，由于区块链的去中心化特征，对于多方边缘端设备协同计算时的隐私保护、身份证明、存在性证明等问题都可以有相应的解决方法。2020 年 12 月 18 日，《区块链辅助的隐私计算技术工具　技术要求与测试方法》标准在 2020 数据资产管理大会上正式发布，这是继《基于多方安全计算的数据流通产品　技术要求与测试方法》《基于可信执行环境的数据计算平台　技术要求与测试方法》《基于联邦学习的数据流通产品　技术要求与测试方法》之后，隐私计算系列的又一项新标准，聚焦于隐私计算与区块链的结合。区块链技术以共享账本、智能合约、共识机制等技术特性，保证了计算过程中关键数据的可追溯性，确保了计算过程的可验证性，因此可以将上述可信证明应用到隐私计算中，可以辅助增强隐私计算任务中数据全生命周期的隐私性、可追溯性和安全性。

同样，区块链技术在大数据、物联网、云边协同领域也可以有很多的应用。由于大数据时代产生的海量数据对当前的中心化存储方式产生了巨大的影响，而区块链的去中心化特征则可以应对这个问题。另外区块链不可更改的特性也可以保证数据的真实性以及实用性，最后利用区块链技术所实现的多方异构数据的协同训练可以在保护隐私的前提下更好地进行训练，可以有效地解决“数据孤岛”问题。

然而现阶段区块链的应用仍然面临很多的阻碍，主要有以下 3 点：

1）监管挑战。区块链具有去中心化、匿名、不受监管等特征，冲击了现行的法律制度，如何使得区块链在更加合法的条件下发挥最大效果仍然是一个需要研究的问题。

2）技术挑战。区块链技术当前仍需要进行技术上的突破，比特币是区块链的一个应用，然而区块链仍然需要直观、可用的成熟产品。

3）可扩展性问题。随着区块链逐步走进主流应用场景，亟待提高区块链的可扩展性。

尽管区块链的应用当前还面临着很大的挑战，但是可以预见，随着大数据时代的到来以及物联网的大规模部署，在云边协同的环境下，区块链技术一定会有更加广泛的应用。

4.6.4 相关前沿研究简介

A.Dorri 等人[26]提出了一种新的适用于物联网等分布式领域的隐私保护方法。该方法基于区块链技术实现。由于物联网环境下的边缘端设备的数量以及拓扑相比于传统场景有着较大的变化，因此传统的隐私保护策略往往不适用于物联网技术。而区块链作为支持比特币的底层技术，可以提供类似物联网环境下的拓扑的隐私性。然而传统的区块链技术由于计算开销昂贵，因此不适用于物联网等领域。而 A.Dorri 等人提出了一种新的基于区块链技术的物联网架构，该架构在消除了区块链技术的开销的同时保持了安全性、隐私性的特点，同时该架构在智能家居应用上做了实现以及研究。

不仅仅是物联网相关技术，A.Dorri 等人[27]基于区块链技术提出了一种新颖的分布式汽车安全架构，该架构由于分布式的特性，可以在不需要中央控制节点的前提下提供汽车服务。该架构的安全性得益于区块链技术的安全性，并且使用了可变的公共密钥来确保用户的隐私。因此该架构能够以一种可靠的方式来进行数据的交换，最终实现用户隐私的安全性的保护。

4.7 未来技术展望

当前，由于数据隐私的影响，数据持有者会出于数据安全考虑而不愿意共享数据，这在一定程度上阻碍了数据的流通，使得我国的大数据发展受到制约，尤其是多方异构数据的联合计算。而隐私计算有望成为解决上述问题的一个关键点，在上面的内容中主要介绍了云边协同环境下隐私计算的相关实例以及技术，下面对未来隐私计算的研究方向与发展前景进行简要介绍。

1. 隐私计算发展现状

随着大数据的发展，隐私计算技术也蓬勃发展起来，不论是国外还是国内都在加速将隐私计算产业化。尽管当前隐私计算越来越火爆，但是隐私计算技术仍处于发展初期。在国外，众多科技巨头开始快速布局隐私计算产业：2019 年 4 月，微软公司发布的专栏表明它们拟定在新推出的区块链应用中使用可信执行环境技术；2019 年 8 月，谷歌公司发消息称将要开源新型安全多方计算库。在国内，众多的互联网企业也启动了隐私计算的快速产业化，包括腾讯、百度、阿里巴巴在内的众多互联网企业都在隐私计算的领域进行快速布局。因此近年来隐私计算技术和应用快速成熟，应用场景在不断扩展，跨行业的隐私计算技术应用也在逐渐提上议程，包括智慧金融、智慧医疗、智能政务在内的多种跨行业应用也在隐私计算的帮助下显现新的活力。尽管如此，当前隐私计算技术仍处于发展初期，面对隐私技术，未来仍有很多方面可以研究。

2. 隐私计算技术未来展望

对于隐私计算技术，未来有着如下 4 个趋势：

1）区块链技术的融合应用。区块链技术作为去中心化分布式技术的代表，可以实现在不依赖第三方的前提下的交易可追溯性、透明性等特点，同时区块链技术也增强了隐私计算的可验证性。可以明确的是，未来区块链技术将会更加深入地融合到多种隐私计算技术以及应用中。

2）硬件与软件协同以达成隐私计算。可信执行环境是一种能够验证程序是否能够可信执行的硬件环境，在隐私计算领域，硬件性能的提升会随着算法的进步而更新换代，随着技术的发展，边缘端的计算能力将会越来越高，而这将会使得云边协同下的隐私计算拥有更多的选择。

3）隐私计算工具模块化。随着隐私计算应用的逐渐增多，不同的用户对于隐私计算都有着不同的要求，因此对于隐私计算的发展，未来的趋势一定是更加模块化，以满足不同用户的定制需求，同时实现轻量化的代码编写与应用开发，提升技术人员的效率。

4）大规模分布式应用。随着大数据的深度发展，未来的分布式隐私计算会呈现出高并发、大规模的特点，而这对隐私计算的计算量瓶颈的突破也带来了挑战。

4.8　本章小结

随着大数据技术、物联网技术的快速发展，不同的企业、组织之间进行协同计算分析的需求越来越高，但协同的计算分析势必会伴随着隐私的泄露，而隐私计算技术的发展能够成为解决这一问题的关键突破。本章主要介绍了云边协同下隐私计算技术的相关应用场景以及技术方案。在本章中，首先介绍了隐私保护技术的起源以及历史，接着针对云边协同场景下的数据安全场景以及恶意威胁模型进行了详细的介绍，之后针对差分隐私技术、安全多方计算技术、同态加密技术、区块链技术的相关技术方案以及应用场景进行了详细介绍，最后针对隐私计算领域的未来趋势做了介绍与预测。

参考文献

[1] P KAIROUZ, et al. Advances and open problems in federated learning [DB/OL]. arXiv preprint arXiv: 1912.04977, 2019.

[2] R SHOKRI, M STRONATI, C SONG, et al. Membership Inference Attacks Against Machine Learning Models [C]. 2017 IEEE Symposium on Security and Privacy (SP), 2017: 3-18.

[3] C DWORK, F MCSHERRY, K NISSIM, et al. Calibrating noise to sensitivity in private data analysis [C]. Theory of cryptography conference, 2006: 265-284.

[4] C DWORK. Differential privacy: A survey of results [C]. International conference on theory and applications of models of computation, 2008: 1-19.

[5] A BITTAU, et al. Prochlo: Strong privacy for analytics in the crowd [C]. Proceedings of the 26th Symposium on Operating Systems Principles, 2017: 441-459.

[6] B AVENT, A KOROLOVA, D ZEBER, et al. BLENDER: Enabling local search with a hybrid differential privacy model [C]. 26th USENIX Security Symposium, 2017: 747-764.

[7] V PIHUR, et al. Differentially-private "draw and discard" machine learning [DB/OL]. arXiv preprint arXiv: 1807.04369, 2018.

[8] A CHEU, A SMITH, J ULLMAN, et al. Distributed differential privacy via shuffling [C]. Annual International Conference on the Theory and Applications of Cryptographic Techniques, 2019: 375-403.

[9] A C C YAO. How to generate and exchange secrets [C]. 27th Annual Symposium on Foundations of Computer Science (sfcs 1986), 1986: 162-167.

[10] A SHAMIR. How to share a secret [C]. Communications of the ACM, 1979, 22(11): 612-613.

[11] M O RABIN. How To Exchange Secrets with Oblivious Transfer [J]. IACR Cryptol. ePrint Arch, 2005, 2005(187).

[12] M BELLARE, P ROGAWAY. Random oracles are practical: A paradigm for designing efficient protocols [C]. Proceedings of the 1st ACM Conference on Computer and Communications Security, 1993: 62-73.

[13] A GASCÓN, et al. Privacy-preserving distributed linear regression on high-dimensional data [J]. Proceedings on Privacy Enhancing Technologies, 2017, 2017(4): 345-364.

[14] N AGRAWAL, A SHAHIN SHAMSABADI, M J KUSNER, et al. QUOTIENT: two-party secure neural network training and prediction [C]. Proceedings of the 2019 ACM SIGSAC Conference on Computer and Communications Security, 2019: 1231-1247.

[15] R L RIVEST, L ADLEMAN, M L DERTOUZOS. On data banks and privacy homomorphisms [J]. Foundations of secure computation, 1978, 4(11): 169-180.

[16] C GENTRY. Fully homomorphic encryption using ideal lattices [C]. Proceedings of the forty-first annual ACM symposium on Theory of computing, 2009: 169-178.

[17] P PAILLIER. Public-key cryptosystems based on composite degree residuosity classes [C]. International conference on the theory and applications of cryptographic techniques, 1999: 223-238.

[18] Z BRAKERSKI. Fully homomorphic encryption without modulus switching from classical GapSVP [C]. Annual Cryptology Conference, 2012: 868-886.

[19] C GENTRY, A SAHAI, B WATERS. Homomorphic encryption from learning with errors: Conceptually-simpler, asymptotically-faster, attribute-based [C]. Annual Cryptology Conference, 2013: 75-92.

[20] J H CHEON, A KIM, M KIM, et al. Homomorphic encryption for arithmetic of approximate numbers [C]. International Conference on the Theory and Application of Cryptology and Information Security, 2017: 409-437.

[21] E ROTH, D NOBLE, B H FALK, et al. Honeycrisp: large-scale differentially private aggregation without a trusted core [C]. Proceedings of the 27th ACM Symposium on Operating Systems Principles, 2019: 196-210.

[22] L REYZIN, A D SMITH, S YAKOUBOV. Turning HATE Into LOVE: Homomorphic Ad Hoc Threshold Encryption for Scalable MPC [J]. IACR Cryptol ePrint Arch, 2018: 997.

[23] L LAMPORT, R SHOSTAK, M PEASE. The Byzantine generals problem [G]. Concurrency: the Works of Leslie Lamport, 2019: 203-226.

[24] S NAKAMOTO. Bitcoin: A peer-to-peer electronic cash system [DB/OL]. Manubot, 2019. https://git.dhimmel.com/bitcoin-whitepaper/.

[25] 沈鑫，裴庆祺，刘雪峰 . 区块链技术综述 [J]. 网络与信息安全学报，2016, 2(11): 11-20.

[26] A DORRI, S S KANHERE, R JURDAK. Blockchain in internet of things: challenges and solutions [DB/OL]. arXiv preprint arXiv: 1608.05187, 2016.

[27] A DORRI, M STEGER, S S KANHERE, et al. Blockchain: A distributed solution to automotive security and privacy [J] IEEE Communications Magazine, 2017, 55(12): 119-125.

Chapter 5 第5章

云边协同典型应用

5.1 视频大数据

5.1.1 简介

近年来，随着视频技术的逐渐成熟、国家政策的倾斜以及累计价值的与日俱增，视频大数据在智能监控、云游戏、短视频、VR（虚拟现实）/AR（增强现实）等应用领域得到了极大的发展。IHS Markit公司的研究指出，2021年，全世界有超过10亿个监控摄像头，其中超过50%的摄像头在我国，我国将成为全世界监控相关技术最先进的国家。IHS基于全球16家云游戏服务厂商的表现统计得出，2018年全球云游戏市场规模达到了3.87亿美元，预计到2023年将达到25亿美元。中国信息通信研究院发布的《虚拟（增强）现实白皮书》数据[1]显示，2018年全球虚拟现实市场规模超过了700亿元人民币，其中VR整体市场超过600亿元，AR整体市场超过100亿元。直播和短视频行业在我国目前已进入成熟期，据CNNIC（中国互联网络信息中心）数据[2]显示，2020年6月，我国短视频用户规模已经达到8.1786亿人，使用率高达87%。视频流服务的用户体验主要取决于视频质量和网络延迟等因素，然而随着视频大数据应用的快速发展，视频数据爆发式增长，占据了大部分的网络带宽，这造成了越来越难以承受的带宽成本和严重的网络延迟。为了解决上述问题，提高用户体验，云边协同视频大数据架构应运而生。

云边协同视频大数据架构如图5-1所示，通常分为“云－边－端”3个层级：前端设备、边缘计算节点和云中心。

1. 前端设备

在监控领域，前端设备通常是指各行各业的摄像头，如部署在城市各个角落的监控摄像头、车载摄像头、智能手机以及可穿戴设备中的摄像头[3]；在视频共享领域，即社交流媒体应用，如国外的 Facebook、YouTube、Twitter，国内的斗鱼、虎牙、抖音、快手等，前端设备通常是指人们日常使用的平板计算机、智能手机[4]；在云游戏领域，前端设备通常是指个人智能手机、掌上计算机、平板计算机以及个人笔记本计算机和台式计算机[5]；在 VR/AR 领域，前端设备通常是指能够实现 VR/AR 效果的头戴式设备，比如谷歌智能眼镜[6]以及一些常见的 VR 头盔等。

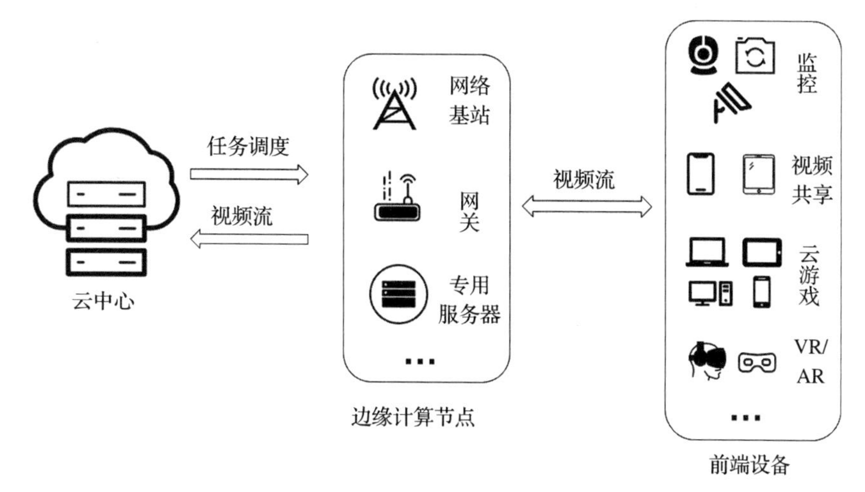

图 5-1　云边协同视频大数据架构图

2. 边缘计算节点

边缘计算节点处于云中心和前端设备之间，在云边协同视频大数据架构中，一个城市或者地区中分布着很多边缘节点，通常每个边缘计算节点负责某一个区域内的多个前端设备，边缘计算节点常见的组成有网关、网络基站、无人机以及一些专用服务器。

3. 云中心

顾名思义，云中心就是指云集群，每个厂商都会部署专属的云服务集群，不同厂商的云集群也有可能联合起来，组成分布式云集群，共同提供服务。

5.1.2　数据特征

当前正处在大数据时代，视频数据的爆发式增长是这个时代最重要的特征之一。近些年来，伴随着深度学习中卷积神经网络技术的成熟，视频大数据相关研究已经得到了广泛的发展。相对于生活中常见的语音和文本数据，视频大数据具有数据量更大、数据维度更高的特点，同时它也是典型的非结构化数据，具有以下明显的特征。

1. 数据量更大

在各类大数据中，图像视频是“体量最大的大数据”。据思科公司 2018 年视觉网络指数[7]显示，到2022年，视频流量将在2017年的基础上翻两番，即达到2017年的4倍，尤其是在游戏和虚拟现实领域，分别有望增长9倍和12倍。那时，视频数据将占据所有IP流量的82%，高于2017年的75%。思科公司表示，到2022年，近一半的设备和连接将具备视频功能。可见，图像视频数据在大数据中占据着主导地位，因此图像视频的处理是大数据应用的关键所在。

2. 维度更高

如图5-2所示，云边协同视频大数据可以分为3个维度：应用维度、数据维度和处理维度。

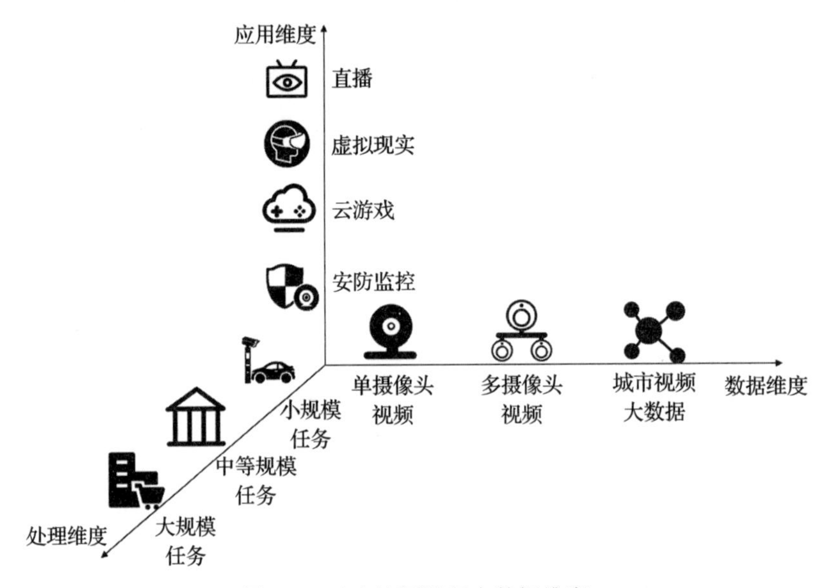

图5-2 云边协同视频大数据维度

从应用维度来看，随着人工智能技术的发展和5G技术的普及，视频大数据应用在安防监控、虚拟现实、增强现实、云游戏、直播、短视频等应用领域都取得了极大的成功。

从数据维度来看，基于摄像头的视频感知分析技术与系统已经得到广泛发展。一个典型的例子就是交通电子警察的监控与违章发现。然而，随着城市视频监控系统规模的不断扩大和应用需求的爆炸式增长，处理跨摄像头视频数据、大规模摄像头网络数据，甚至融合各类视频图像及关联数据的视频大数据就成为当务之急。

从处理维度来看，在视频大数据场景下，不同的任务对帧率、视频分辨率、带宽、CNN等的需求不同，导致了不同的网络延迟、能源消耗和检测精度。可以将它简单地分为3类：一类是小规模视频处理任务，比如车牌识别和高速公路标志识别，这类视频处理任务使用简单的CNN就能完成，对计算资源、能耗、延迟的容忍度也比较高，通常低功耗的边缘摄像头就能完成；另一类是中等规模视频处理任务，比如在一些人员稀少的地方，这类任务中需要监测的对象比较少，虽然需要高精度CNN，但是大部分时刻监测任务比较轻，对实时性要求不高，可以部署在前端设备或者上传到云中心完成；还有一类是大规模视频处理任务，比如在大型商超、购物街等人员密集的地方，通常视频流量比较高，需要更强的CNN识别，对视频的帧率、分辨率等要求也比较高，这时需要云边协同实现实时视频处理。

3. 非结构化

视频流是典型的非结构化数据，因此具有自己明显的特征。

特征一：在视频大数据中，尤其是在监控和AR场景下，视频流相邻帧之间变化不大，尤其是当目标缓慢移动时，相邻帧之间通常没有明显变化，这在生活中很常见，比如商超或者学校的监控场景。

特征二：在视频大数据中，大部分时候，人们关注的是图像中的某类对象，比如交通场景下的车辆，大型商超中的顾客、商品等，需要关注的对象通常仅占整幅图像的一小部分，使用CNN进行目标检测时不需要对整个图像进行检测，可以仅检测人们关注的图像区域。

特征三：在视频大数据中，不同场景下的图像特征表现出时空特性，面对高速公路和建筑物的摄像头将分别拍摄车辆和人员的视频，同时不同场景的摄像头还具有不同的繁忙周期性。

在云边协同视频大数据领域，“云－边－端”之间需要进行视频流传输，然而前端设备和边缘计算节点以及云中心之间具有有限的带宽，针对视频大数据非结构化的特性，通常会对原始视频流进行预处理，从而减少视频数据的上传量。云边协同中一些常用的视频预处理技术包括：关键帧提取、关键区域（ROI）和图像前后景分离。

5.1.3　相关技术

1. 云边协同优势

全球主要城市出于安防、商业智能、交通控制、预防犯罪等目的，在交通路口、企业办公地点和零售店以及居民社区部署了成千上万个摄像头。此外，智慧家庭、自动驾驶汽车、机器人等新兴领域也分布着数不清的高清摄像头，如自动驾驶中识别车辆前方障碍物以及路牌、家庭辅助机器人智能识别家庭场景做家务等。在这些用例中，不同于已录制的放置在视频数据库中的视频处理应用，对这些实时视频流进行快速分析是必需的。由于受欢迎程度和利润的快速增长，国外的Facebook Live和Twitch等实时直播服务，国内的抖音、快手之类的移动视频流服务等视频共享应用均受到广泛关注。近年来，云游戏已经成为游戏提供商大力发展的游戏模式[5]。实现云游戏的典型方法是通过游戏视频流，其中云中心负责解释用户输入、执行游戏代码、渲染游戏图像以及通过视频流将游戏场景传输给客户端。云游戏作为一种蓬勃发展的游戏模型，是瘦客户端游戏的解决方案，对于游戏玩家来说，这种方式无须花费大量金钱购买、更换、升级他们的游戏机和计算机主机。对于云服务提供商来说，可以出售已经部署并处于空闲状态的云资源，以支持对计算资源和存储资源要求极高的大型游戏。对于游戏开发人员来说，不需要再花费数月甚至数年的时间将游戏移植到不同的平台。因此在过去的几年，国内外的许多大小型游戏厂商都开始布局云游戏业务。AR 和 VR 有望在娱乐、教育、医疗领域提供前所未有的沉浸式体验。AR 基于用户对周围环境的理解，通过渲染用户视野中的虚拟覆盖物来增强真实世界，深度学习为 AR 提供了更多智能视频分析的工作，例如，帮助购物商超中的用户识别商品，帮助父母在拥挤的广场中寻找走失的孩子[6]。VR 更关注用户在虚拟世界的体验，比如 VR 游戏[8-9]。

（1）视频大数据服务要求

针对不同应用场景的视频大数据，主要有以下 3 个方面的服务要求。

1）高能耗高资源要求。随着深度学习的发展，卷积神经网络已经被广泛应用于实时视频处理，在前端运行神经网络需要大量的计算资源和很高的能源消耗，然而普通的前端设备具有有限的资源：一是前端设备具有很低的功耗和很弱的处理器；二是对于实时视频处理来说，前端设备的存储能力，包括设备内存和存储空间，将导致不可接受的延迟，同时很难运行高精度卷积神经网络，比如目前只有少数 AR 和 VR 设备能够实现图像的实时渲染和运行深度学习模型，因为这些任务的计算量很大，通常前端设备很难支持它们，最终会给用户带来无法接受的服务延迟。

2）低延迟高体验质量要求。传统的视频流媒体服务厂商是将所有的视频存储在云中心中，当用户请求时再发送给用户，但是由于视频数据的爆炸式增长和有限的网络容量而导致网络拥塞加剧，当网络拥塞时，云中心将不得不降低提供给用户的视频质量，对于维持用户的体验质量是一种极大的挑战。传统的云游戏也是将瘦客户端的计算卸载至远程云中心，这将导致较长的响应延迟，主要是玩家和云中心之间发送玩家操作信息和游戏视频的延迟，然而云游戏对网络延迟有严格要求，当玩家等待时间大于 50ms 时，将大大影响玩家的游戏体验，同时由于网络始终是高度动态的，当网络拥塞造成游戏视频缓冲或者不流畅时，会极大地降低玩家的体验质量。

3）高带宽高存储要求。对于视频厂商来说，为了支持大量的视频和服务请求，带宽和存储资源的支出将会是十分昂贵的。云游戏也面临着同样严峻的挑战，云游戏往往对带宽和网络稳定性有着较高的要求，比如 OnLive 建议网络带宽维持在 5Mbit/s 以上，现有的云基础架构常常难以承载大规模的云游戏用户。当同时在线用户规模增加时，对云中心的带宽要求也会极大增加，增加云中心网络带宽也会增加游戏厂商的带宽成本。

（2）云计算应用于视频大数据

云计算作为一种按使用量付费的模式，能根据不断变化的业务需要，自动弹性调整计算资源的大小，理论上计算资源可以无限拓展。针对前端设备资源有限的情况，克服以上限制的一种方法是将视频传输到云中心，并在其中运行深度学习算法，然而基于云的解决方案虽然可以通过运行复杂的神经网络模型保持高精度（例如 ResNet-152 和 YOLOv3），但是通常需要传输爆炸性的视频数据，这将会造成越来越难以承受的带宽成本以及由于视频数据占据大量带宽而带来的网络延迟。一种常见的解决方案是视频压缩，然而视频压缩通常会降低原视频分辨率，影响云端神经网络的识别精度，所以云计算并不能完全满足视频大数据要求。

（3）边缘计算应用于视频大数据

在现实生活中通常分布着很多边缘节点，这些边缘节点存在空闲的计算和存储资源，因此可以将服务从集中式云带到用户附近的边缘节点。边缘节点可以为附近的前端设备提供计算、内容存储和网络等服务，因此前端设备不再需要实时连接到云中心。从边缘节点向前端设备传输服务的较短路径意味着更高的传输效率和服务质量、更低的能源消耗和网络延迟。虽然边缘计算范式可以在网络边缘上进行计算，从而避免了原始视频数据传输到云端，节省了大量网络带宽，但是相比于云计算弹性可伸缩、资源可以无限拓展的特性，大多数边缘节点资源和覆盖范围有限。资源有限意味着边缘节点只能存储部分视频数据和执行预先训练好的卷积神经网络，并不能执行超大规模的计算密集型任务，如大规模多源异构的视频数据分析、卷积神经网络训练等任务。覆盖范围有限意味着每个边缘节点仅具有全局中的部分视角或者数据，对于需要全局多用户数据收集的任务，如多人同时在线云游戏，以及对全局边缘节点的部署和所有视频流的数据分析，仍需要具有全局视角的云计算支持。

（4）云边协同应用于视频大数据

云计算具有无限的计算资源和全局视角，但是需要面临网络延迟的挑战，边缘计算更靠近用户，可以降低网络延迟，但是资源有限，仅具有局部视角，不能做到全局调控。所以借助云计算和边缘计算的优势，将两者结合起来，在边缘和云之间智能地划分整体工作，可以优化效率[10]，从而在降低服务延迟的基础上保证用户体验质量。

2. 关键问题和前沿技术

云计算与边缘计算协同应用于视频大数据，使视频大数据处理能够同时具备边缘节点局部有限但是高效实时的数据处理能力和云中心全局且强大的数据分析与调度能力。基于此，之前给出了云边协同视频大数据处理“云－边－端”三层架构，然而云计算和边缘计算作为两种新型的计算范式，在实现和部署云边协同视频大数据架构中，如何将两者结合起来，有效地为前端设备提供服务，仍然面临着一些挑战，在本小节，将介绍云边协同视频大数据部署中面临的一些关键问题并给出相关解决方案。

（1）“云－边－端”任务划分

云边协同能够结合云计算和边缘计算优点，有效地满足视频大数据服务要求，但是视频大数据的应用场景多种多样，如安防监控、车载摄像头、云游戏、视频直播、虚拟现实等。不同的应用场景对原始视频流的处理流程不同，比如监控关注视频中的目标检测、云游戏关注游戏视频帧的渲染和多玩家之间的交互。不同的应用场景也意味着对网络延迟、卷积神经网络检测精度、能源消耗的容忍度不同。“云－边－端”是一个通用的云边协同视频大数据框架，然而如何针对不同的应用场景运用云边协同，如何合理地分配“云－边－端”

负责的具体任务，如何调控“云－边－端”之间的通信（例如前端设备需要决定将信息上传至云端还是边缘节点），提高云边协同效率，最大化用户体验的同时最小化部署成本，是云边协同视频大数据落地的关键。针对这个问题，如图 5-3 所示，给出云边协同视频大数据“云－边－端”3 层架构的通用任务划分框架。

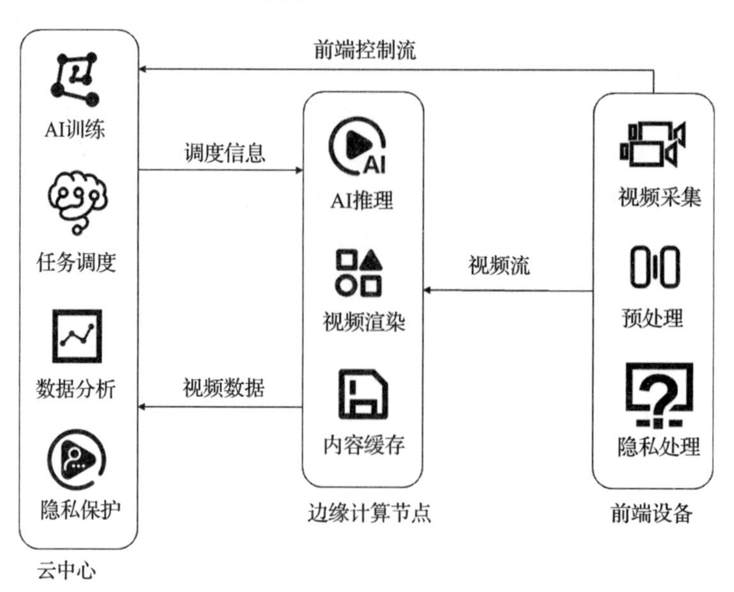

图 5-3　云边协同视频大数据通用任务划分

在云边协同视频大数据框架中，前端设备、边缘计算节点、云中心通常各司其职，共同为用户提供安全可靠的服务。

1）前端设备任务。前端设备负责数据采集、视频预处理、边缘 AI、隐私处理[11]等工作。顾名思义，数据采集就是利用前端设备收集周围信息或者自身产生的信息，在视频大数据应用中通常指视频或者图像数据。视频预处理是指在将视频上传之前进行处理，从而减少上传的数据量，常见的技术如关键帧提取、提取 ROI、图像前后景分离等[12]。隐私处理是指前端设备为保护个人隐私不被泄露，在视频数据上传之前对它进行处理，如模糊隐私信息、提取图像摘要而不上传原图等操作。前端设备对采集的数据经过一系列操作之后，会将它上传到边缘计算节点进行处理，并接收处理后的信息，应用于本地正在执行的程序。当然，前端设备也可以直接上传至云中心，并且从云中心获取数据查询的结果或者任务执行命令。

2）边缘计算节点任务。边缘节点作为前端设备和云中心沟通的桥梁，可以将它理解为云向边缘端的拓展，或者说拓展前端设备能力的机器。从传输的角度来看，边缘节点通常负责从前端设备接收视频流，并将数据上传至云端以及将处理后的视频流返回给前端设备，边缘节点也负责接收和执行云中心分配的任务。从任务的角度来看，边缘节点通常负责内容缓存和计算卸载任务，如短视频领域的视频缓存、虚拟现实和云游戏领域的视频渲染、智能监控领域的对象识别 AI 等[12]。但是边缘节点只具有有限的计算和存储资源以及网络带宽，资源不够时将依赖资源可以无限拓展的云中心。

3）云中心任务。云中心类似人的大脑，通常负责任务调度、隐私保护以及计算密集型的大型数据分析和 AI 训练等工作。数据分析是对收集的信息进行各种大数据分析，从而为用户提供服务，如历史监控视频查询、个人短视频查询等。任务调度是指对边缘节点的部署位置和任务进行调度，以求最大化用户体验、最小化服务成本。隐私保护是指云中心对前端设备上传的隐私信息进行保护，比如视频监控和短视频领域中的访问权限控制、基于属性加密等[13]。

需要注意的是，“云 – 边 – 端” 3 层任务划分只是云边协同视频大数据领域的一般框架，在很多论文的研究或者视频厂商的部署中，不讨论或者不存在边缘计算节点，将边缘计算节点的功能根据实际情况移至前端设备或者云中心。在 5.1.4 节中，将会针对具体应用给出更加详细、准确的任务划分案例。

（2）前端预处理和上传决策

受限于前端设备有限的计算资源和网络带宽，前端设备无法运行较大的计算密集型的卷积神经网络，仅能运行一些轻量级的卷积神经网络（例如 MobileNet），所以通常需要将视频上传至边缘节点进行处理。然而受限于前端设备有限的网络带宽以及视频数据的非结构化特征，前端设备需要针对不同的应用场景中视频流的特性，设计和选择合理的预处理技术，从而减少数据上传量。一些最新的研究方案如下：

1）ROI 降低数据传输。如图 5-4 所示，在监控视频中针对 ROI 的特性，通过来自边缘节点的反馈路径提供 ROI，即边缘节点运行一个高精度 CNN 检测模块，并将检测的 ROI 区域坐标发送回前端摄像头，前端摄像头根据边缘节点提供的 ROI 坐标，对每个视频帧的 ROI 区域上传原图，对非 ROI 区域进行压缩，这样可以极大地减少上传的视频大小，从而降低上传视频数据量，节省网络带宽[14]。

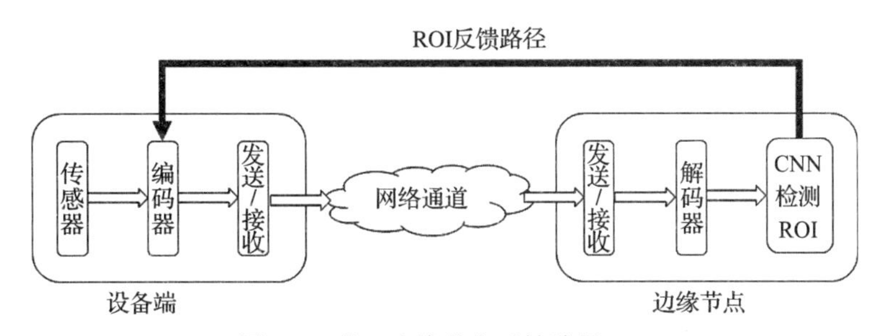

图 5-4　基于边缘节点反馈路径 ROI

2）图像前后景分离减少数据传输和渲染计算。针对单人 VR，将 VR 场景分为前景和后景，前景因为要随用户复杂的操作实时交互，所以在本地渲染，但是后景通常变化比较慢，所以放在边缘节点预渲染，同时预测用户的位置来提前渲染，最后前端将两个场景合并展现给用户[8]。在单人 VR 的基础上，可拓展至多人 VR，但是面临网络负载的线性增加，这时可以将后景帧分为靠近玩家位置的部分和远离玩家位置的部分，利用远离玩家的后景帧的相似性，复用之前的后景帧，从而降低帧传输的速率[9]。

3）ROI 与关键帧提取。AR 中仅仅根据当前的网络条件决定将深度学习计算卸载至边缘节点，还是进行局部推理，然而这会产生很高的卸载延迟，或者需要大量的本地计算，将导致没有资源进行 AR 视频渲染。基于动态 ROI 编码技术和分布式并行技术，可以显著地提高检测精度且降低卸载延迟。首先是复用之前的检测结果，从而高质量编码当前帧的关键区域，压缩其他区域以减少带宽。然后并行进行视频流渲染和计算卸载，设备端负责渲染，边缘节点负责计算，设备端不需要每一帧都等待边缘节点的检测结果，只有当帧与帧之间发生明显变化时才将视频帧上传至边缘节点，边缘节点将一帧分为多个片段，接收到一个片段立即运行推理，从而并行传输、编码和推理[15]。

同时前端设备也需要针对当前设备的网络状态、当前设备的能源剩余量、当前应用对延迟的容忍度、当前应用对准确度的要求，智能决策是否将计算卸载至边缘节点或者远程云端，从而最大化用户体验并且最小化应用成本，比如当网络状态不佳或者设备能源充足时在本地执行，当网络良好或者能源不足时上传至云端等，前端如何智能地做出上传决策是在部署云边协同视频大数据中需要解决的关键问题。一些最新的研究方案如下：

1）根据应用实时需求决策是否上传。AR 应用程序通常需要根据需求，例如准确率、帧速率、能耗和网络数据使用情况，选择在边缘节点还是设备端以及哪个深度学习模型上运行，这些需求之间通常需要折中，比如更高的帧速率通常需要更高的能耗、更高的准确度就需要在边缘节点运行神经网络等，可以将 AR 深度学习计算建模，从帧分辨率、深度学习模型的大小、是否卸载到边缘节点、是否压缩视频以及帧采样率 5 个变量的角度，基于数据驱动的优化框架，根据用户的实际需要，最大化用户的目标（比如高准确率和高帧速率）[16]。

2）根据任务大小决策是否上传。针对视觉场景下的 3 种类型的视频处理任务，可以采用不同的解决方案。针对小型处理任务，可以进行图像变换、下采样以及特征提取降低每个图像的特征数量，并对卷积神经网络进行优化，比如将整个分类任务分解为几个较小的任务，为每个任务设计一个弱分类器，最后将输出合并以生成合并后的结果。虽然一个大的神经网络难以直接在低功耗摄像设备上运行，但是每个小的弱分类器通常可以单独运行。针对中型视觉处理任务，可以利用神经网络硬件加速器，基于软硬结合的方式优化神经网络，这将极大降低传统 CNN 的内存占用量。针对大型视觉处理任务，使用云边协同的视频处理方式，前端摄像头分析各个帧之间的相似度，然后选择最能代表视频的关键帧（即跳帧），将它上传至边缘节点和云平台处理[3]。

3）根据检测目标决策是否上传。在一些场景下，纯粹地将所有 CNN 推理过程卸载至远端或者边缘节点执行存在延迟和计算资源的限制，针对拥挤人群中的人脸识别，可以将整个图像分块（背景、近处清晰的人脸、远处模糊的人脸），根据不同的区域选择不同的检测模型和预处理措施以及计算的地方，对于背景区域不进行检测。对于大型的清晰的人脸，在设备端运行轻量级的 CNN 网络就能轻松识别。对于远处模糊的人脸，要保持高精度识别通常需要图像增强以及计算密集的 CNN，将它卸载至边缘节点识别[6]。

4）根据网络信号状态决策是否上传。无线网络信号是一直波动的，若网络延迟的代价超出了本地计算的代价，这将得不偿失，因此可以利用本地预处理提高传输效率。首先根据无线信号强度估计以下 3 种方法的性能和能耗：①本地执行（在本地移动设备上执行所有计算）；②未进行本地预处理的计算卸载；③进行本地预处理的计算卸载。系统根据估计的性能和能耗自适应选择以上 3 种方法之一执行，从而提供最好的性能或者能源效率[17]。

（3）边缘节点资源分配与部署

在视频大数据场景中，分布着很多边缘计算节点，一个边缘节点通常需要为多个前端设备提供计算卸载服务，也需要为多个云厂商提供内容缓存服务，然而边缘节点具有有限的资源和能源，同时边缘节点的部署也将消耗大量的成本。所以在云边协同视频大数据场景下，需要解决两个针对边缘节点的问题。

一个问题是如何更加有效地利用边缘节点的资源。一些最新的研究方案如下：

1）边缘节点智能决策。如图 5-5 所示，通常一个边缘节点要为多个不同用途的前端摄像头（如车载摄像头、手机摄像头和监控摄像头）服务，多个视频流上传到同一个边缘节点，然而每个视频流对网络延迟和精度的要求不同，可以考虑在边缘节点上部署不同精度的 CNN 模型，每个 CNN 模型对应不同的分辨率，根据每个视频流对服务延迟的要求不同，确定每个视频流的帧率、分辨率和带宽，从而最大限度地提高整体精度和最小化能耗[10]。

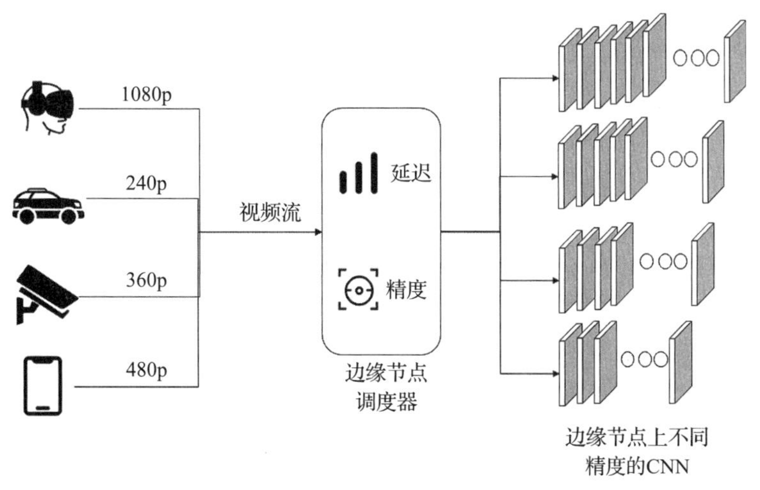

图 5-5 边缘计算节点智能调度选择 CNN

2）特定 CNN 降低计算量。针对监控中的实时视频查询任务，在前端设备资源有限的情况下，根据城市监控视频的空间特性，在云平台中将相似场景的摄像头根据相同的特定上下文进行聚类，再根据聚类结果生成特定于上下文的训练数据集，在云平台中使用该数据集训练查询特定场景的 CNN。特定于固定场景的 CNN 是少数分类 CNN，它放弃了分类的全面概括能力，但是降低了模型的复杂性，并且增强了识别某些种类对象的能力。这些特定的CNN具有更少的计算资源需求和能耗，可以将它们部署在相应场景的边缘节点。边缘节点运用特定对象的CNN，可以解决特定场景下大部分视频流数据的检测，对于边缘节点无法识别的视频数据，上传至远程云平台使用高精度的CNN（例如ResNet-152）进行处理，每个视频帧都将被处理以产生实时查询响应[18]。

3）边缘节点资源分配。在视频直播领域，数据的增长和有限的网络容量导致的网络拥塞加剧对于维持实时视频流服务的体验质量是一种挑战，一个流行的解决方案是为具有不同需求的用户提供多种质量的视频，例如不同的分辨率和帧率。当网络拥塞或不支持设备时，可能会退回到低质量视频[19]，但是这会严重降低用户的体验质量。使用边缘节点的内容缓存可以提高实时直播视频的服务质量，一个边缘节点通常要面临为多个视频服务商提供缓存工作。然而边缘节点为了最大化用户的体验质量，需要决定给每个服务商提供的带宽和缓存空间，一种方法是利用动态规划同时解决带宽和缓存空间的分配问题，但是这会导致算法复杂度与视频服务商的数量呈指数增长。所以可以先解决带宽分配问题，再使用动态规划解决缓存空间的估计与分配问题[4]。

另一个问题是，边缘节点的部署和选择将会消耗大量的运营成本，针对不同的应用如何有效地选择边缘计算节点也是一个值得关注的问题，一些最新的研究方案如下：

1）公共云降低存储成本。在短视频领域，庞大的视频流带来了大量的带宽和存储资源的支出，可以利用用户的公共云存储空间来充当边缘节点缓存用户创作的视频流，以节省成本，并且本地公共云存储可能使数据中心更靠近移动用户，而访问延迟更短[20]。

2）雾充当边缘节点。云游戏中边缘节点的组成多种多样，一种方式是使用雾计算来进行视频渲染任务。“雾”由强大的超节点组成，这些超节点可以利用环境中空闲的计算机资源，比如各个机构的空闲计算机、玩家的计算机，渲染游戏视频并将视频流传输给玩家，云只负责密集的游戏状态计算，并将更新信息发送到超节点。这大大减少了流量，因此减少了延迟和带宽消耗[21]。

（4）隐私保护

在云边协同视频大数据中，从安防监控摄像头到行车记录仪，再到无人机空中摄像头，这些摄像头记录下它们视野中的每一件事，并被广泛应用于各种视频处理程序，使这些视频成为有价值的数据。然而视频数据的实时分析以及大规模收集，包括边缘节点的视频检测和缓存、云中心的视频分析等，都会对个人在视频中的隐私造成重大威胁，如人脸、车辆牌照、住宅地址都可以在视频中捕获到，这引起社会对视觉隐私的持续关注和讨论，也会极大地影响视频大数据的应用。所以为了公共利益和云边协同视频大数据的可持续发展，需要尽可能减少用户隐私泄露的可能性。最新的研究方案如下。

针对监控场景下实时视频隐私处理的问题，通过在前端摄像头对原始视频进行实时对象检测以及模糊处理来保护隐私信息是难以实现的，但是可以对实时视频中的每一帧进行像素化，从而提取视频摘要上传至云平台，云平台能根据视频摘要获取视频的整体信息，但是不能获取详细信息，只有当视频在云平台需要被利用时才在前端摄像头执行对象检测任务，这样可以模糊化隐私信息[11]。

5.1.4 典型案例

1. 监控

如图 5-6 所示，在监控场景下，云边协同视频大数据常常需要处理的是前端摄像头产生的视频流，然而由于前端摄像头的有限计算资源，通常需要将监控视频数据分流到边缘计算节点进行智能检测，如车辆和行人的目标识别、目标检测、目标追踪，以及对计算资源进行智能调控。然而，如果直接将所有视频流数据上传至边缘节点进行处理，仍然需要占用很大的带宽和边缘节点计算资源。根据视频数据的 3 个特征，前端视频流有相当大一部分不需要进行智能检测，对这部分视频数据的检测会浪费边缘节点的计算资源和上传带宽。所以前端摄像头通常负责一些视频预处理任务（如提取关键区域、基于是否存在运动物体实现跳帧上传等）和视频卸载决策，从而减少视频上传量和边缘节点的计算负载。云平台通常根据边缘节点的处理结果，对所有边缘节点的视频数据进行分析处理，针对边缘节点 CNN 难以识别的视频运行更复杂的高精度 CNN，最终实现特定功能，如事件警报、罪犯识别、便捷交通、智能管理等任务。云平台也负责利用前端摄像头采集的视频进行 CNN 的训练，如人脸检测模型的训练，并将训练好的 AI 部署至特定的边缘节点。最后，云平台需要根据整个场景的实际需要，对边缘节点的部署进行资源调度，以满足各个地区前端摄像头的计算需求。

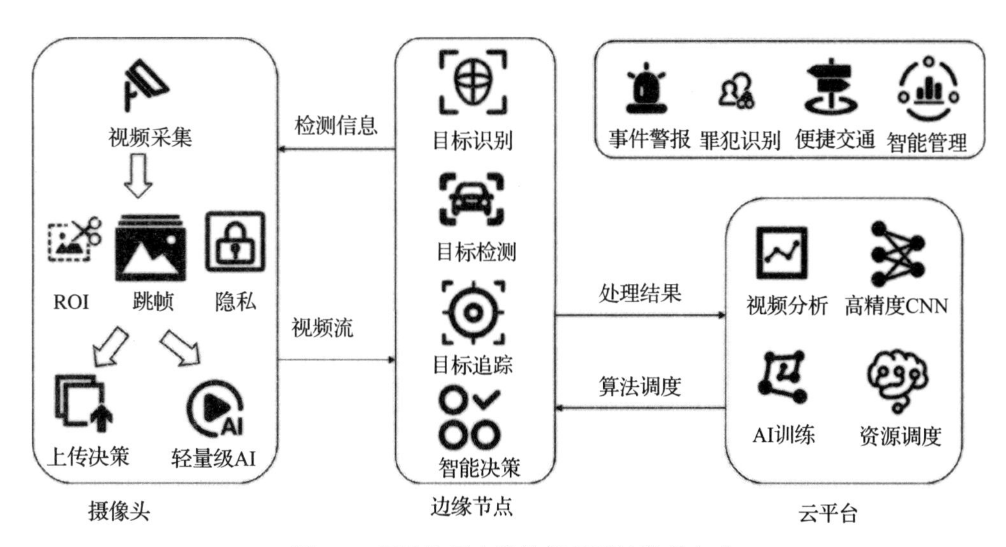

图 5-6 云边协同在监控场景下的实现方式

2. 视频共享

如图 5-7 所示，在视频共享场景下，比如视频直播和短视频领域，可以在边缘节点上缓冲多个用户请求的视频流的副本（即内容缓存），从而减少客户端与云视频提供商之间频繁的一对一传输。对于云视频提供商来说，多个客户端请求同一个视频流，仅需要向边缘节点传输一份，从而大大降低了云视频提供商的带宽压力。同时对于即时创作的短视频，也可以将它缓存在边缘节点，只有当它需要被共享时，才发送给固定用户，以降低云视频提供商的存储成本。

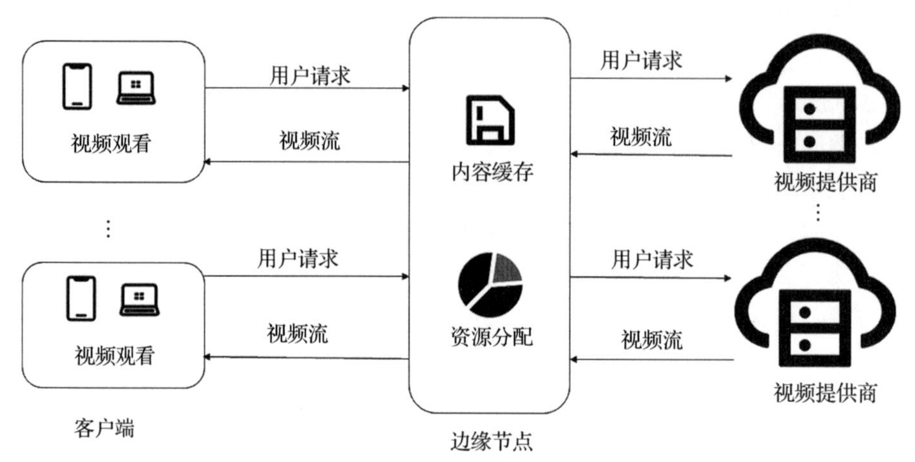

图 5-7 云边协同在视频共享场景下的实现方式

3. 云游戏

云游戏作为一种蓬勃发展的游戏模型，是瘦客户端 MMOC（大型多人在线游戏）的解决方案，它使玩家从本地计算机上的硬件和游戏安装需求中解放出来，然而云游戏却面临着低延迟、高带宽、高质量的 QoE 的挑战。如图 5-8 所示，在云游戏场景下，最先进的解决方案就是将云游戏中的视频渲染任务卸载至边缘节点，游戏端将玩家输入信息上传至云中心，云中心收集当前时间多个用户的输入，对当前游戏状态进行更新，并将它发送至每个边缘节点，边缘节点根据游戏状态进行视频渲染之后将视频流发送给客户端，客户端仅负责游戏输入和游戏显示任务。

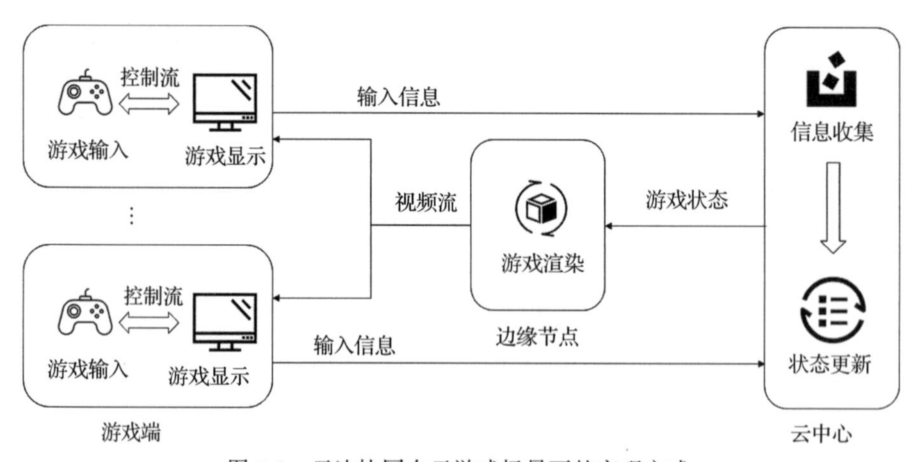

图 5-8 云边协同在云游戏场景下的实现方式

4. AR（VR）

VR 与 AR 和监控场景下的实时分析任务划分相似，如图 5-9 所示，设备端需要进行视频预处理和上传决策，边缘节点仍需要进行目标识别、目标追踪、智能决策任务，但是边缘节点并不需要将视频上传至云平台，云平台仅负责 AI 训练和边缘节点的资源调度。边缘节点部分多了图像渲染任务，因为 VR 和 AR 应用需要进行实时的人机交互，因此相比于监控场景对网络延迟和检测精度的要求更高，也会将更多的渲染和检测任务放置在设备端运行。

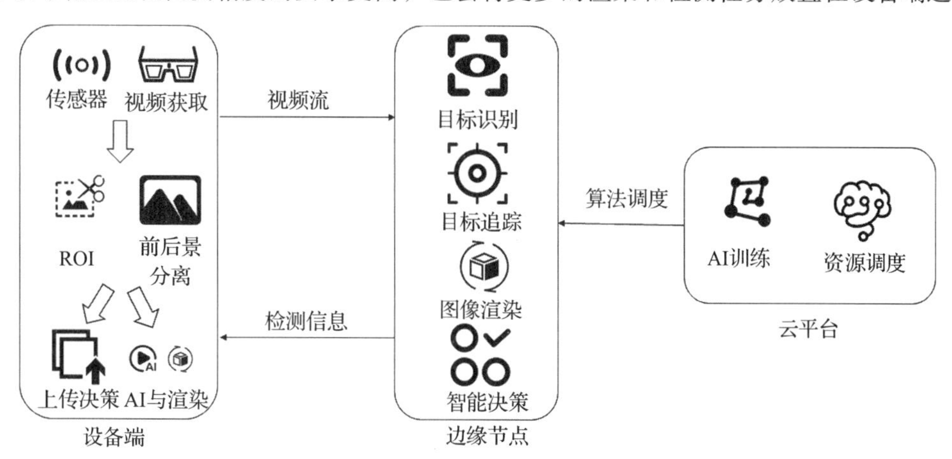

图 5-9　云边协同在 AR（VR）场景下的实现方式

5.2　工业互联网大数据

5.2.1　简介

物联网是指通过各种信息传感器，实时采集需要互动的物体或过程信息，通过各类可能的网络接入，实现对物品和过程的智能化管理。2020 年 8 月，中国经济信息社在无锡发布《2019—2020 中国物联网发展年度报告》，指出全球物联网设备持续大规模部署，连接数量突破 110 亿；模组与芯片市场势头强劲，平台集中化趋势明显，工业领域投资愈加活跃。

工业互联网[22]（工业物联网）以物联网为基础设施，通过工业级网络平台，把工业生产各环节紧密地连接和融合起来，高效共享工业经济中的各种要素资源，帮助制造业延长产业链，推动制造业转型发展[23]。工业和信息化部发布的《工业互联网发展行动计划（2018—2020 年）》中指出，到 2020 年年底，初步建成工业互联网基础设施和产业体系。在工业互联网场景下，传感器的数据以及生成的数据正在呈几何式增长，采集的数据也会在几毫秒之内就发生重大的变化，所以数据的时效性会非常短，需要及时、准确地利用数据，使数据从生成到决策再到执行的整个周期的时间尽可能短。为了解决上述问题，云边协同工业互联网大数据架构应运而生[23-25]。

如图 5-10 所示，基于边缘云实现的云边协同工业互联网大数据三级架构[25-26]为设备端、边缘云、云端，并且在设备端和边缘云之间存在一个通信总线，实现设备端和边缘云的互连。

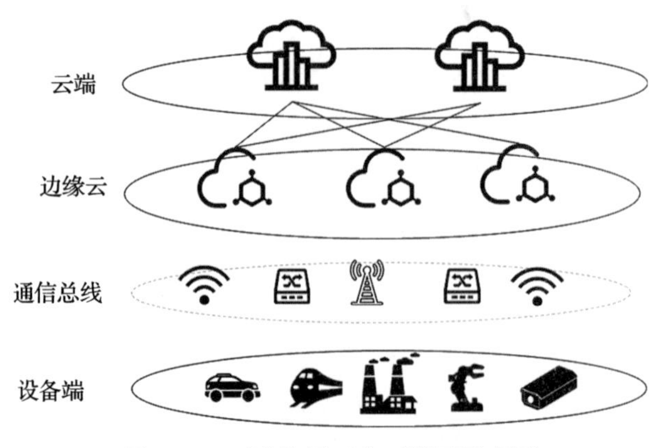

图 5-10　云边协同工业互联网示意图

（1）设备端

通常是指工业场景下的各种物联网设备，从各种大型的工业设备，如制造业的机床、锅炉，运输业的高铁、火车、大型货车；到各种中型的工业设备，如各种工厂内的机械手臂、机器人；最后是各种小型的工厂设备，如各种传感器、摄像头。这些设备无时无刻不在产生着海量数据，并通过通信总线进行数据传输。

（2）通信总线

通信总线实现工业场景下的数据传输，即万物互连，包括设备端与边缘云之间的互连以及设备与设备的互连，通信总线常见的通信方式可以分为超短距离的 RFID（射频识别）技术、NFC，短距离的 Wi-Fi 和蓝牙技术，长距离的 3G、4G、5G 等窝峰网络技术，以及超长距离的通过光纤连接的 WAN 技术。

（3）边缘云

通常是一个工厂的数据中心或者是一个大区的数据中心，能够连接一定区域内的所有终端设备，具有一定的计算能力，能够提供实时数据处理、分析决策的小规模云数据中心，边缘云的基础设备包括但不限于：厂商部署的专用服务器、网络服务商提供的各种网络基站、网络边缘侧的各种网关等边缘设备。

（4）云端

通常是指各种云集群，如腾讯云、阿里云、亚马逊云等各种公有云，也可以是各个工业厂商搭建的私有云集群，以及各种混合云集群。

5.2.2　数据特征

工业互联网大数据需要实现工业场景下从生产、物流、销售、维护等全生命周期的数据互连与快速决策，包括对整个周期工业生产要素的数据化描述与分析，所以工业互联网大数据具有大数据的一般特征，即数据体量大、分布广泛、结构复杂、需求多样化、价值不均匀，如图 5-11 所示。但是相对于其他类型的大数据，工业互联网大数据还具有明显的工业数据特征，从数据的角度表现为多模态、强关联、高通量等特征，从应用的角度表现为跨尺度、协同性、多因素、因果性、强机理等特征。

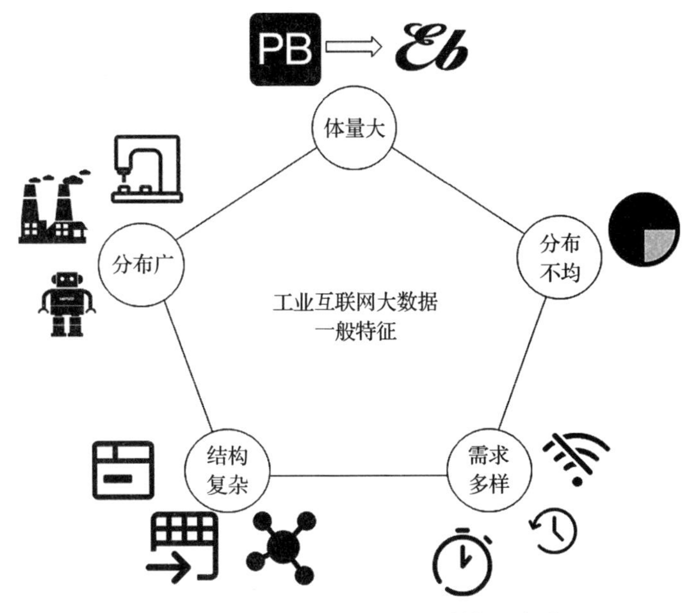

图 5-11　云边协同工业互联网大数据一般特征

1. 一般特征

（1）数据体量大

各种工业设备和传感器设备无时无刻不在产生着海量数据，伴随着智能制造的普及、工业互联网技术的发展以及物联网设备的爆发式增长，对这些数据的收集和处理技术也在飞速发展，工业设备产生的数据也越来越多，工业数据的存储量将不断增长，甚至达到 EB 级别。

（2）数据分布广泛

相比于互联网大数据等传统大数据，工业互联网大数据的分布更加广泛，通常需要处理来自不同设备、不同车间和工厂、不同流程的各种大数据。从设备的角度来看，如工业机器人产生的数据、各种交通工具产生的数据；从工厂的角度来看，如服装生产工厂、汽车制造工厂等不同工厂产生的数据；从流程的角度来看，如工业产品、管理系统、运输过程产生的数据等。

（3）结构复杂

由于工业互联网大数据广泛的数据来源，导致了复杂的数据类型，包括结构化、半结构化、非结构化数据。工业生产中典型的结构化数据包括产品名称、产品生产日期等一系列可以用二维表结构来逻辑表达和实现的数据库。典型的半结构化数据包括工业生产中的日志文件、XML 文件、JSON 文件等有基本固定结构模式的数据。典型的非结构化数据包括工业生产过程中生成的各种视频、音频、图片、文本文件等没有固定模式的数据。

（4）数据需求多样

工业互联网大数据可以应用于工业任务和工业生产的各个流程，不同的业务通常对数据处理速度需求不一样，可以分为实时、半实时和离线3种。从生产层面来看，通常需要进行人机交互或者机机交互，对实时性要求比较高，需要达到毫秒甚至微秒级别的反应速度；从管理层面来看，通常进行数据信息挖掘与分析，对实时性要求不高。

（5）数据价值不均匀

工业互联网大数据也满足经典的“二八定律”，即20%的数据占据工业数据80%的价值密度，比如工业图样、实验分析结果；80%的数据只有20%的价值密度，如视频数据、各种传感器数据等，这些数据需要使用各种大数据分析和挖掘技术，提取其中的价值。

2. 工业特征

（1）多模态

多模态是指工业互联网大数据需要反映工业系统的系统化特征，尤其要反映工业系统的各个方面要素，追求数据记录的完整性。比如对工业设备的检测和维护，还要监控设备本身的运行状态如产出效率。另外还要检测设备的机械状态，比如电压、转速、振幅等机械状态。此外，还要对设备周围状态进行监控，如设备周围的温度、湿度、光照等数据，为了保证数据记录和采集的完整性，工业互联网大数据通常要涉及多学科、多专业各种不同种类的结构化、半结构化以及非结构化数据。

（2）强关联

强关联是指在工业互联网大数据场景下，工业的系统性以及工业内部复杂的动态关系，导致的工业系统数据之前的强连接关系。从纵向的角度来看，是指实现工业互联网数据生产、物流、销售、检测以及维护整个生命周期数据的融合与分析，从而提高整个工业系统的生产和运行效率；从横向的角度来看，是指实现工业场景下设备与设备之间、车间与车间之间、厂区与厂区之间以及厂商与厂商之间数据的关联，从而利用工业互联网实现不同维度数据和任务之间的智能调度。基于强关联的特点，工业互联网大数据通常会表现出很强的时间和空间特征。

（3）高通量

高通量是指工业互联网设备要求瞬间写入超大规模数据或者说需要处理大规模的实时数据流。在云边协同工业互联网场景下，更加注重实时的人机交互和机器与机器之间的交互，但是通常要面临海量的实时数据流，如对生产设备的检测与维护，可能需要成百上千个传感器组成，这些传感器会实时产生大量的数据。

3. 应用特征

（1）跨尺度

以智能制造为主导的第四次工业革命——工业4.0，需要综合利用云计算、物联网、边缘计算等技术，实现整个制造业生命周期的纵向集成、不同维度和层次设备以及厂商之间的横向互连，从而使具有强关联性的不同空间和时间尺度的数据集成在一起。如云边协同智能仓储，实现从数据采集、数据实时处理、数据分析到任务调度的一体化进行。

（2）协同性

工业系统强调系统的动态协同，工业大数据就要支持这个业务需求。人们进行信息集成的目的，是促成信息和数据的自动流动，加强信息感知能力、减少了决策者所面临的不确定性，进而提升决策的科学性。

（3）多因素

工业互联网由于场景的复杂性，数据通常由很多不同的传感器数据汇聚而成，比如一个简单的工业机器，可能由成百上千个传感器组成，这些传感器连接、传输、应用、管理的复杂度均不相同。

（4）因果性

也可以称为高可靠性。相对于互联网大数据，工业互联网大数据对确定性具有高度的追求，需要把数据分析结果用于指导和优化工业过程，这本身就要高度的可靠性。

（5）强机理

获得高可靠分析结果的保证。分析结果的可靠性体现在因果和可重复性，需要排除来自各方面的干扰。在数据维度较高的前提下，人们往往没有足够的数据用于甄别现象的真假。这时，领域中的机理知识实质上就起到了数据降维的作用，分析的结果必须能够被领域的机理所解释。

5.2.3 相关技术

1. 云边协同优势

随着 5G[27]、微服务[28]、软件定义网络[29]、人工智能、边缘计算[30, 31]、云计算等各类新型技术的发展，工业互联网已从概念形成普及进入到应用实践推广的阶段，从产业、企业、工厂 3 个层面，涵盖了工业的各个行业乃至实体经济的各个领域，包括装备、机械、汽车、能源、电子、冶金、石化、矿业等。针对工业互联网，世界各国都开展了广泛的研究和合作，诸如美国 GE、IBM、英特尔、思科等企业发起的工业互联网联盟，德国西门子搭建的 MindSphere 平台，日本三菱电机等企业成立的工业价值链促进会等。

我国制造业门类齐全，互联网产业发展位居世界前列，提出了加快“5G + 工业互联网”的计划，有在该领域实现“换道超车”的独特优势。我国在工业互联网领域紧跟世界前沿，也将该领域列入了“十四五”规划，抢抓第四次工业革命历史性机遇。相比于一般的消费者物联网，工业互联网专注于运营技术（OT）和信息技术（IT）之间的集成，包括机器智能、网络传感器和数据分析，从而改善市场领域企业到企业服务以及制造业到公共服务的各个活动。它更多地意味着机器对机器的交互，可以用于应用程序监视（例如化工厂的过程监视、车辆跟踪等），也可以作为自组织系统的一部分，形成不需要人工干预的自主工厂等。

在工业互联网场景下，尤其是基于工业互联网的智能制造，会产生海量的数据和计算处理需求，对于企业的任务调度、资源调度、设备维护提出了更加严峻的挑战。传统的集中式云计算架构虽然具有强大的计算处理能力，但是无法满足企业数字化生产过程中海量数据快速处理、实时响应的要求。边缘计算的兴起将解决这一问题，边缘计算节点本身就像一个迷你的云计算数据中心，能够实现对安装和连接的智能设备任务的实时处理和响应，而不需要设备端将所有数据通过各种通信链路发送到远端并等待云端响应，由于大部分任务和基本的数据分析都在边缘侧进行，因此几乎没有延迟。同时基于边缘计算技术，使得整个场景下，数据处理变得分散，大大减少了通信链路中的网络流量。但是边缘计算节点仅具有局部视野，只能处理局部数据，无法有效地形成全局认知，因此在工业互联网应用中，借助云计算平台的全局视野，实现全局数据的融合以及大规模分析，从而有效融合实现云边协同工业互联网。

2. 关键问题和前沿技术

(1)“云–边–端”任务划分与协同

在云边协同工业互联网场景下，云边协同工业基础架构通常要适应各种复杂的应用场景，需要把云中心、边缘计算节点以及各种物联网设备连接起来，并进行计算协同，发挥云中心全局视野、大规模的优势，边缘计算节点本地化、低成本的特点，根据复杂业务的需求，将不同的业务智能迁移至“云–边–端”，也就是计算发生的位置，实现“云–边–端”在各种业务场景下的无缝协同计算，从而为客户提供最合适、最经济的“上车点”。云边协同工业互联网基础架构已经被广泛研究和发展[32, 33]，图 5-12 所示为云边协同工业互联网三层业务架构图。

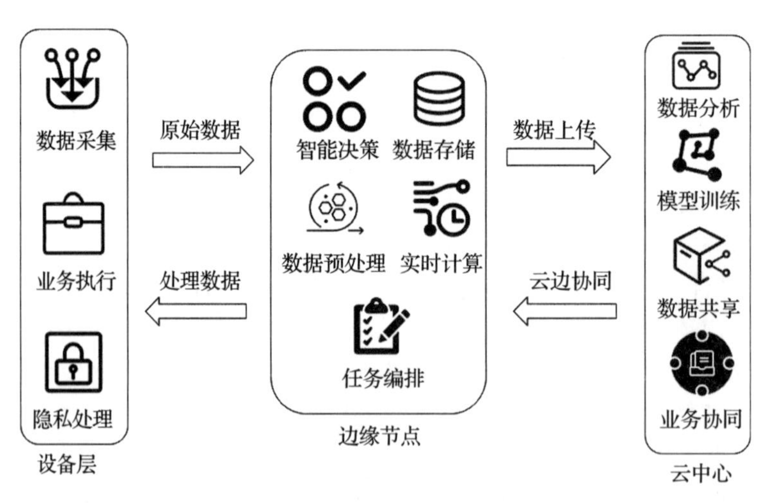

图 5-12 云边协同工业互联网业务架构图

1）设备层：设备层主要进行数据采集、业务执行、隐私处理等任务：数据采集是指利用各种工业传感器收集工业设备产生的各类工业数据，比如电力物联网场景下的电力消耗、工业设备运行时产生的光、电、声等各种形态数据，这些数据以视频、文本、音频等各种形式被记录和收集；隐私处理是指各种工业设备（或用户）为避免个人隐私数据暴露，比如根据某些电能表数据可以推测用户是否在家、根据工业设备产能数据推测竞争对手的业务安排等，数据所有者在数据上传前对数据进行隐私处理，从而避免无关或者敌对人员获取有用信息；业务执行是指设备端根据边缘节点返回的处理数据执行下一步任务或者将处理后的数据展示出来。

2）边缘节点：边缘节点主要进行数据预处理、数据存储、实时计算、任务编排[34]、智能决策等任务。数据预处理是指设备端传感器采集的数据通常不能直接使用，比如存在缺失值、重复值等问题，所以在真正使用之前需要对它进行预处理，正如第2章所述，常用流程如下：去除唯一属性、处理缺失值、属性编码、数据标准化或正则化、特征选择、特征提取等，针对不同的任务或者不同数据集属性，数据预处理的流程通常也会相应变化。数据存储顾名思义是指边缘节点承担工业数据的存储任务，不需要将全部数据上传至云节点，直接在本地进行处理。实时计算是指为各类低功耗工业设备提供拓展的计算能力，从而满足各类工业场景下对任务执行实时性的要求，比如视频处理、路径规划等计算密集型任务。任务编排是指每个边缘计算节点同时要为很多工业设备服务，需要协调这些工业设备之间任务的协同与调度。

3）云中心：云中心主要进行数据分析、模型训练、数据共享、业务协同。数据分析是指对工业生产过程中产生的各类数据进行聚集，并利用大数据分析和挖掘技术实现工业数据的分析以及过程优化，从而增加设备的运行效率、提高产能；模型训练是指边缘节点通常会运行各类智能AI，云节点利用大量的工业数据对这些智能AI进行训练和优化；数据共享与业务协同是指云平台将不同系统、机构产生的数据进行共享与协同，从而实现整个产业从生产、物流运输、销售到维护整个生命周期的协同。

（2）隐私和安全问题

在云边协同工业互联网场景下，一个基本任务是使信息在整个生产系统中无缝流动，尤其是物联网设备每时每刻都在产生着大量数据，需要实时地收集和共享生产数据，而且工业互联网数据涉及人们生活的方方面面，范围从货运系统到普通人群产生的交通记录，以及工厂生产管道中产生的复杂数据，这些数据可以促进许多工业决策的智能化，包括智能物流、智能配电等。但是，数据通常涉及数据所有者（用户或者智能终端）的私人信息和商业利润，如何有效地解决数据所有者的隐私和安全问题，将会严重阻碍数据的传输、共享和利用。但是在云边协同工业互联网场景下，进行数据的隐私和安全保护通常面临着以下两个问题：

一是如何有效地进行隐私保护。现如今，数据隐私保护技术多种多样，比如差分隐私保护技术、基于属性加密（ABE）技术、区块链技术等，在云边协同工业互联网背景下，需要针对不同的数据场景和要求进行选择，例如要对设备端原始的精确数据进行查看，但是不想要未经允许的实体查看数据，可以使用ABE技术；对大规模物联网设备进行数据分析和挖掘，需要提取数据的总体特征，但是不需要查看每个数据所有者的个人信息，可以使用差分隐私或者本地差分隐私技术；为了防止未经授权的实体访问物联网设备数据，可以使用区块链技术实现授权和访问机制等。

二是如何在低功耗物联网设备上实现隐私和安全。低功耗物联网设备都要受到能源和计算能力的限制，这些设备通常专注于确保低功耗连接和基本计算，很大一部分没有足够的处理能力和资源来直接实现常规数据保护机制，如何有效地改进原始的数据保护机制或者设计新的数据保护机制是至关重要的，同时一些隐私保护技术也会损失原始数据的可用性，所以需要平衡数据的可用性和隐私性之间的关系。

针对这两个问题，一些具体的解决方案如下：

1）用区块链技术实现数据安全。基于以太坊区块链在物联网设备上实现一个去中心化的安全机制相比于边缘节点更加安全、高效，将物联网中的每个设备当作区块链的一个节点。使用一个私有区块链和简化计算的共识机制，使它可以运行在计算能力比较低的物联网设备上，从而保证数据的安全性[35, 36]。

2）差分隐私数据安全。差分隐私适用于需要统计数据的总体信息而不是个体信息，针对低功耗的物联网设备不能保证生成噪声的质量，可以基于重采样和阈值分割技术来保证生成的噪声的有效性[37]，并使用隐私预算控制技术实现数据有效性、数据收集成本、隐私保护以及带宽消耗的平衡[38]。

3）ABE。在物联网场景下，远程连接或者数据上传都需要经过不安全的数据中转站，高效的身份验证和细粒度的访问控制机制也需要高级的加密方法，因为传统的ABE开销很大，资源受限的物联网设备很难运行。一种方法是对属性个数进行优化[39]，也可以将它与最新的可穿透加密技术结合，从而实现轻量化[40]。

最后，除了以上两个挑战，物联网设备也会受到一些常见的网络攻击，比如恶意软件攻击，导致这些低功耗物联网设备的安全和隐私受到极大威胁，如何防范这些网络攻击也是需要思考的问题[41]。

（3）服务分发问题

服务质量（QoS）也是云边协同工业互联网场景下一个非常重要的问题，为了满足物联网设备对网络延迟的要求以及最小化流量和网络资源的消耗，需要考虑实时动态将服务部署至用户需要请求的边缘节点，以及实现节点与节点之间的任务协同，最终在最小化运营和部署成本的前提下，最大化QoS。

关于服务分发与部署的一些最新研究如下：可以将云边协同工业互联网场景建模为一个有向树状图，在该模型下优化物联网服务功能的放置以及网络流路由问题，从而实现运营成本最小化[42]，针对物联网设备的动态变化，使用在线学习中的在线凸优化算法，基于统计学习的方式，减轻管理任务的不确定性[43]，或者使用分布式优化框架[44]，从而能够更快地响应，并且随机优化技术[45]也被应用于解决服务分发问题。

5.2.4 典型案例

1. 智慧仓储

随着电商行业以及新零售领域的快速发展与成熟，导致客户与厂商对物流配送时效性的要求越来越高，然而传统的仓库流程，需要人工完成货物破损检测、入库、货架货物调控、货物出库、工作人员调度，同时割裂仓库的各个业务流程，造成数据和信息孤岛，难以使各个业务流程串联起来，导致仓库管理的整体效率低下，难以实现精细化仓储管理。随着云计算、边缘计算以及人工智能技术的发展，如图 5-13 所示的云边协同智慧仓储将极大地改善物流配送的效率。云边协同智慧仓储在设备端进行着各类数据的收集，比如仓库叉车的位置数据、由终端摄像头获取的货架或者人员的视频数据、通过扫码设备获取的条形码信息或者各类读写设备获取的 RFID 数据，边缘设备将采集后的数据上传至边缘云节点，边缘云节点可以根据叉车的位置信息使用各类人工智能技术进行实时路径规划，对终端摄像头的视频数据利用深度学习相关技术进行人脸识别、视频分析、图像检索等任务，实现对整个仓库系统的实时检测。边缘云也会根据获取的各类终端信息进行各种智能调度，比如叉车调度、货架调度、人员调度、货物调度等，从而使整个流程效率最大化，最后边缘云节点将所有数据上传至智慧仓储的数据中心，云中心根据仓库数据，进行边缘云节点的智能 AI 训练与优化，并将各类智能 AI 重新部署到各个边缘云节点，并且利用数据分析技术，对整个仓储流程进行实时监控与优化，云平台也可以实现与其他业务平台的对接，比如订单平台、物流平台，从而实现仓储管理、订单管理、运输管理等多个系统协同，从而优化成本，提高效能。

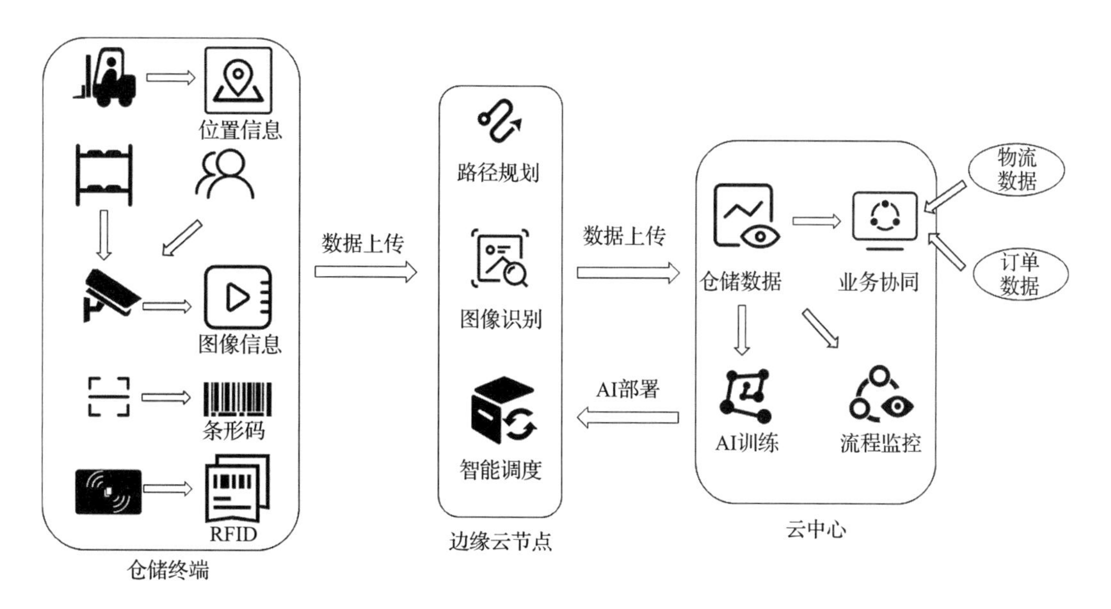

图 5-13 云边协同智慧仓储解决方案

2. 智能配电

近年来，泛在电力物联网技术已经取得了极大进展，在多个城市进行的多个综合示范项目也相继落地，泛在电力物联网中的一个关键问题就是智能配电问题，然而传统的基于云中心的配电模式存在线路实时运行状态获取困难，难以有效地将用电信息上传云配电中心的问题，如图 5-14 所示，一种云边协同配电架构将有效地解决泛在电力物联网中的智能配电问题。每个配电终端会将设备的电压、电流、用电量等信息上传至边缘节点，边缘节点会根据当前配电终端的当前信息和历史信息构建分析模型，进行实时异常检测，从而及时发现异常行为，发出警报。比如根据异常用电检测是否有人偷盗电力、根据当前电力信息实时判断配电终端设备是否正常运行等，同时每个边缘节点同时连接多个配电终端，不同配电终端对电力的实时需求可能不同，边缘节点根据不同配电终端对电力的需求，自动检测、跟踪每个终端电力变化，将变压器出口电压控制在合格范围内，从而实现智能配电，提升电能质量。云节点结合现状和历史运行数据，进行全局分析检测，根据预测结果进行智能电力调度，从而避免出现大规模电能质量问题。比如在夏季 7 月、8 月用电高峰时期，每个边缘节点负责地区的电网负荷普遍较大，很容易出现部分地区电压过高或过低、部分地区电压波动较大的情况，这时可以利用分析预测系统提前预测各个地区的用电量，从而进行智能电力调度。当然，云平台也负责利用历史电力信息，实现这些智能调度 AI 的训练与优化任务。

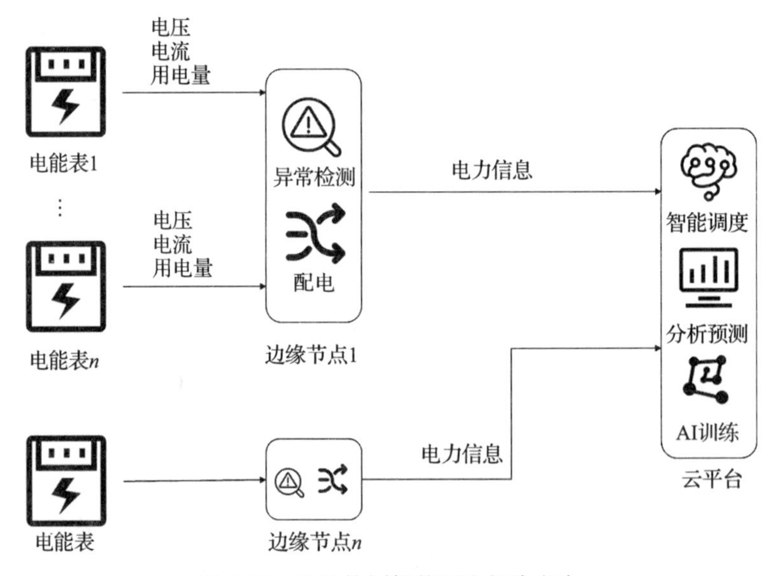

图 5-14 云边协同智能配电解决方案

3. 工业设备预测性维护

在工业互联网场景下，工业生产设备的意外故障导致的停机或者异常运行都会严重影响制造的效率和质量，传统的人工工业设备故障检测需要消耗大量的人力和物力资源，面临巨大的运维挑战。如图 5-15 所示的基于云边协同的工业设备预测性维护解决方案，在设备使用各种物联网传感器对各类工业设备自身的运行状态（自身转速、位置、机身温度和振幅）和周围环境状态（温度、湿度和风力大小）进行数据采集，并将采集后的数据不断上传至边缘云节点。边缘云节点不断收集来自设备端的各类传感器数据，边缘云节点首先进行数据预处理即特征提取，从异构传感器设备上传的数据中获得目标设备预测任务所需的特征数据，然后将它输入故障预测模型。故障预测模型通常来自各类智能 AI 技术（如深度学习、强化学习和机器学习等），最后边缘云节点会根据故障预测结果及时做出故障预警，引起运维人员的注意。云平台会聚集所有边缘云节点上传海量异构的传感器数据，以及边缘故障预测模型的预测分析结果，将这些数据运用数据分析和挖掘技术，进行数据可视化，实现对机器故障运维的离线分析功能。同时云平台根据故障预测情况进行人员调度与任务安排，及时对可能发生故障的设备进行检测与维修。云平台也会根据自身聚集的海量数据，对故障预测模型进行训练与优化，提高预测准确率，最后将训练和优化的模型分发至各个边缘云节点继续执行故障预测任务。

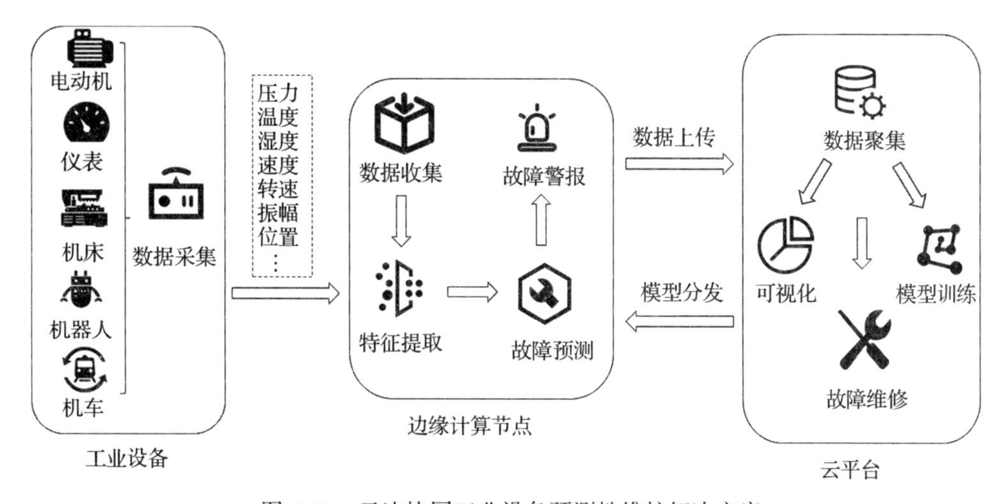

图 5-15　云边协同工业设备预测性维护解决方案

4. 质量检测

在工业产品生产过程中，为保证产品的良品率，通常需要在产线上进行筛选，传统做法是采用人工筛选的方法，肉眼识别产品错误，比如产品破损、变形、精度不够等，这种方式难以避免存在错误率高且效率低下的问题。云边协同的产品表面质量检测框架为检测流程智能化、准确化提供了解决方案，该框架一方面借助云端强大的 AI 模型训练和大数据分析能力，能够对检测模型进行不断的训练和优化，并自动部署，降低厂家运维压力和成本；另一方面利用边缘计算节点的计算能力，助力生产检测流程的智能化、实时化。如图 5-16 所示，安装在产线上的高清工业摄像头，可对通过产线的各类产品进行实时视频抓取，并将这些视频数据实时采集到边缘计算节点上，边缘计算平台实时运行着各种图像识别模型，通常是基于现在最流行的深度学习模型，如 YOLO、ResNet 等。这些模型实时识别产品的质量，并将检测结果返回给产线，产线利用这些信息过滤不合格产品，边缘计算平台也会将识别出的不合格图像定期上传至云平台数据库，进而借助云端强劲的算力，根据汇集来的丰富数据样本，定期对模型进行进一步的训练和优化。更新升级后的模型会被部署至边缘节点。总结来说，就是设备端负责实时数据采集、边缘节点负责实时数据筛选、云平台负责模型优化，通过这种云边协同、持续迭代的方式不断提升整个产品质量检测系统的检测效率和准确率。

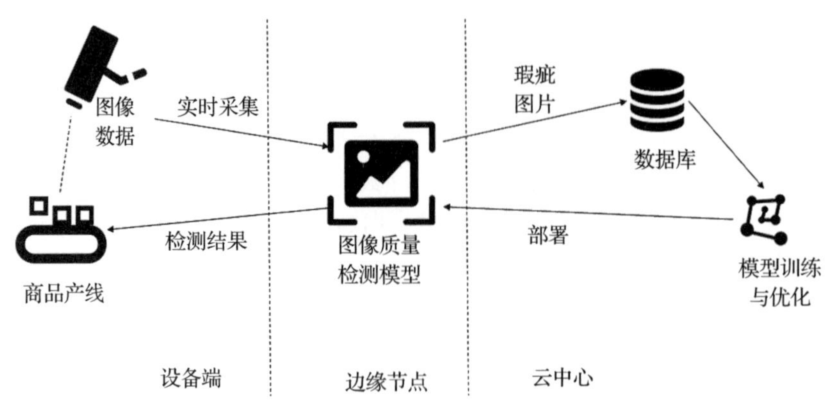

图 5-16　基于机器视觉的云边协同产品表面质量检测

5.3 智慧城市大数据

5.3.1 简介

伴随着快速的城市化进程，建筑物老化、车辆交通、能源供应、人身安全和数据安全等诸多问题严重影响着城市公民的生活质量和健康以及经济和环境的可持续性。到达 2050 年，预计城市地区的人口将增加一倍，智慧城市范式最近作为一种革命性方法出现，旨在应对现代城市带来的挑战。发展智慧城市也是下一代城市化进程的关键，它可以提高传统城市的效率、可靠性和安全性。智慧城市的概念包括各个方面，比如环境可持续性、社会可持续性、区域竞争力、自然资源管理、网络安全和生活环境的改善。智慧城市由各种智能事物组成，例如智慧能源、智能建筑、智慧交通、智慧医疗、智能家居、智慧市政、智能应急、智慧城市环保等，这些智能系统构成了城市效率、宜居性和可持续性的支柱[46]。

通过利用信息和通信技术，智慧城市有望更有效地利用物理基础设施和资源，更有效地学习和适应不断变化的环境，尤其是随着网络智能设备和传感器的大规模部署，高级计算范式（物联网、云计算、边缘计算和人工智能等）可以收集和处理前所未有的大量传感数据，这是智慧城市的促成技术。目前新型的智慧城市解决方案，采用云计算与边缘计算相结合的方式，在由各种城市传感器组成的物理感知层附近部署工业级的边缘计算设备，每一个边缘服务器成为一个边缘计算节点，所有的边缘计算节点利用工业级的网络基础架构实现相互连接与协同，在基础感知层附近形成边缘云。边缘云靠近设备端，能够有效地对各种智能物联感知设备产生的前端数据进行实时地分析、处理、反馈和控制，并将处理后的数据通过各种不同的网络连接方式发送给云平台，云平台汇聚各个边缘节点的数据，利用云平台强大的处理能力和分析技术实现各种智慧城市应用，最终形成云边协同的能力。如图 5-17 所示，是基于“云 – 边 – 端”三层架构实现的智慧城市应用架构。

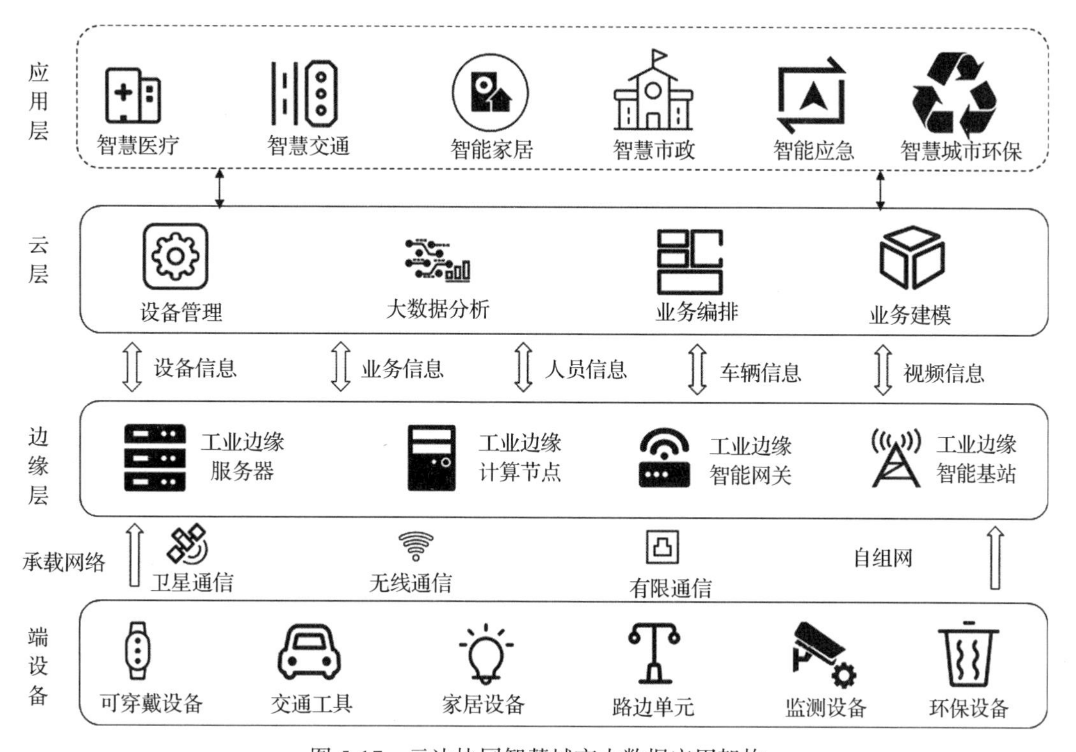

图 5-17　云边协同智慧城市大数据应用架构

1. 端设备

支持各类物联网设备终端的接入。它主要是指各种可穿戴设备、交通工具、智能家居设备、路边的城市服务设备和监测设备以及环保设备等。同时端设备利用各类承载网络，比如卫星通信、无线通信、有线通信甚至是自组网的形式和边缘层各种边缘计算节点进行连接。

2. 边缘层

为业务实时、智能、数据聚合与互操作，同时为安全和隐私保护提供支撑。它主要由各种工业级智能服务器组成，比如工业级边缘服务器、工业级边缘智能节点、工业级边缘智能网关和工业级边缘智能基站。边缘层和云层之间进行各类信息的交互，比如设备信息、业务信息、人员信息、车辆信息和视频信息，从而实现云边协同。

3. 云层

为物联网设备级大数据应用提供能力和基础支撑，从而提供设备管理、大数据分析、业务编排和业务建模等各类计算密集型任务。

4. 应用层

指利用云层强大的分析和处理能力，使用软件自定义能力实现丰富的智慧城市应用。

上边是从应用的角度理解云边协同智慧城市，也可以从架构的角度理解云边协同智慧城市，将智慧城市建设进行切片管理，云中心是一个具有强大计算能力的“城市大脑中枢”，每个边缘计算节点是一个具有一定独立运行和思考能力的“边缘小脑”，各个“边缘小脑”与“城市大脑中枢”进行数据整合、功能融合和边云协同，从而实现云边协同智慧城市管理，加速推进云计算、边缘计算、物联网和人工智能在智慧城市应用的落地，让智慧城市的关键应用逐一实现。

5.3.2 数据特征

云边协同智慧城市大数据[47]是指在城市运行过程中产生或者获取的各种数据，这些数据是智慧城市运行和发展的重要资源。在智慧城市场景下，数据资源来源丰富多样，广泛存在于经济、社会各个领域和部门，是政府、行业、企业产生的各类数据的总和。云边协同智慧城市大数据最明显的数据特征就是海量性和多态性以及多源异构性，同时还具有关联级语义性、数据质量多样等特性。

1. 海量性

在云边协同智慧城市的建设和应用中，数据的体量已经从太字节（TB，240）级上升到拍字节（PB，250）级，甚至是泽字节（ZB，270）级。根据相关统计，在当今社会，人们每两天产生的数据量已经与从人类文明诞生至2003年产生的总数据量相当，人类社会所积累数据量的90%都来自过去五年。

2. 多态性

智慧城市应用包罗万象，智慧城市的数据也令人眼花缭乱，比如生态监测系统包含温度、湿度、光照、风力、风向、海拔和二氧化碳浓度等环境数据；多媒体传感器网络包括音频、视频等多媒体数据；用于火灾逃生的传感器网络甚至包含结构化的通信数据，用于与用户进行信息交换。数据的多态性必然带来数据处理的复杂性：

一是不同的网络导致数据格式不同，例如相同的温度，有些网络称为“温度”，有些网络称为“Temperature”，有些网络以摄氏度为单位，有些网络以华氏度为单位；

二是不同的设备导致数据的精度不同，例如，同样测量环境中的二氧化碳浓度，有些设备可以达到 0.1×10^{-6} 的分辨率，而有些设备只有 1×10^{-6} 的分辨率；

三是不同的测量时间和测量条件导致数据具有不同的值，智能建筑中物体的一个显著特征是动态特性，当使用同一个传感器测量同一个交叉路口的行人流量时，该值会随上下班高峰等时间条件发生变化，也会随气温、降雨等自然条件发生变化，节假日、体育赛事等社会条件也会导致发生变化。

3. 关联级语义性

智慧城市中的数据绝对不是独立的。描述同一个实体的数据在时间上具有关联性；描述不同实体的数据在空间上具有关联性；描述实体的不同纬度之间也具有关联性。不同的关联性组合会产生丰富的语义。比如说，部署在森林中的传感器测量的温度一直维持在30℃左右，突然在某一时刻升高到80℃，根据时间关联性可以推测，要么传感器发生了故障，要么是周围环境发生了特殊变化。假设同时又发现周围的传感器温度都上升到了80℃以上，根据空间关联性可以推断附近有极大的可能发生了森林火灾。假设发现周围的传感器温度并没有上升，同时空气湿度远远大于60%。根据纬度的关联性，当空气湿度大于60%时，火不容易燃烧及蔓延，于是可以推断，这个传感器的温度测量装置很可能发生了故障。

4. 多源异构性

以智慧城市中轨迹数据为例，智慧城市大数据的多源性体现在：城市轨迹数据来源多样，比如移动手机数据、出租车交通数据、公交车交通数据等。智慧城市大数据的异构性体现在：城市轨迹数据按存储类型可分为结构化、半结构化、非结构化数据，结构化数据比如地图、地名库等；半结构化数据比如交通系统 JSON 日志文件；非结构化数据比如对某个人轨迹行为的描述文本等。

5. 数据质量多样

智慧城市使用来自异构多源的多模态数据，包括交通数据、天气数据、污染监测数据和噪声数据等各类物联网数据。因此导致智慧城市大数据通常具有不同的信息质量，每个数据源的信息质量通常取决于3个因素：一是数据收集设备的精度或者测量中产生的错误；二是数据传输或者处理过程中环境产生的噪声；三是对数据观察和测量在时间与空间维度上的粒度。此外，不同的环境有不同的需求，决定了在智慧城市应用中使用数据的有效性，一些系统有能源限制，一些无线网络可能依赖于低带宽和间歇性连接。

5.3.3　关键问题和前沿技术

1. 隐私和安全问题

智慧城市中的绿色、可持续和安全的计算已经成为学术界和工业界非常活跃的研究领域，在云边协同智慧城市场景下，存在着很多智慧应用，比如基于手机的智慧移动、智能家居、智慧交通、智慧环保等，这些智慧应用在提供个性化和高效服务的同时，也带来了极大的隐私和安全问题，通常来说云边协同智慧城市中隐私和安全问题涉及很多方面，这里以其中3个方面为例，来展示一些最近的研究成果和解决方案：

（1）数据的隐私保护问题

在云边协同智慧城市中，各种物联网感知设备无时无刻不在收集着大量的数据，比如智能家居场景下家庭成员的音频、视频等数据[48]，用户持有的移动设备和可穿戴设备中的私密数据等[49]，这些数据通常会涉及用户的个人隐私，如何保护用户数据隐私是云边协同智慧城市场景下一个至关重要的问题。在云边协同智慧城市场景下，可以将用户的隐私保护技术分为两种：主动方法和被动方法，主动方法是指防止过度收集私有数据，而被动方法是通过某些加密算法使私有数据更安全。以下列出这两种数据隐私保护技术的一些最新研究成果：

1）主动方法。在云边协同智慧城市场景下，电子设备是一种常见的端设备或者边缘计算节点设备，因此常常会将各种用户数据都存储在电子设备中，以使一切变得智能。但是以智能手机为例，当前的智能手机没有能力管理用户的敏感数据，并且面临着因数据过度收集而导致隐私泄露的风险。一种基于移动云框架的主动保护方法被提出[50]，可以将用户的数据存储在云中，云服务器负责管理用户数据，从而防止手机中的各种应用非法收集和访问用户隐私数据，并且提供细粒度控制和加密 / 解密操作。

2）被动方法。在云边协同智慧城市场景下，针对用户的数据加密技术有很多，不同类型的加密技术也有不同的应用场景，在这里仅仅列出其中的一些算法：同态加密技术下 BGV 加密方法通常被应用于智慧城市场景下的云边协同深度神经网络模型训练，因为智慧城市中很多隐私数据并不能被公开或者直接共享，比如政府的敏感数据或者企业的专有数据[51]；ABE 算法通常被用于需要对数据访问权进行细粒度访问控制的场景，比如基于可穿戴设备的智慧医疗场景下对病人数据的访问[52]；差分隐私保护技术通常被应用于需要数据的整体统计特征而非某个个体特征的场景等；区块链技术通常被应用于共享场景下数据的保护。

（2）云边协同智慧城市中访问权限控制的问题

在云边协同智慧城市场景下，数据访问权限或者设备访问权限控制问题在很多应用场景下至关重要，比如智能家居场景下家庭设备的访问权限控制，需要有效地防止非授权用户对家庭设备的控制，否则将造成难以接受的后果[53]，再比如可穿戴设备产生数据访问权限控制问题等。一种基于云的身份认证方案被应用于可穿戴设备的数据访问控制[54]；另一种基于源认证的授权技术被应用于智能交通场景下车辆数据收集的权限控制[55]等。

（3）云边协同智慧城市中的攻击防范技术

云边协同智慧城市中，很多应用场景下都存在着安全威胁，目前已经有一些研究针对这些威胁做出了防范。针对智能家居场景，一些攻击者会在指定时间内显著提高电价从而实现对用户家庭电力的盗窃，一种综合考虑电力定价、网络攻击和能源盗窃的协同影响，基于交叉熵状态采样和傅里叶置信状态近似的算法被提出以监测这种电力盗窃行为，从而保护用户电力安全[56]；针对智慧家庭中的网络入侵和异常活动，可以基于家庭智能路由器进行检测，从而实时保护家庭安全[57]；基于图的机制也被应用于智能家居场景下的流量漏洞检测等[58]。

2. 数据收集和数据存储

城市物联网设备的激增创造了前所未有的数据量，其中包含从各种环境中采集的数据，在云边协同场景下，由于物联网设备资源受限且大部分由电池供电，所以通常将这些数据上传到云端或者边缘节点，依靠边缘节点实现实时数据处理以及依靠云来执行数据分析和长期存储，虽然边缘节点相对于物联网设备具有更多的计算和存储能力，但是相比于物联网数据量仍然有限，不可能将所有数据上传至边缘节点。所有数据直接上传云端，远程连接要么需要低功耗物联网设备难以接受的能耗，要么仅提供有限的带宽，远远不能满足物联网数据的产生量。这时面临两个重要挑战：一是如何尽可能保留有价值的数据，保证能够将有代表性的数据样本保留下来或者尽可能保持数据的统计信息不变；二是如何尽可能多地收集数据，调节云边任务框架，使用算法优化，最大化利用有限的资源和存储空间，使更多的数据能够被上传到边缘节点或者收集到云端。针对数据收集问题，通常需要云边协同技术共同实现。

（1）云边协同数据收集

在云边协同智慧城市场景下，可以根据设备的缓存空间以及与边缘节点通信的频率分为数据生产者和数据收集者，如图 5-18 所示。数据生成者将自己的数据转移到数据收集者，数据收集者负责收集数据，并上传给边缘节点。边缘节点将数据上传云中心处理和分析数据，云中心也会根据这些信息协调边缘设备的分类[59]。另外在边缘节点进行本地计算并将中间数据发送给云时，数据分辨率会降低，丢失数据中的详细信息。一种方法是在边缘节点将原始数据抽象为标签数据，并使用聚类算法进行处理，从而减少数据上传量[60]。

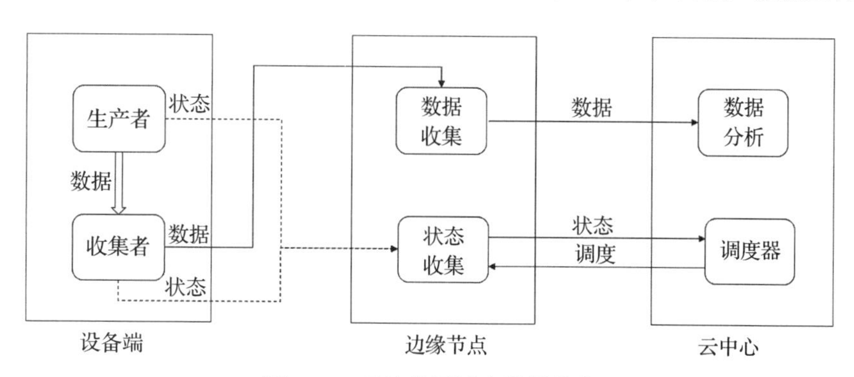

图 5-18　云边协同城市数据收集

在云边协同智慧城市场景下，海量的物联网传感器也会产生海量的数据，智慧城市通过使用大数据分析和人工智能技术对这些海量数据进行分析和计算，从而有效实现各种智能应用，因此在云边协同智慧城市场景下，海量数据的实时存储以及查询也是不容忽视的问题。

（2）云边协同实时数据收集

传统的方案是使用单个数据库实现（实时流数据）收集和处理每个移动物体的轨迹和请求，这样对服务器的负载造成很大的压力，很多分布式数据库都不能支持完整的 SQL 查询请求。如图 5-19 所示，一种多节点的分布式移动数据库可以解决这个问题，并且支持频繁的数据更新和一般的 SQL 查询请求。该架构可以分为两层：顶层是云数据库；底层是多个边缘接收节点数据库和边缘存储节点数据库。每个边缘接收节点负责一定区域内移动物体轨迹数据的实时收集，每个边缘服务节点负责大规模存储某一特定区域内移动物体向边缘接收节点发送的轨迹数据，所有的SQL查询请求会被发送给云数据库，云数据库根据边缘存储节点的分布将查询请求解析为一个查询树，从而在多个边缘存储节点查询数据并收集至云数据库，然后发送给需要查询的用户[61]。

3. 计算卸载

在云边协同智慧城市中，移动设备和物联网设备（包括手机、可穿戴设备、平板计算机等）变得越来越流行。根据爱立信公司的报告，预计到2023年全世界将约有200亿台移动和物联网设备，这些移动设备和物联网设备在各种智慧城市应用中扮演了不可或缺的角色，比如智慧医疗、智慧交通、智能家居等。移动设备和物理网设备的快速增长和发展推动了移动和物联网应用程序的多样性和复杂性，许多应用程序占用大量资源，计算量大且能耗高，由于移动设备和物联网设备的计算能力和电池电量有限，因此运行此类应用程序变得越来越困难和不切实际，为了解决这个问题，移动和物联网设备可以将计算任务转移到云中，以利用可配置和强大的计算能力。近年来，出现了需要低延迟的应用程序，例如面部识别、自然语言处理、交互式游戏等，这是云计算范式的一个明显缺陷，因为人类对延迟非常敏感，而延迟在WAN规模上很难降低。如图5-20所示，使用边缘计算将计算、服务、数据收集和存储从云端转移至边缘端，为智慧城市中各种资源有限的设备运行高性能计算任务带来了机遇。通过采用边缘计算，各种物联网设备尤其是移动设备和可穿戴设备可以将计算任务转移到边缘计算节点（比如物联网中的智能手机和超级雾节点、本地微数据中心和智能网关等）。在边缘计算系统中，运行各种端设备任务有以下两点好处：

1）节省整个网络数据传输带宽以及降低单一云端服务器过载的风险；

2）可以立即响应对时间敏感的应用程序，从而可以将服务更有效地交付给用户。

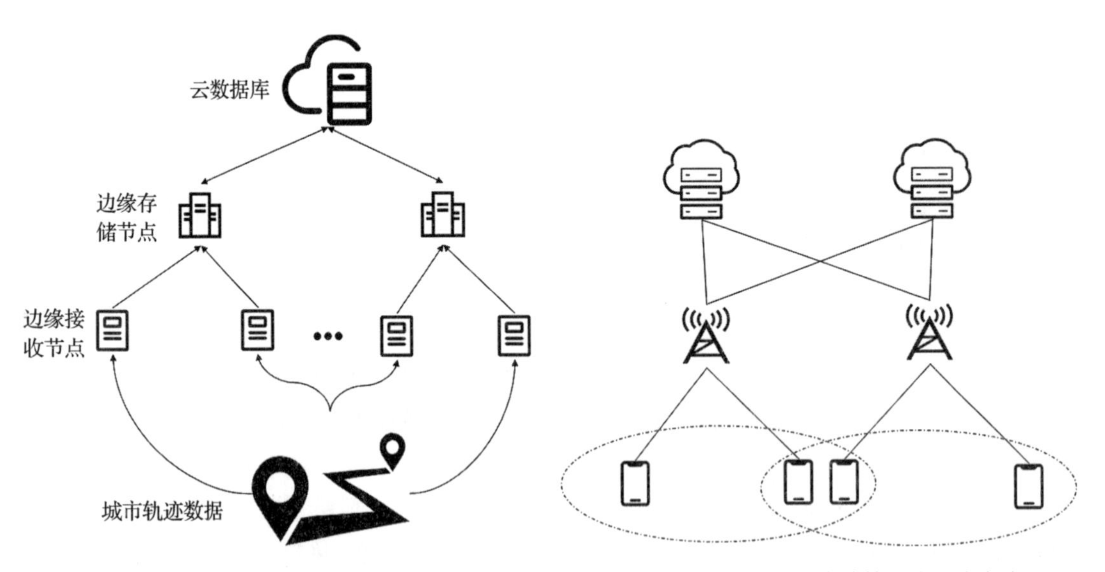

图 5-19　云边协同实时轨迹数据收集存储和查询

图 5-20　云边协同边缘计算节点服务框架

在云边协同智慧城市场景下，尽管基于边缘的计算卸载方法可以显著增强用户的计算能力，但是开发全面而可靠的边缘计算系统仍然具有挑战性。边缘服务器的硬件资源有限，如果太多用户选择同时卸载至同一个边缘节点，将超出边缘节点的资源容量，从而导致较长的任务响应时间。因此，设计有效的卸载策略以决定将哪些任务卸载至哪个边缘节点至关重要，这个问题已被视为是云边协同的最关键挑战之一。

目前的计算卸载任务可以分为两种：一种是自上而下的计算卸载方法，也称为集中式方法；另一种是自下而上的计算卸载方法，也称为分散式或者去中心化方法。在基于自上而下的方法中，通常假设云中心（即集中决策者）具有系统中任务和计算资源的全部信息，它根据运行时状态（例如，边缘节点 CPU 和内存使用情况、端设备对实时性要求等）指导每个端设备将任务卸载至哪个边缘节点，以满足应用程序的性能要求和整个系统的资源利用率要求。自上而下的方法主要局限性在于需要对全局具有强有力的认知。然而，这在生活中却面临着很多困难，比如在智慧城市中存在着大量的移动设备和可穿戴设备，这些设备的位置和状态信息时刻在改变，对这些设备当前信息的实时收集和处理将会消耗大量的资源。另一个更严重的问题在于，集中式方法需要收集端设备信息，然而这些信息会在有意和无意之间泄露用户的个人隐私[62]，并且强迫所有用户根据集中控制方法采取行动也比较困难，因为每个用户在计算卸载方面也应该有自主选择权。而在自下而上的方法中，每个端设备以去中心化的方式做出自己的任务卸载决策，从而不需要集中决策者，这样的方式可以有效地应对端设备位置变化带来的不确定性以及对用户个人数据的隐私保护能力。

一些集中式控制策略被用来解决云边协同智慧城市场景下的计算卸载问题：

1）随机优化解决计算卸载问题。考虑边缘服务器有限的能量预算（减小能源消耗）的同时，最大限度地提高系统的 QoS（例如延迟），以及考虑用户的移动性导致的未来位置的不确定性，一个多阶段随机规划的方法被提出。每个边缘服务器有一个能量预算，超出这个能量预算就不能再增加新的负载，为了降低求解计算量，最后使用采样平均优化求解[63]。

2）元强化学习方法用于计算卸载。深度强化学习将强化学习和 DNN 相结合，为云边协同计算卸载任务提供了解决方法，因为深度强化学习可以学习解决复杂的问题，并通过与环境交互来学习卸载策略。但是传统的强化学习进行任务卸载都假设环境的基本参数保持不变，比如任务数、应用程序、数据传输速率等，如果环境发生变化，整个系统需要重新训练，因此可以使用元学习加快强化学习，在保留原始经验的前提下，提高对新任务的学习速度。元学习其实就是使用一个外部的存储器，存储以前的经验，在面对新任务时，基于以前的经验对强化学习模型进行指导，使它可以利用很少的样本就快速适应新任务[64]。

一些去中心化方法被用来解决云边协同智慧城市场景下的计算卸载问题：

1）博弈论解决的计算卸载问题。博弈论是一个强大的框架，可以分析多个按照自己利益行事的用户之间的互动，可以被用来设计去中心化机制，以使参与者都没有动机单方面偏离。由于它广泛的应用场景，最近的研究成果将博弈论应用于云边协同卸载算法的设计。在云边协同计算卸载任务中，应用程序供应商通常需要在特定区域容纳大量的应用程序用户，可以考虑计算卸载的两个重要目标最大化分配给边缘服务器的用户数量。最小化为应用程序提供服务的总体系统成本，正如第 1 章所提及的，这被称为边缘用户分配问题，关键在于将最大数量的应用程序分配给最小数量的边缘服务器。一种基于博弈论的方法被提出，该方法将 EUA 问题建模为博弈问题，通过单独为应用程序制定决策，同时实现集体满意的分配解决方案，从而减轻集中优化的负担[65]。

2）结合博弈论的强化学习解决计算卸载问题。使用强化学习的方法可以在连续的决策空间中，基于计算卸载博弈历史，直接有效地学习高网络动态条件下的最佳卸载策略，而无须任何有关系统模型的先验知识。它与基于模型的计算卸载博弈策略相比更具优势，因为它没有模型，并为计算卸载问题提供了通用解决方案，因此，它可以应用于难以获得精确系统模型的复杂且不可预测的情况[66]。

5.3.4 典型案例

1. 智能家居

伴随着我国人民生活水平和科技水平的不断提高，传统家居已经逐渐不能满足人民对于生活品质的追求，智能家居[67]应用应运而生，各种智能家居企业和智能家居平台也蓬勃发展，比如著名的三星公司智能家居平台 SmartThings、苹果公司的智能家居平台 HomeKit、谷歌公司旗下的智能家居平台 Nest，这些智能家居平台通过智能网关、智能摄像头、智能控制面板、空气监测系统等各种智能物联网设备实现各种智能便利服务，例如自动控制灯泡和门的开关、水流传感器和智能电表用于提高能源效率，支持 IP 的摄像头、运动传感器和连接的门锁可以更好地监控家庭安全。

在智能家居蓬勃发展的今天，各种异构的家用设备如何简单地接入智能家居平台、用户如何便捷地使用智能家居场景下的各项功能，云边协同的解决方案成为企业关注的重点。如图 5-21 所示的基于家庭边缘网关的云边协同智能家居应用场景如下：家庭边缘网关作为边缘计算节点，连接着各类智能家居设备，包括灯泡、空调器、摄像头、门窗、扫地机器人、电饭煲等，家庭边缘网关可以对大量异构数据进行处理，通常运行着隐私保护功能（比如防止用户的语音数据上传远程云端）、智能识别功能（比如门禁系统下的人脸识别、家庭机器人的手势识别等）、智能决策功能（比如家庭机器人的路径规划，根据当前环境数据调节空调器温度等），最后，家庭边缘网关会将处理后的数据统一上传到云平台。这些智能家居设备可以通过家庭边缘网关和家庭路由器由用户的手机应用程序直接控制，而当用户手机没有接入家庭 LAN 时，也可以通过智能家居云平台对各种智能家居进行控制，智能家居云平台实现对用户家庭的访问权限控制，防止非法用户的访问。同时，云平台也对智能家居过去的历史数据进行处理和存储，使得用户可以通过访问远端，对长时间的数据进行访问。

相对于传统的智能家居云平台全部依赖于云端的控制和计算卸载，基于家庭智能边缘设备的云边协同智能家居可以快速拓展智能家居设备，降低新设备接入的门槛，而且很多场景下的计算可以下沉至边缘节点，无须依赖云端，所以当网络出现故障时能够保证服务的连续性。

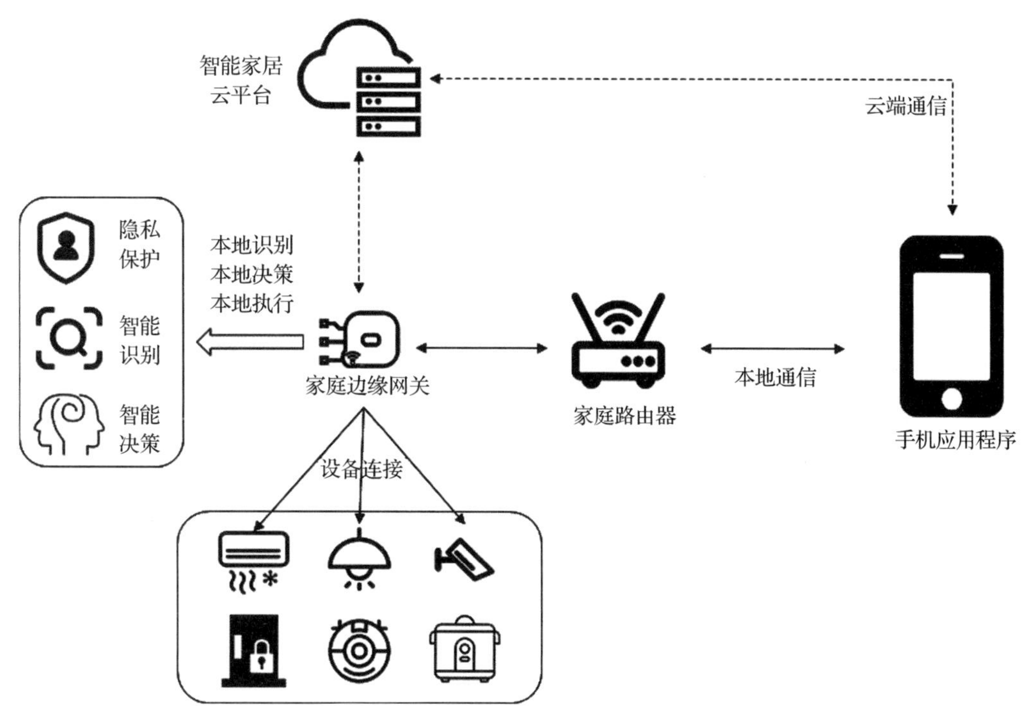

图 5-21 基于家庭边缘网关的云边协同智能家居

2. 自动驾驶

城市交通系统是一个复杂而且巨大的系统，尤其是随着车联网[68]和自动驾驶的快速发展和应用，自动驾驶成为智慧交通中一个非常重要的应用。如何保持自动驾驶汽车的安全，非常具有挑战性[69]，因为自动驾驶汽车需要实时处理大量数据（高达 2GB/s），并且具有非常严格的延迟约束。例如，自动驾驶汽车以 60mil/h㊀的速度行驶时，制动距离大约需要 30m，则这需要自动驾驶系统在潜在危险发生之前几秒内对它进行预测。因此，自动驾驶系统执行这些复杂计算的速度越快，自动驾驶汽车越安全。然而，如果所有的自动驾驶感知（比如信号灯识别、周围车辆识别、前方障碍物识别等）和决策计算（汽车转向、停车与启动等）都由单个自动驾驶汽车上的车载单元（OBU）负责，这将会对于车的感知能力和计算能力提出很高的要求，也会导致自动驾驶智能汽车的成本居高不下，影响自动驾驶行业的良性发展。然而如果将计算直接卸载至远程云端，将会造成难以接受的网络延迟，必然难以保证自动驾驶汽车的安全。

以车联网和 5G 以及边缘计算为基础的车路协同和云边协同为智慧交通自动驾驶带来了安全的解决方案。如图 5-22 所示的基于 5G 的车路协同和云边协同自动驾驶，每辆自动驾驶汽车都是一个端系统，并配置有自身的车载计算单元，这些计算单元可以实时感知周围环

㊀ 1mil/h ≈ 1.6km/h。

境，并进行计算和决策，也可以将计算卸载至边缘计算节点，比如图像识别任务、路径规划任务等。在边缘云和 5G 基站场景下，因为这些边缘计算节点靠近车辆，几乎不会造成网络延迟，同时车辆与车辆之间也可以基于 V2V 通信技术和 V2X 技术实现车辆与车辆之间的信息交换，比如轨迹数据、传感器数据、车辆状态，从而实现车与车之间的协同，为每辆自动驾驶汽车提供提前决策能力，比如提前感知红绿灯、提前避让其他车辆等。路边感知单元的主要功能是采集当前的道路和交通状态等信息，边缘计算节点除了承载自动驾驶汽车的计算卸载，还将收集路边单元的信息：一是将收集到的信息与自动驾驶汽车交互，从而拓展自动驾驶汽车的感知能力，为车辆提供协同决策、事故预警、辅助驾驶等多种服务；二是将收集到的信息通过互联网发送至云平台。云平台收集来自广泛分布的各个边缘计算节点的数据，感知整个交通系统的运行状况，综合利用大数据分析技术和人工智能算法，比如车辆轨迹数据挖掘、交通系统调度算法，为边缘计算节点、整个城市的交通信号系统和每辆自动驾驶汽车做出整个调度指令，有效地提高自动驾驶汽车的安全性以及整个交通系统的运行效率。

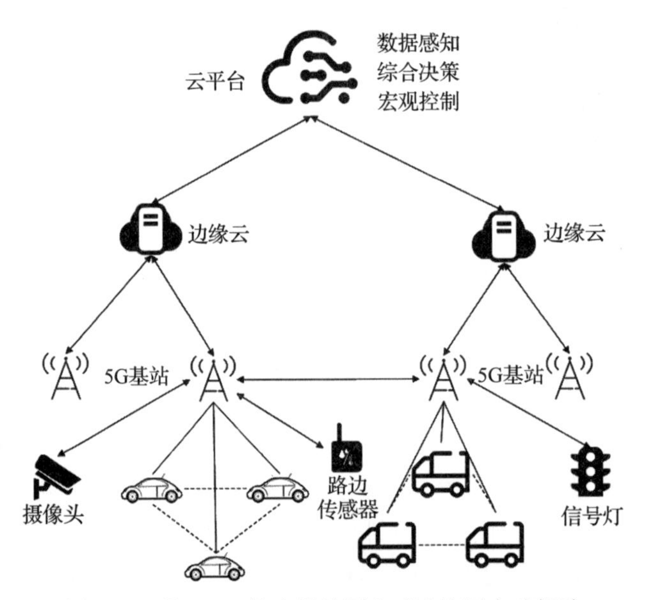

图 5-22　基于 5G 的车路协同和云边协同自动驾驶

3. 智慧医疗

近年来，我国的智慧医疗[70]市场需求一直在不断增长，目前，我国已经成为世界第三大智慧医疗市场，在市场规模上，仅次于美国和日本。在智慧医疗场景下，由于相关技术的巨大进步，可穿戴设备已经被消费者广泛接受和认可，市场上可买到各种可穿戴设备，比如智能手环、智能腰带、智能头盔、可穿戴睡眠辅助设备等。因此可穿戴医疗设备已经被广泛应用于智慧医疗应用中。

如图 5-23 所示为基于可穿戴设备的云边协同智慧医疗场景。设备都由许多传感器组成，可用于测量使用者尤其是病人的各种生理数据，包括肌电图、心电图、心率、血压、动脉血氧饱和度等。这些可穿戴设备不仅仅需要提供简单的数据采集任务，因为要真正从所收集的海量数据中获益，通常还需要具有实时用户身体健康分析功能，比如用户基础心率分析、心率变异分析等功能。甚至一些可穿戴设备还需要具有图像与视频处理功能，但是这些设备通常具有很低的能耗和计算能力，因此可以将自身难以承担的计算任务转移至智能手机或者其他边缘计算节点[71]（如家庭网关），这些边缘计算节点可以执行实时分析、病情预警、隐私保护等功能，以便及时通知患者或者护理者。同时，仅仅离线地进行健康分析并不能充分利用这些数据资源，通常可穿戴设备或者智能手机设备会将当前病人各类分析后的数据上传至云端，云端对这些数据进一步进行 AI 分析并长时间存储，记录患者长期的健康情况，从而为病人或者医生提供更精细的病情分析，医生也可以通过访问云端数据方便、快捷地实时查看用户当前的身体状况，针对病人当前状况及时做出针对性治疗。

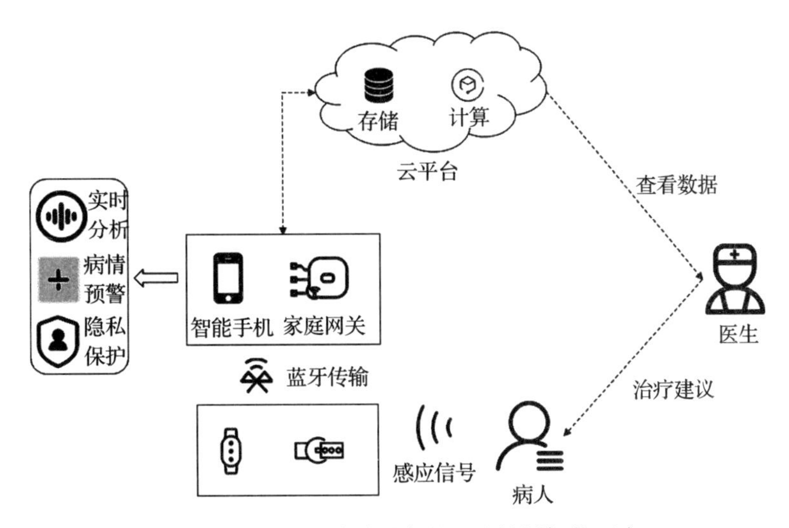

图 5-23　基于可穿戴设备的云边协同智慧医疗

由可穿戴设备组成的端、智能手机和家庭网关组成的边以及云平台实现的“云－边－端”协同智慧医疗，可以实现病人病情的实时监测和预警、病人数据的大规模且详细地存储和分析、医生针对病人病情的快速反馈和治疗，从而提高城市医疗保障体系的 QoS 并且降低城市医疗的服务成本。

4. 智慧环保

随着社会经济的发展，人类活动也越来越剧烈，导致自然界环境遭到破坏，人类自身生存的环境也遭到破坏，环境不断恶化，环境监测建设体系的建立是政府环境保护相关部门的当务之急。因此，近年来，伴随着云计算、边缘计算和物联网的快速普及，智慧城市领域的智慧环保也得到了飞速的发展。目前城市环保面临的主要技术挑战在于：一是提高环境监测数据质量；二是增强监测数据的可比性、准确性和可靠性；三是网格监测大数据的有效性筛查；四是高密度感知站点的智能维护。并且随着城市环境传感器设备的大规模部署，对这些物联网设备产生的海量数据进行数据处理具有很大挑战。通常在城市环保中，需要实时地感知和监测从而能够及时预测环境问题，但是由于环境感知设备和云服务器的带宽有限，实时的数据传输几乎难以实现，然而边缘计算将计算转移至网络边缘测，采用边缘计算的方式能够有效地实现城市环保站点设备的智能维护和数据分析，边缘节点分析计算后的结果也将大大降低数据传输量。

如图 5-24 所示为云边协同智慧环保解决方案：首先各种城市环境传感器设备采集环境数据，如水质传感器对城市河流进行浊度监测、空气传感器能够监测空气中二氧化碳的含量、粉尘传感器能够监测空气中 PM2.5 和 PM10 的等级等，然后端设备能够将自身采集的数据通过物联网网络连接传输至边缘计算节点。在智慧环保场景中，通常是由环保数采仪和边缘智能网关组成的边缘计算节点，这些边缘节点可以有效地对这些传感器采集数据进行处理，比如无效数据的舍弃、环境异常数据监测和预警，以及对端传感器设备损坏的及时监测。最后，城市环保云平台会聚集所有边缘节点的城市环境数据，并对这些数据进行大规模数据分析和可视化，从而能够有效地对城市环境质量进行监测，将它用于各种应用，比如大屏显示城市环境数据，并定期更新，让每个城市公民可以通过手机应用了解城市环保状态、提高城市居民的环保意识。城市环保相关部门也可以利用这些数据进行城市环境保护相关管理并制定相关政策。

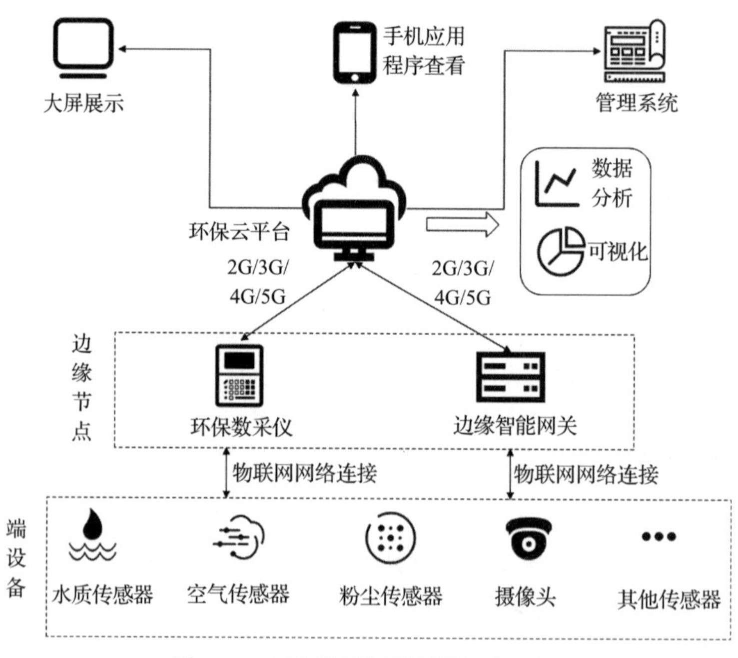

图 5-24 云边协同智慧环保解决方案

借助边缘计算、云计算、物联网技术的支撑，云边协同智慧环保解决方案能够有效地实现城市环境感知层设备的智能化管理，并且配合环保云平台的环境状态分析模型，保障智慧城市的环保单元可行性、适用性和整个环保系统资源优化，进一步缩短智慧环保的建设周期和综合性价比。

5.4 本章小结

云边协同的模式结合边缘计算实时处理以及云计算全局认知管理能力，能够有效地助力大数据技术在各个行业的落地和发展。本章从 3 个大的领域介绍了云边协同大数据的典型应用，包括视频大数据、工业互联网大数据和智慧城市大数据，着重介绍了各个领域数据具有的典型数据特征、云边协同在该领域下的"云 – 边 – 端"三层应用架构、云边协同在该领域下的关键问题和相关前沿技术，并且针对每个领域下的一些案例，给出了云边协同场景下的解决方案。通过对每个领域下云边协同解决方案的分析和对比，可以发现灵活地运用云边协同的解决方案能够有效地解决各个场景下存在的痛点和难点问题，从而提高相关产业的工作效率，促进相关产业的快速发展。

参考文献

[1] 中国信息通信研究院 . 虚拟（增强）现实白皮书 [Z/OL]. 2018. http://www.caict.ac.cn/kxyj/qwfb/bps/201901/P020190313396885029778.pdf.

[2] 中国互联网络信息中心 . 第 46 次中国互联网络发展状况统计报告 [R/OL]. 2020. http://www.cac.gov.cn/2020-09/29/c_1602939918747816.htm.

[3] V S CHUA, et al. Visual IoT: ultra-low-power processing architectures and implications [J]. IEEE Micro, 2017, 37(6): 52-61.

[4] Y HUNG, C WANG, R HWANG. Optimizing Social Welfare of Live Video Streaming Services in Mobile Edge Computing [J]. IEEE Transactions on Mobile Computing, 2020, 19: 922-934.

[5] W CAI, R SHEA, C HUANG, et al. The Future of Cloud Gaming(Point of View) [J]. Proceedings of the IEEE, 2016, 104: 687-691.

[6] J YI, S CHOI, Y LEE. EagleEye: wearable camera-based person identification in crowded urban spaces [C]. Proceedings of the 26th Annual International Conference on Mobile Computing and Networking, 2020: 1-14.

[7] CISCO. Cisco visual networking index: Forecast and trends, 2017—2022 [Z]. White Paper, 2018, 1: 1.

[8] Z LAI, Y C HU, Y CUI, et al. Furion: Engineering high-quality immersive virtual reality on today's mobile devices [J]. IEEE Transactions on Mobile Computing, 2019, 19(7): 1586-1602.

[9] J MENG, S PAUL, Y HU. Coterie: Exploiting Frame Similarity to Enable High-Quality Multiplayer VR on Commodity Mobile Devices [C]. Proceedings of the Twenty-Fifth International Conference

on Architectural Support for Programming Languages and Operating Systems, 2020: 923-937.

[10] C WANG, S ZHANG, Y CHEN, et al. Joint configuration adaptation and bandwidth allocation for edge-based real-time video analytics [C]. IEEE INFOCOM 2020-IEEE Conference on Computer Communications, 2020: 257-266.

[11] H YU, J LIM, K KIM, et al. Pinto: enabling video privacy for commodity IoT cameras [C]. Proceedings of the 2018 ACM SIGSAC Conference on Computer and Communications Security, 2018: 1089-1101.

[12] Q ZHANG, H SUN, X WU, et al. Edge Video Analytics for Public Safety: A Review [J]. Proceedings of the IEEE, 2019, 107: 1675-1696.

[13] H CUI, X YUAN, C WANG. Harnessing Encrypted Data in Cloud for Secure and Efficient Mobile Image Sharing [J]. IEEE Transactions on Mobile Computing, 2017, 16: 1315-1329.

[14] B A MUDASSAR, J H KO, S MUKHOPADHYAY. Edge-cloud collaborative processing for intelligent internet of things: A case study on smart surveillance [C]. 2018 55th ACM/ESDA/IEEE Design Automation Conference (DAC), 2018: 1-6.

[15] L LIU, H LI, M GRUTESER. Edge assisted real-time object detection for mobile augmented reality [C]. The 25th Annual International Conference on Mobile Computing and Networking, 2019: 1-16.

[16] X RAN, H CHEN, X ZHU, et al. DeepDecision: A Mobile Deep Learning Framework for Edge Video Analytics [C]. IEEE INFOCOM 2018-IEEE Conference on Computer Communications, 2018: 1421-1429.

[17] Y G KIM, Y S LEE, S W CHUNG. Signal Strength-Aware Adaptive Offloading with Local Image Preprocessing for Energy Efficient Mobile Devices [J]. IEEE Transactions on Computers, 2020, 69: 99-111.

[18] S WANG, S YANG, C ZHAO. SurveilEdge: Real-time Video Query based on Collaborative Cloud-Edge Deep Learning [C]. IEEE INFOCOM 2020-IEEE Conference on Computer Communications, 2020: 2519-2528.

[19] E BAIK, A PANDE, Z ZHENG, et al. VSync: Cloud based video streaming service for mobile devices [C]. IEEE INFOCOM 2016-The 35th Annual IEEE International Conference on Computer Communications, 2016: 1-9.

[20] H HU, Y WEN, D NIYATO. Public Cloud Storage-Assisted Mobile Social Video Sharing: A Supermodular Game Approach [J]. IEEE Journal on Selected Areas in Communications, 2017, 35: 545-556.

[21] Y LIN, H SHEN. CloudFog: Leveraging Fog to Extend Cloud Gaming for Thin-Client MMOG with High Quality of Service [J]. IEEE Transactions on Parallel and Distributed Systems, 2017, 28: 431-445.

[22] 工业和信息化部. "5G + 工业互联网" 512 工程推进方案 [R/OL]. 2019. http://www.cac.gov.cn/

2019-11/24/c_1576133540276534.htm.
[23] 工业互联网产业联盟.中小企业“上云上平台”应用场景及实施路径白皮书[Z/OL]. 2019. http://www.caict.ac.cn/kxyj/qwfb/bps/201902/P020190228364780793663.pdf.
[24] 中华人民共和国国务院.关于深化“互联网+先进制造业”发展工业互联网的指导意见[R/OL]. 2017. http://www.gov.cn/zhengce/content/2017-11/27/content_5242582.htm.
[25] 工业互联网产业联盟.工业互联网体系架构(版本2.0)[Z/OL]. 2020. http://www.aii-alliance.org/bps/20200430/2063.html.
[26] 工业互联网产业联盟.工业互联网平台白皮书(2019年)[Z/OL]. 2019. http://www.aii-alliance.org/bps/20200302/827.html.
[27] M R PALATTELLA, et al. Internet of things in the 5G era: Enablers, architecture, and business models[J]. IEEE Journal on Selected Areas in Communications, 2016, 34(3): 510-527.
[28] Y GAN, et al. Unveiling the Hardware and Software Implications of Microservices in Cloud and Edge Systems[J]. IEEE Micro, 2020, 40(3): 10-19.
[29] D ZENG, L GU, S GUO, et al. Joint Optimization of Task Scheduling and Image Placement in Fog Computing Supported Software-Defined Embedded System[J]. IEEE Transactions on Computers, 2016, 65: 3702-3712.
[30] F JALALI, K HINTON, R AYRE, et al. Fog Computing May Help to Save Energy in Cloud Computing[J]. IEEE Journal on Selected Areas in Communications, 2016, 34: 1728-1739.
[31] X LYU, C REN, W NI, et al. Distributed Optimization of Collaborative Regions in Large-Scale Inhomogeneous Fog Computing[J]. IEEE Journal on Selected Areas in Communications, 2018, 36: 574-586.
[32] Q ZHANG, Q ZHANG, W SHI, et al. Firework: Data Processing and Sharing for Hybrid Cloud-Edge Analytics[J]. IEEE Transactions on Parallel and Distributed Systems, 2018, 29: 2004-2017.
[33] G GUAN, B LI, Y GAO, et al. TinyLink 2.0: Integrating Device, Cloud, and Client Development for IoT Applications[C]. MobiCom '20 New York, 2020.
[34] H TAN, Z HAN, X Y LI, et al. Online job dispatching and scheduling in edge-clouds[C]. IEEE INFOCOM 2017-IEEE Conference on Computer Communications, 2017: 1-9.
[35] M SHEN, H LIU, L ZHU, et al. Blockchain-Assisted Secure Device Authentication for Cross-Domain Industrial IoT[J]. IEEE Journal on Selected Areas in Communications, 2020, 38: 942-954.
[36] S MISRA, A MUKHERJEE, A ROY, et al. Blockchain at the Edge: Performance of Resource-Constrained IoT Networks[J]. IEEE Transactions on Parallel and Distributed Systems, 2021, 32: 174-183.
[37] W S CHOI, M TOMEI, J R S VICARTE, et al. Guaranteeing local differential privacy on ultra-low-power systems[C]. 2018 ACM/IEEE 45th Annual International Symposium on Computer Architecture (ISCA), 2018: 561-574.

[38] X ZHENG, Z CAI. Privacy-Preserved Data Sharing Towards Multiple Parties in Industrial IoTs [J]. IEEE Journal on Selected Areas in Communications, 2020, 38: 968-979.

[39] M AMBROSIN, et al. On the feasibility of attribute-based encryption on internet of things devices [J]. IEEE Micro, 2016, 36(6): 25-35.

[40] T V X PHUONG, R NING, C XIN, et al. Puncturable attribute-based encryption for secure data delivery in internet of things [C]. IEEE INFOCOM 2018-IEEE Conference on Computer Communications, 2018: 1511-1519.

[41] M J FAROOQ, Q ZHU. Modeling, Analysis, and Mitigation of Dynamic Botnet Formation in Wireless IoT Networks [J]. IEEE Transactions on Information Forensics and Security, 2019, 14: 2412-2426.

[42] M BARCELO, A CORREA, J LLORCA, et al. IoT-Cloud Service Optimization in Next Generation Smart Environments [J]. IEEE Journal on Selected Areas in Communications, 2016, 34: 4077-4090.

[43] T CHEN, S BARBAROSSA, X WANG, et al. Learning and Management for Internet of Things: Accounting for Adaptivity and Scalability [J]. Proceedings of the IEEE, 2019, 107: 778-796.

[44] Y XIAO, M KRUNZ. QoE and power efficiency tradeoff for fog computing networks with fog node cooperation [C]. IEEE INFOCOM 2017-IEEE Conference on Computer Communications, 2017: 1-9.

[45] A KIANI, N. ANSARI AND A. KHREISHAH, " Hierarchical Capacity Provisioning for Fog Computing [J]. IEEE/ACM Transactions on Networking, 2019, 27: 962-971.

[46] O ANDRISANO, et al. The need of multidisciplinary approaches and engineering tools for the development and implementation of the smart city paradigm [J]. Proceedings of the IEEE, 2018, 106(4): 738-760.

[47] I A T HASHEM, et al. The role of big data in smart city [J]. International Journal of Information Management, 2016, 36(5): 748-758.

[48] C CHHETRI. Towards a Smart Home Usable Privacy Framework [C]. CSCW '19 New York, 2019: 43-46.

[49] C BI, et al. FamilyLog: Monitoring Family Mealtime Activities by Mobile Devices [J]. IEEE Transactions on Mobile Computing, 2019, 19(8): 1818-1830.

[50] Y LI, W DAI, Z MING, et al. Privacy Protection for Preventing Data Over-Collection in Smart City [J]. IEEE Transactions on Computers, 2016, 65: 1339-1350.

[51] Q ZHANG, L T YANG, Z CHEN. Privacy Preserving Deep Computation Model on Cloud for Big Data Feature Learning [J]. IEEE Transactions on Computers, 2016, 65: 1351-1362.

[52] Y YANG, X LIU, R H DENG, et al. Lightweight Sharable and Traceable Secure Mobile Health System [J]. IEEE Transactions on Dependable and Secure Computing, 2020, 17, : 78-91.

[53] E FERNANDES, J JUNG, A PRAKASH. Security analysis of emerging smart home applications [C]. 2016 IEEE symposium on security and privacy (SP), 2016: 636-654.

[54] B YUAN, Y JIA, L XING, et al. Shattered Chain of Trust: Understanding Security Risks in Cross-Cloud IoT Access Delegation [C]. 29th USENIX Security Symposium, 2020: 1183-1200.

[55] Y WANG, Y DING, Q WU, et al. Privacy-Preserving Cloud-Based Road Condition Monitoring With Source Authentication in VANETs [J]. IEEE Transactions on Information Forensics and Security, 2019, 14: 1779-1790.

[56] Y LIU, Y ZHOU, S HU. Combating Coordinated Pricing Cyberattack and Energy Theft in Smart Home Cyber-Physical Systems [J]. IEEE Transactions on Computer-Aided Design of Integrated Circuits and Systems, 2018, 37: 573-586.

[57] Y WAN, K XU, G XUE, et al. IoTArgos: A multi-layer security monitoring system for Internet-of-Things in smart homes [C]. IEEE INFOCOM 2020-IEEE Conference on Computer Communications, 2020: 874-883.

[58] Y JIA, Y XIAO, J YU, et al. A novel graph-based mechanism for identifying traffic vulnerabilities in smart home IoT [C]. IEEE INFOCOM 2018-IEEE Conference on Computer Communications, 2018: 1493-1501.

[59] P KORTOÇI, L ZHENG, C JOE-WONG, et al. Fog-based data offloading in urban iot scenarios [C]. IEEE INFOCOM 2019-IEEE Conference on Computer Communications, 2019: 784-792.

[60] J WANG, M C MEYER, Y WU, et al. Maximum Data-Resolution Efficiency for Fog-Computing Supported Spatial Big Data Processing in Disaster Scenarios [J]. IEEE Transactions on Parallel and Distributed Systems, 2019, 30: 1826-1842.

[61] Z DING, B YANG, Y CHI, et al. Enabling Smart Transportation Systems: A Parallel Spatio-Temporal Database Approach [J]. IEEE Transactions on Computers, 2016, 65: 1377-1391.

[62] D Y ZHANG, D WANG. An integrated top-down and bottom-up task allocation approach in social sensing based edge computing systems [C]. IEEE INFOCOM 2019-IEEE Conference on Computer Communications, 2019: 766-774.

[63] H BADRI, T BAHREINI, D GROSU, et al. Energy-Aware Application Placement in Mobile Edge Computing: A Stochastic Optimization Approach [J]. IEEE Transactions on Parallel and Distributed Systems, 2020, 31: 909-922.

[64] J WANG, J HU, G MIN, et al. Fast Adaptive Task Offloading in Edge Computing Based on Meta Reinforcement Learning [J]. IEEE Transactions on Parallel and Distributed Systems, 2021, 32: 242-253.

[65] Q HE, G CUI, X ZHANG, et al. A Game-Theoretical Approach for User Allocation in Edge Computing Environment [J]. IEEE Transactions on Parallel and Distributed Systems, 2020, 31: 515-529.

[66] Y ZHAN, S GUO, P LI, et al. A Deep Reinforcement Learning Based Offloading Game in Edge Computing [J]. IEEE Transactions on Computers, 2020, 69: 883-893.

[67] 中国智能家居产业联盟 (CSHIA).2019 中国智能家居发展白皮书——从智能单品到全屋智能 [Z/OL]. 2019. https://pdf.dfcfw.com/pdf/H3_AP201902251299813852_1.pdf?1551176324000.pdf.

[68] 中国信息通信研究院 . 车联网白皮书 [Z/OL]. 2018. http://www.caict.ac.cn/kxyj/qwfb/bps/201812/P020181218510826089278.pdf.

[69] K REN, Q WANG, C WANG, et al. The Security of Autonomous Driving: Threats, Defenses, and Future Directions [J]. Proceedings of the IEEE, 2020, 108: 357-372.

[70] 互联网医疗健康产业联盟 .5G 时代智慧医疗健康白皮书 [Z/OL]. 2019. https://pmo32e887-pic2.ysjianzhan.cn/upload/5G-smart-healthcare-cn.pdf.

[71] M GOLKARIFARD, J YANG, Z HUANG, et al. Dandelion: A Unified Code Offloading System for Wearable Computing [J]. IEEE Transactions on Mobile Computing, 2019, 18: 546-559.